7

確率微分方程式

谷口 説男 著

新井 仁之・小林 俊行・斎藤 毅・吉田 朋広 編

共立講座 数学の輝き

共立出版

刊行にあたって

　数学の歴史は人類の知性の歴史とともにはじまり，その蓄積には膨大なものがあります．その一方で，数学は現在もとどまることなく発展し続け，その適用範囲を広げながら，内容を深化させています．「数学探検」，「数学の魅力」，「数学の輝き」の3部からなる本講座で，興味や準備に応じて，数学の現時点での諸相をぜひじっくりと味わってください．

　数学には果てしない広がりがあり，一つ一つのテーマも奥深いものです．本講座では，多彩な話題をカバーし，それでいて体系的にもしっかりとしたものを，豪華な執筆陣に書いていただきます．十分な時間をかけてそれをゆったりと満喫し，現在の数学の姿，世界をお楽しみください．

「数学の輝き」

　数学の最前線ではどのような研究が行われているのでしょうか？　大学院にはいっても，すぐに最先端の研究をはじめられるわけではありません．この第3部では，第2部の「数学の魅力」で身につけた数学力で，それぞれの専門分野の基礎概念を学んでください．一歩一歩読み進めていけばいつのまにか視界が開け，数学の世界の広がりと奥深さに目を奪われることでしょう．現在活発に研究が進みまだ定番となる教科書がないような分野も多数とりあげ，初学者が無理なく理解できるように基本的な概念や方法を紹介し，最先端の研究へと導きます．

編集委員

はじめに

　確率微分方程式は，ランダムな揺らぎを持つニュートン方程式である．ニュートンの運動方程式は物体の運動もしくは状態の変化を常微分方程式として記述するものであるが，その常微分方程式にランダムな揺らぎが加わったものが確率微分方程式である．

　たとえばコップの水に落ちた一滴の墨汁が拡がっていく様子を思い描いてほしい．羽を広げるように墨が拡がっていく現象の背後には以下に述べるようにランダムに動いている墨粒子のダイナミクスが隠れている．大きな粒の墨粒子 (0.08 〜 0.3 マイクロメートル) は，熱運動する小さな粒の水粒子 (0.38 ナノメートル) にあらゆる方向から不規則にに突き当たられ，その結果てんでバラバラにジグザグに位置を変えていく．墨の色の濃淡はその付近にどの程度多くの墨粒子があるかという局所的な総和 (積分量) で定まり，墨粒子のランダムな動きが集結して墨汁の拡がっていく濃淡を生み出している．濃淡を決めるそれぞれの墨粒子のジグザグな動きは，引力による自然落下に水粒子が与えるランダムな揺らぎを加えた常微分方程式，すなわち確率微分方程式によって記述される．

　確率微分方程式は，「全国紙上数学談話会」という謄写版刷りの週刊小冊子に 1942 年に発表された「マルコフ過程ヲ定メル微分方程式」という伊藤清の論文で初めて導入された．水面上に浮かぶ粒子が水粒子とのランダムな衝突によりジグザグな経路を描きながら動いていく現象は，発見した植物学者ロバート・ブラウンにちなんでブラウン運動と呼ばれている．伊藤はブラウン運動の微小時間変動に基づく積分を創始し，微積分学の基本定理に基づく実変数の微分方程式と積分方程式の対応にならい，確率微分方程式を確率積分に基づく積分方程式として定式化した．今日，伊藤が創始した確率積分，確率微分方程式に関連する解析学は伊藤解析と呼ばれており，1970 年代後半に生み出された

マリアヴァン解析とともに確率解析と呼ばれる分野の中核をなしている．

本書の第1章から第3章までは，多くの教科書で触れられている準備的な事実について解説する．本書では，抽象的な枠組みで理論体系を展開するのではなく，基本的かつ標準的な事実と後の章で必要となる事実を，できる限り平易な手法で直接的に紹介するように努めた．たとえば，条件つき期待値は [17] にならい，ラドン-ニコディムの定理を用いることなく導入し，マルチンゲールの2次変動過程の存在も一般論であるドゥーブ-メイエーの分解定理を用いるのではなく [14] のように連続マルチンゲールと停止時刻の組み合わせによる手法により示す．

第4章で確率積分を定義し，その性質と応用について解説する．多くの教科書では，まず L^2-理論の枠組みで確率積分を定義し，その後停止時刻を用いて一般の被積分関数に拡張するという手法が用いられる．本書ではこの手法をとらず，[11] にならい一般の被積分関数に対する確率積分を直接導入する．この方が確率積分の収束を語るのに適した弱い収束である確率収束を定義の段階から組み込めるからである．このような直接的な導入が可能となるのは，本書では一般的なマルチンゲールではなくブラウン運動に関する確率積分に考察対象を絞ったことによる．数理ファイナンスのモデリングにおいてマルチンゲールに対する確率積分が重要となるが，ランダムなダイナミクスとして確率微分方程式を考察する本質はブラウン運動に関する確率積分で尽きている．

第5，6章では，確率微分方程式の解と応用について解説する．第5章では，指数写像による解の近似，初期値に関する1-パラメーター変換群としての解の性質など，確率微分方程式の常微分方程式的な側面，すなわちランダムなニュートン方程式としての側面を見る．この応用として，マルコフ性，強マルコフ性と呼ばれる過去と未来の独立性に関する重要な確率過程の性質が，1-パラメーター変換群としての性質と深く結びついていることを明らかにする．第6章では，熱の拡散を記述する偏微分方程式である熱方程式やディリクレ問題などの偏微分方程式論への応用について解説する．

第7，8章では，第6章とは別の確率微分方程式の応用について述べる．第7章では，確率微分方程式を用いた経路空間（半直線 $[0,\infty)$ 上の連続関数の空間）での初等的な微積分学について解説する．考察するのは，一つは経路空間

上の変数変換公式であり，もう一つは部分積分公式である．どちらもマリアヴァン解析を援用することでより一般の形で述べることができる結果であるが，本書では確率微分方程式の立場からの考察について述べる．とくに部分積分公式の導出は，マリアヴァン解析における微分法とは異なる確率微分方程式に固有の手法を利用しており，それ自身興味深いものである．第8章では，確率解析の一大応用分野である数理ファイナンスに関連して，初等的な市場モデルであるブラック-ショールズ・モデルについて解説する．

　本書は第1章の確率論の復習と2, 3箇所を除き，自己完結的にすべての事実に証明を付けている．他書を参照する必要があるときは，そこに挙げた参照文献をたどれば必要な事実が分かるようにしているので，読者自ら確認していただきたい．

　吉田朋広先生に本書の執筆の機会を与えていただいた．ここに記して厚く謝意を表します．また，2014年3月の初校脱稿後，丁寧な査読と貴重な提案をいただいた査読者にも深く感謝いたします．

2016年8月

谷口説男

目　次

はじめに .... *iii*

第1章　確率論の基本概念 *1*

1.1　確率空間　*1*
   1.1.1　可測空間　1
   1.1.2　確率空間　2
   1.1.3　確率変数　3
   1.1.4　期待値　4
   1.1.5　特性関数　8
   1.1.6　独立　10

1.2　一様可積分　*12*
1.3　様々な収束　*15*
1.4　条件つき期待値　*19*

第2章　マルチンゲール *27*

2.1　確率過程　*27*
2.2　マルチンゲール　*29*
2.3　停止時刻　*34*
2.4　2次変動過程　*41*

第3章　ブラウン運動 *55*

3.1　ガウス型確率変数　*55*
3.2　ブラウン運動　*61*
3.3　ブラウン運動の性質　*66*
3.4　マルコフ性　*76*

第 4 章　確率積分 82
- 4.1　確率積分　*82*
- 4.2　伊藤の公式　*94*
- 4.3　ブラウン運動への応用　*102*
- 4.4　表現定理　*106*
- 4.5　モーメント不等式　*111*

第 5 章　確率微分方程式 (I) 116
- 5.1　確率微分方程式の解　*116*
- 5.2　指数写像による近似　*126*
- 5.3　微分同相写像　*132*
- 5.4　微分同相写像の応用　*145*

第 6 章　確率微分方程式 (II) 151
- 6.1　弱い解—マルチンゲール問題　*151*
- 6.2　ギルサノフの定理　*156*
- 6.3　熱方程式　*161*
- 6.4　ディリクレ問題　*168*

第 7 章　経路空間での微積分学 174
- 7.1　変数変換の公式　*174*
- 7.2　部分積分の公式　*181*

第 8 章　ブラック-ショールズ・モデル 189
- 8.1　ブラック-ショールズ・モデル　*189*
- 8.2　裁定機会と同値局所マルチンゲール測度　*192*
- 8.3　価格付け　*198*

付録 207
- A.1　急減少関数　*207*
- A.2　ディンキン族定理　*209*
- A.3　離散時間マルチンゲール　*210*

A.4 グロンウォールの不等式 *212*
A.5 補題5.14の証明 *212*
A.6 コルモゴロフの連続性定理 *216*

参考文献 *219*
索　引 *220*

記号表

- $A \stackrel{\text{def}}{=} B : A$ を B で定義する
- $\mathbb{N}$：自然数の全体, $\mathbb{Z}$：整数の全体, $\mathbb{R}$：実数の全体, $\mathbb{C}$：複素数の全体, $\mathbb{Z}_+$：非負整数の全体, i：虚数単位 ($\mathrm{i}^2 = -1$)
- $a \wedge b = \min\{a,b\}$, $a \vee b = \max\{a,b\}$, $a^+ = a \vee 0$, $a^- = a \wedge 0$ $(a, b \in \mathbb{R})$
- $[a] = \max\{n \in \mathbb{Z} \mid n \leqq a\}$, $[a) = \max\{n \in \mathbb{Z} \mid n < a\}$, $[a]_n = [2^n a] 2^{-n}$
- $\delta_{ij} = \begin{cases} 1 \ (i = j) \\ 0 \ (i \neq j) \end{cases}$
- $\mathbb{R}^{n \times m}$：$n \times m$-行列の全体, $A^\dagger : A \in \mathbb{R}^{n \times m}$ の転置行列
- $\mathbf{1}_A$：集合 A の定義関数; $\mathbf{1}_A(x) = \begin{cases} 1 \ (x \in A) \\ 0 \ (x \notin A) \end{cases}$
- $C^n(\mathbb{R}^N)$：$\mathbb{R}^N$ 上の n 回連続的微分可能な実数値関数の全体 $(n = 0, 1, \dots)$
- $C^\infty(\mathbb{R}^N)$：$\mathbb{R}^N$ 上の無限回連続的微分可能な実数値関数の全体
- $C_b(\mathbb{R}^N)$：$\mathbb{R}^N$ 上の有界連続実数値関数の全体
- $C_b^\infty(\mathbb{R}^N)$：すべての偏導関数が有界な $C^\infty(\mathbb{R}^N) \cap C_b(\mathbb{R}^N)$ の元の全体
- $C_b^\infty(\mathbb{R}^N; \mathbb{R}^N) \stackrel{\text{def}}{=} \{f = (f_1, \dots, f_N) : \mathbb{R}^N \to \mathbb{R}^N \mid f_i \in C_b^\infty(\mathbb{R}^N)(1 \leqq i \leqq N)\}$
- $C_0^n(\mathbb{R}^N)$：コンパクトな台を持つ $C^n(\mathbb{R}^N)$ の元の全体 $(n = 0, 1, \dots)$
- $C_0^\infty(\mathbb{R}^N)$：コンパクトな台を持つ $C^\infty(\mathbb{R}^N)$ の元の全体
- $C_0^\infty(\mathbb{R}^N; \mathbb{R}^N) \stackrel{\text{def}}{=} \{f = (f_1, \dots, f_N) : \mathbb{R}^N \to \mathbb{R}^N \mid f_i \in C_0^\infty(\mathbb{R}^N)(1 \leqq i \leqq N)\}$
- $C_\nearrow(\mathbb{R})$：$\mathbb{R}$ 上の高々多項式増大な連続関数の全体
- $C_\nearrow^\infty(\mathbb{R}^N)$：$\mathbb{R}^N$ 上のすべての導関数まで込めて高々多項式増大である無限回連続的微分可能な実数値関数の全体
- $\sigma(\mathcal{A}) = \bigcap_{\mathcal{G} \in \Lambda} \mathcal{G}$. ただし, $\Lambda = \{\mathcal{G} \mid \mathcal{G} \text{ は } \sigma\text{-加法族で } \mathcal{A} \subset \mathcal{G}\}$
- $\mathcal{B}(E)$：位相空間 E のボレル σ-加法族
- $\mathcal{N} = \{A \in \mathcal{F} \mid \mathbf{P}(A) = 0\}$

各種文字の字体

1. アルファベット

1		2		3		4		5		6	
A	a	A	a	𝔄	𝔞	$\mathcal{A}$	$\mathcal{a}$	$\mathbb{A}$	$\mathbb{a}$	$\mathscr{A}$	$\mathscr{a}$
B	b	B	b	𝔅	𝔟	$\mathcal{B}$	$\mathcal{b}$	$\mathbb{B}$	$\mathbb{b}$	$\mathscr{B}$	$\mathscr{b}$
C	c	C	c	ℭ	𝔠	$\mathcal{C}$	$\mathcal{c}$	$\mathbb{C}$	$\mathbb{c}$	$\mathscr{C}$	$\mathscr{c}$
D	d	D	d	𝔇	𝔡	$\mathcal{D}$	$\mathcal{d}$	$\mathbb{D}$	$\mathbb{d}$	$\mathscr{D}$	$\mathscr{d}$
E	e	E	e	𝔈	𝔢	$\mathcal{E}$	$\mathcal{e}$	$\mathbb{E}$	$\mathbb{e}$	$\mathscr{E}$	$\mathscr{e}$
F	f	F	f	𝔉	𝔣	$\mathcal{F}$	$\mathcal{f}$	$\mathbb{F}$	$\mathbb{f}$	$\mathscr{F}$	$\mathscr{f}$
G	g	G	g	𝔊	𝔤	$\mathcal{G}$	$\mathcal{g}$	$\mathbb{G}$	$\mathbb{g}$	$\mathscr{G}$	$\mathscr{g}$
H	h	H	h	ℌ	𝔥	$\mathcal{H}$	$\mathcal{h}$	$\mathbb{H}$	$\mathbb{h}$	$\mathscr{H}$	$\mathscr{h}$
I	i	I	i	ℑ	𝔦	$\mathcal{I}$	$\mathcal{i}$	$\mathbb{I}$	$\mathbb{i}$	$\mathscr{I}$	$\mathscr{i}$
J	j	J	j	𝔍	𝔧	$\mathcal{J}$	$\mathcal{j}$	$\mathbb{J}$	$\mathbb{j}$	$\mathscr{J}$	$\mathscr{j}$
K	k	K	k	𝔎	𝔨	$\mathcal{K}$	$\mathcal{k}$	$\mathbb{K}$	$\mathbb{k}$	$\mathscr{K}$	$\mathscr{k}$
L	l	L	l	𝔏	𝔩	$\mathcal{L}$	$\mathcal{l}$	$\mathbb{L}$	$\mathbb{l}$	$\mathscr{L}$	$\mathscr{l}$
M	m	M	m	𝔐	𝔪	$\mathcal{M}$	$\mathcal{m}$	$\mathbb{M}$	$\mathbb{m}$	$\mathscr{M}$	$\mathscr{m}$
N	n	N	n	𝔑	𝔫	$\mathcal{N}$	$\mathcal{n}$	$\mathbb{N}$	$\mathbb{n}$	$\mathscr{N}$	$\mathscr{n}$
O	o	O	o	𝔒	𝔬	$\mathcal{O}$	$\mathcal{o}$	$\mathbb{O}$	$\mathbb{o}$	$\mathscr{O}$	$\mathscr{o}$
P	p	P	p	𝔓	𝔭	$\mathcal{P}$	$\mathcal{p}$	$\mathbb{P}$	$\mathbb{p}$	$\mathscr{P}$	$\mathscr{p}$
Q	q	Q	q	𝔔	𝔮	$\mathcal{Q}$	$\mathcal{q}$	$\mathbb{Q}$	$\mathbb{q}$	$\mathscr{Q}$	$\mathscr{q}$
R	r	R	r	ℜ	𝔯	$\mathcal{R}$	$\mathcal{r}$	$\mathbb{R}$	$\mathbb{r}$	$\mathscr{R}$	$\mathscr{r}$
S	s	S	s	𝔖	𝔰	$\mathcal{S}$	$\mathcal{s}$	$\mathbb{S}$	$\mathbb{s}$	$\mathscr{S}$	$\mathscr{s}$
T	t	T	t	𝔗	𝔱	$\mathcal{T}$	$\mathcal{t}$	$\mathbb{T}$	$\mathbb{t}$	$\mathscr{T}$	$\mathscr{t}$
U	u	U	u	𝔘	𝔲	$\mathcal{U}$	$\mathcal{u}$	$\mathbb{U}$	$\mathbb{u}$	$\mathscr{U}$	$\mathscr{u}$
V	v	V	v	𝔙	𝔳	$\mathcal{V}$	$\mathcal{v}$	$\mathbb{V}$	$\mathbb{v}$	$\mathscr{V}$	$\mathscr{v}$
W	w	W	w	𝔚	𝔴	$\mathcal{W}$	$\mathcal{w}$	$\mathbb{W}$	$\mathbb{w}$	$\mathscr{W}$	$\mathscr{w}$
X	x	X	x	𝔛	𝔵	$\mathcal{X}$	$\mathcal{x}$	$\mathbb{X}$	$\mathbb{x}$	$\mathscr{X}$	$\mathscr{x}$
Y	y	Y	y	𝔜	𝔶	$\mathcal{Y}$	$\mathcal{y}$	$\mathbb{Y}$	$\mathbb{y}$	$\mathscr{Y}$	$\mathscr{y}$
Z	z	Z	z	ℨ	𝔷	$\mathcal{Z}$	$\mathcal{z}$	$\mathbb{Z}$	$\mathbb{z}$	$\mathscr{Z}$	$\mathscr{z}$

2. ギリシャ文字

		読みの例
A	α	アルファ
B	β	ベータ
Γ	γ	ガンマ
Δ	δ	デルタ
E	$\epsilon, (\varepsilon)$	イプシロン
Z	ζ	ゼータ
H	η	イータ
Θ	$\theta, (\vartheta)$	シータ
I	ι	イオタ
K	κ	カッパ
Λ	λ	ラムダ
M	μ	ミュー
N	ν	ニュー
Ξ	ξ	グザイ
O	o	オミクロン
Π	$\pi, (\varpi)$	パイ
P	$\rho, (\varrho)$	ロー
Σ	$\sigma, (\varsigma)$	シグマ
T	τ	タウ
Υ	υ	ウプシロン
Φ	$\phi, (\varphi)$	ファイ
X	χ	カイ
Ψ	ψ	プサイ
Ω	ω	オメガ

1. ローマン体　2. イタリック体
3. ドイツ文字　4. 筆記体
5. 黒板太字　　6. 花文字

第1章 ◇ 確率論の基本概念

確率空間について復習した後，本書で行う考察で基本的な概念である一様可積分性，様々な収束および条件つき期待値とそれらの性質について紹介する．

1.1 確率空間

本節では，確率論の基本的な用語と概念について振り返る．証明はほとんどつけないので，詳しくは [1, 6, 9] 等を参照されたい．

1.1.1 可測空間

集合 Ω の部分集合の族 $\mathcal{F}$ が σ-**加法族** (σ-field) であるとは，次の3条件をみたすことをいう．

(i) $\emptyset, \Omega \in \mathcal{F}$ である．
(ii) $A \in \mathcal{F}$ ならば，$\Omega \setminus A \stackrel{\text{def}}{=} \{\omega \in \Omega | \omega \notin A\} \in \mathcal{F}$ である．
(iii) $A_i \in \mathcal{F}$ $(i = 1, 2, \ldots)$ ならば，$\bigcup_{i=1}^{\infty} A_i \in \mathcal{F}$ である．

集合 Ω と σ-加法族 $\mathcal{F}$ の組 $(\Omega, \mathcal{F})$ を**可測空間** (measurable space) という．

例 1.1 Ω の部分集合の全体 2^{Ω} と $\{\emptyset, \Omega\}$ はともに σ-加法族である．また，$A \subset \Omega$ に対し，$\{\emptyset, A, \Omega \setminus A, \Omega\}$ もまた σ-加法族である．

$\mathcal{A} \subset 2^{\Omega}$ に対し，$\Lambda(\mathcal{A})$ を $\mathcal{A}$ を包含する σ-加法族の全体とし，

$$\sigma(\mathcal{A}) \stackrel{\text{def}}{=} \bigcap_{\mathcal{G} \in \Lambda(\mathcal{A})} \mathcal{G}$$

とおけば，$\sigma(\mathcal{A})$ は $\mathcal{A}$ を含む，包含関係に関する最小の σ-加法族である．これを $\mathcal{A}$ が**生成する** σ-加法族 (σ-field generated by $\mathcal{A}$) という．

Ω が位相空間のとき,Ω の開集合の全体 $\mathcal{O}$ が生成する σ-加法族 $\sigma(\mathcal{O})$ をボレル σ-**加法族** (Borel σ-field) といい,$\mathcal{B}(\Omega)$ と表す.

例 1.2 半開区間の直積集合 $\prod_{i=1}^{N}[a_i, b_i) \subset \mathbb{R}^N$ ($a_i < b_i$ ($i=1,\ldots,N$)) の全体を $\mathcal{A}$ とする.任意の開集合 $G \subset \mathbb{R}^n$ に対し,$G = \bigcup_{i=1}^{\infty} A_i$ となる $A_1, A_2, \ldots \in \mathcal{A}$ が存在するので,$\sigma(\mathcal{A}) = \mathcal{B}(\mathbb{R}^N)$ となる.

二つの可測空間 $(\Omega_i, \mathcal{F}_i)$ ($i=1,2$) に対し,直積集合 $A_1 \times A_2$ ($A_i \in \mathcal{F}_i, i=1,2$) の全体が生成する,直積空間 $\Omega_1 \times \Omega_2$ 上の σ-加法族を $\mathcal{F}_1 \times \mathcal{F}_2$ と表し**直積 σ-加法族** (product σ-field) という.

1.1.2 確率空間

$(\Omega, \mathcal{F})$ を可測空間とする.関数 $\mathbf{P} : \mathcal{F} \to [0,1]$ が 2 条件

(i) $\mathbf{P}(\Omega) = 1$,
(ii) $A_i \in \mathcal{F}$ ($i=1,2,\ldots$) が互いに交わらない,すなわち,$i \neq j$ ならば $A_i \cap A_j = \emptyset$ をみたすならば,次が成り立つ:

$$\mathbf{P}\left(\bigcup_{i=1}^{\infty} A_i\right) = \sum_{i=1}^{\infty} \mathbf{P}(A_i)$$

をみたすとき,**確率測度** (probability measure) という.三つ組 $(\Omega, \mathcal{F}, \mathbf{P})$ を**確率空間** (probability space) という.上の (ii) をみたす $\mathbf{P}$ は,σ-**加法的である** (σ-additive) といわれる.

注意 1.3 (1) 上の (ii) ですべての $A_i = \emptyset$ とおけば,$\mathbf{P}(\emptyset) = \sum_{i=1}^{\infty} \mathbf{P}(\emptyset)$ となる.これより,$\mathbf{P}(\emptyset) \in [0,1]$ という条件とあわせると,$\mathbf{P}(\emptyset) = 0$ を得る.
(2) $\mathbf{P}(\emptyset) = 0$ を用いると,σ-加法性から有限加法性と呼ばれる次の性質が従う:$A_1, \ldots, A_n \in \mathcal{F}$ が互いに交わらないならば,次が成り立つ.

$$\mathbf{P}\left(\bigcup_{i=1}^{n} A_i\right) = \sum_{i=1}^{n} \mathbf{P}(A_i).$$

定理 1.4
(1) $A, B \in \mathcal{F}$ が $A \subset B$ をみたすとき,$\mathbf{P}(B \setminus A) = \mathbf{P}(B) - \mathbf{P}(A)$ が成り立

つ. とくに, $\mathbf{P}(A) \leqq \mathbf{P}(B)$ となる.

(2) $A_i \subset A_{i+1}$ をみたす $A_i \in \mathcal{F}$ $(i = 1, 2, \dots)$ に対し, $\mathbf{P}(\bigcup_{i=1}^{\infty} A_i) = \lim_{i \to \infty} \mathbf{P}(A_i)$ が成り立つ.

(3) $A_i \supset A_{i+1}$ をみたす $A_i \in \mathcal{F}$ $(i = 1, 2, \dots)$ に対し, $\mathbf{P}(\bigcap_{i=1}^{\infty} A_i) = \lim_{i \to \infty} \mathbf{P}(A_i)$ が成り立つ.

例 1.5 (1) サイコロ投げは, 集合 $\Omega_1 = \{1, 2, 3, 4, 5, 6\}$ と σ-加法族 2^{Ω_1} からなる可測空間 $(\Omega_1, 2^{\Omega_1})$ によりモデル化される. 公平なサイコロは, $\mathbf{P}(\{i\}) = \frac{1}{6}$ $(i = 1, \dots, 6)$ という確率測度に対応しており, $\mathbf{P}(\{i\}) \neq \frac{1}{6}$ となる i が存在するならば, 不公平なサイコロである.

サイコロを 2 回投げるモデルは, 集合 $\Omega_2 = \{(i,j) \mid i, j = 1, \dots, 6\}$ と σ-加法族 2^{Ω_2} により実現される. 公平なサイコロは, $\mathbf{P}(\{(i,j)\}) = \frac{1}{36}$ $(i, j = 1, \dots, 6)$ という確率測度に対応しており, $\mathbf{P}(\{(i,j)\}) \neq \frac{1}{36}$ となる (i,j) が存在するならば, 不公平なサイコロである.

(2) $\Omega = \mathbb{N}, \mathcal{F} = 2^{\mathbb{N}}$ とする. $p_i \geqq 0, \sum_{i=1}^{\infty} p_i = 1$ となる p_i $(i = 1, 2, \dots)$ をとる.

$$\mathbf{P}(A) = \sum_{i=1}^{\infty} p_i \mathbf{1}_A(i) \quad (A \in \mathcal{F})$$

とおく. ただし, $\mathbf{1}_A = \begin{cases} 1 & (i \in A) \\ 0 & (i \notin A) \end{cases}$ である. このとき, $\mathbf{P}$ は確率測度である. 証明は演習問題とする.

1.1.3 確率変数

以下, 確率空間 $(\Omega, \mathcal{F}, \mathbf{P})$ において考察を行う. $A \in \mathcal{F}$ は事象と呼ばれる. すべての事象は「サイコロの出目が偶数である」というように, Ω 上の関数に対する条件により特徴付けられ, 確率論の考察の主たる対象はこのような関数である.

$(E, \mathcal{E})$ を可測空間とする. 関数 $X : \Omega \mapsto E$ が $\mathcal{F}$**-可測** ($\mathcal{F}$-measurable) であるとは,

$$X^{-1}(A) \stackrel{\text{def}}{=} \{\omega \in \Omega \mid X(\omega) \in A\} \in \mathcal{F} \quad (\forall A \in \mathcal{E})$$

が成り立つことをいう. $\mathcal{F}$-可測な $X : \Omega \to E$ を, E**-値確率変数** (E-valued random variable) という．E が位相空間のときは $\mathcal{E} = \mathcal{B}(E)$ とし，σ-加法族を明記することなく E-値確率変数という用語をもちいる．とくに $E = \mathbb{R}$ のときは，簡単に**確率変数** (random variable) という．

本書では，$X^{-1}(A)$ を $\{X \in A\}$ とも表す．その確率 $\mathbf{P}(\{X \in A\})$ を $\{,\}$ を略して $\mathbf{P}(X \in A)$ と書く．確率変数 X に対し，$\mathbf{P}(X \in [a,b])$ を $\mathbf{P}(a \leqq X \leqq b)$ と書くこともある．

例 1.6 例 1.5 のサイコロ 2 回投げのモデルに対し，$X_1((i,j)) = i, X_2((i,j)) = j$ $(i,j = 1,\ldots,6)$ と定義すれば，それぞれ，1 回目，2 回目に出た目を表す確率変数となる．

X を E-値確率変数とし，$\mathbf{Q} : \mathcal{E} \to [0,1]$ を

$$\mathbf{Q}(A) = \mathbf{P}(X^{-1}(A)) \quad (A \in \mathcal{E})$$

と定義すれば，$\mathbf{Q}$ は $(E, \mathcal{E})$ 上の確率測度である．この $\mathbf{Q}$ を X の**確率分布** (probability distribution) といい，$\mathbf{P} \circ X^{-1}$ と表す．

例 1.7 $\mathbf{P}$ を $((0,1), \mathcal{B}((0,1)))$ 上のルベーグ測度とする．確率変数 $X : (0,1) \to \mathbb{R}$ を $X(\omega) = \tan((\omega - \frac{1}{2})\pi)$ と定義する．このとき，$\mathbf{P} \circ X^{-1}$ は $\mathbf{P} \circ X^{-1}((-\infty, a]) = \frac{1}{\pi}\arctan a + \frac{1}{2}$ をみたす $(\mathbb{R}, \mathcal{B}(\mathbb{R}))$ 上の確率測度である．

1.1.4 期待値

確率変数 $X : \Omega \to \mathbb{R}$ の**期待値** (expectation) $\mathbf{E}[X]$ を次の手順で定義する：

(i) $a_i \in \mathbb{R}, A_i \in \mathcal{F}$ $(i = 1, \ldots, n)$ を用いて $X = \sum_{i=1}^{n} a_i \mathbf{1}_{A_i}$ と表される確率変数の全体を $\mathcal{SF}$ と表す．$X \in \mathcal{SF}$ に対し，$\mathbf{E}[X]$ を次で定める．

$$\mathbf{E}[X] \stackrel{\text{def}}{=} \sum_{i=1}^{n} a_i \mathbf{P}(A_i).$$

(ii) $X \geqq 0$ のとき，$\mathbf{E}[X]$ を次で定義する．

$$\mathbf{E}[X] \stackrel{\text{def}}{=} \sup\{\mathbf{E}[Y] \mid Y \in \mathcal{SF}, 0 \leqq Y \leqq X\}.$$

(iii) $\min\{\mathbf{E}[X^+], \mathbf{E}[X^-]\} < \infty$ となる X に対し，

$$\mathbf{E}[X] \stackrel{\text{def}}{=} \mathbf{E}[X^+] - \mathbf{E}[X^-]$$

と定める.ただし,$X^\pm$ は次のように定義する:

$$X^+(\omega) = \max\{X(\omega), 0\}, \quad X^-(\omega) = \max\{-X(\omega), 0\} \quad (\omega \in \Omega).$$

(ii) においては,$\mathbf{E}[X] = \infty$ となる場合がある.このため (iii) においては,$\infty - (有限値) = \infty, (有限値) - \infty = -\infty$ と拡張して定義している.

$\mathbf{E}[|X|] < \infty$ となるとき,X は**可積分** (integrable) であるといい,可積分な X の全体を $L^1(\mathbf{P})$ と表す.$p > 0$ に対し,$|X|^p$ が可積分であるとき,X は p-**乗可積分** (p-th integrable) であるといい,これらの全体を $L^p(\mathbf{P})$ と表す.$X \in L^p(\mathbf{P})$ に対し,

$$\|X\|_p \overset{\text{def}}{=} \left(\mathbf{E}[|X|^p]\right)^{\frac{1}{p}}$$

とおく.また,$X \in L^1(\mathbf{P}), A \in \mathcal{F}$ に対し,

$$\mathbf{E}[X; A] \overset{\text{def}}{=} \mathbf{E}[X \mathbf{1}_A]$$

と記す.

$(E, \mathcal{E})$ を可測空間とし,X を E-値確率変数とする.X の確率分布に関する期待値について次が成り立つ.

定理 1.8 $\mathbf{Q} = \mathbf{P} \circ X^{-1}$ に関する期待値を $\mathbf{E}_{\mathbf{Q}}$ と書く.$(E, \mathcal{E})$ 上の確率変数 f に対し,$f \in L^1(\mathbf{Q})$ であることと $f \circ X \in L^1(\mathbf{P})$ となることは同値である.さらにこのとき,$\mathbf{E}_{\mathbf{Q}}[f] = \mathbf{E}[f \circ X]$ が成り立つ.

例 1.9 Ω は有限集合とし,確率空間 $(\Omega, 2^\Omega, \mathbf{P})$ を考える.このとき,関数 $X : \Omega \to \mathbb{R}$ はすべて確率変数である.$X = \sum_{\omega \in \Omega} X(\omega) \mathbf{1}_{\{\omega\}}$ と表現できるから,$X \in \mathcal{SF}$ であり,

$$\mathbf{E}[X] = \sum_{\omega \in \Omega} X(\omega) \mathbf{P}(\{\omega\})$$

となる.

さらに,$\{X(\omega) \mid \omega \in \Omega\} = \{x_1, \ldots, x_n\}$ とし,$X = \sum_{i=1}^n x_i \mathbf{1}_{\{X = x_i\}}$ と表現すれば,

$$\mathbf{E}[X] = \sum_{i=1}^n x_i \mathbf{P}(X = x_i)$$

という，よく知った期待値の定義が出現する．さらにこの右辺は $f(x) = x \ (x \in \mathbb{R})$ の X の確率分布に関する期待値 $\mathbf{E}_{\mathbf{P} \circ X^{-1}}[f]$ に他ならない．

期待値は以下に述べる定理1.10から定理1.13に挙げる性質をもっている．

定理1.10　$X, Y \in L^1(\mathbf{P}), a, b \in \mathbb{R}$ とする．

(1) （線形性）$aX + bY \in L^1(\mathbf{P})$ であり，さらに次が成り立つ:

$$\mathbf{E}[aX + bY] = a\mathbf{E}[X] + b\mathbf{E}[Y].$$

(2) （正値性）$X \geq Y$ ならば，$\mathbf{E}[X] \geq \mathbf{E}[Y]$ となる．さらに，等号が成り立つのは，$\mathbf{P}(X = Y) = 1$ となるときであり，そのときに限る．

(3) （イェンセン (Jensen) の不等式）$f : \mathbb{R} \to \mathbb{R}$ が下に凸な関数であり，$f(X) \in L^1(\mathbf{P})$ をみたすならば，不等式

$$f(\mathbf{E}[X]) \leq \mathbf{E}[f(X)]$$

が成り立つ．とくに，$p \geq 1$ に対し $X \in L^p(\mathbf{P})$ ならば，次が成り立つ:

$$|\mathbf{E}[X]|^p \leq \mathbf{E}[|X|^p].$$

命題 $A(\omega) \ (\omega \in \Omega)$ が $\mathbf{P}$-零集合を除いて成り立つとき，すなわち，$\mathbf{P}(N) = 0$ なる $N \in \mathcal{F}$ が存在し，$\omega \notin N$ ならば $A(\omega)$ が真となるとき，A はほとんど確実に成り立つといい，「A, $\mathbf{P}$-a.s.」と表す．例えば，上の定理 (2) の条件 $\mathbf{P}(X = Y) = 1$ は，「$X = Y$, $\mathbf{P}$-a.s.」とも書くことができる．

注意1.11　上の「$\mathbf{P}$-a.s.」の定義においては，$\{\omega \in \Omega \,|\, A(\omega)$ が成り立つ $\}$ という集合が $\mathcal{F}$ に属することは仮定していない．したがって，「A, $\mathbf{P}$-a.s.」であっても，$\mathbf{P}(A$ が成り立つ$) = 1$ とは書けない場合もある．

以下の考察において期待値と極限の交換がしばしば必要となるが，次のような順序交換に関する十分条件が知られている．

定理 1.12 $X_n \in L^1(\mathbf{P})$ $(n=1,2,\ldots)$ とする.

(1) (単調収束定理) $X_n \leqq X_{n+1}$ $(n=1,2,\ldots)$, $\mathbf{P}$-a.s. ならば,次が成り立つ.[1]
$$\lim_{n\to\infty} \mathbf{E}[X_n] = \mathbf{E}\Big[\lim_{n\to\infty} X_n\Big]. \tag{1.1}$$

(2) (ファトウ (Fatou) の補題) $X_n \geqq 0$, $\mathbf{P}$-a.s. $(n=1,2,\ldots)$ ならば,次が成り立つ.
$$\mathbf{E}\Big[\liminf_{n\to\infty} X_n\Big] \leqq \liminf_{n\to\infty} \mathbf{E}[X_n]$$

(3) (優収束定理) $Y \geqq 0$ なる $Y \in L^1(\mathbf{P})$ が存在し,$|X_n| \leqq Y$, $\mathbf{P}$-a.s. $(n=1,2,\ldots)$ が成り立ち,さらに,$\lim_{n\to\infty} X_n$ が $\mathbf{P}$-a.s. に存在すると仮定する.このとき,(1.1) が成り立つ.

(4) (有界収束定理) 定数 $K \geqq 0$ が存在し,$|X_n| \leqq K$, $\mathbf{P}$-a.s. $(n=1,2,\ldots)$ が成り立ち,さらに,$\lim_{n\to\infty} X_n$ が $\mathbf{P}$-a.s. に存在すると仮定する.このとき,(1.1) が成り立つ.

期待値に関する評価式の考察で基本的となる性質を次に挙げる.

定理 1.13

(1) $p>0, X_n \in L^p(\mathbf{P})$ $(n=1,2,\ldots)$ が,$\lim_{n,m\to\infty} \|X_n - X_m\|_p = 0$ をみたすならば,$\lim_{n\to\infty} \|X - X_n\|_p = 0$ となる $X \in L^p(\mathbf{P})$ が存在する.

(2) (チェビシェフ (Chebyshev) の不等式) $X \in L^p(\mathbf{P})$ ならば,
$$\mathbf{P}(|X| \geqq \lambda) \leqq \frac{1}{\lambda^p} \mathbf{E}[|X|^p] \quad (\forall \lambda > 0)$$
が成り立つ.

(3) (ヘルダー (Hölder) の不等式) $p>1$ とし,$q>1$ を $\frac{1}{p} + \frac{1}{q} = 1$ により定

---

[1] $\mathbf{P}(N) = 0$ なる $N \in \mathcal{F}$ が存在し,$\omega \notin N$ ならば $X_n(\omega) \leqq X_{n+1}(\omega)$ $(n=1,2,\ldots)$ となる.したがって,$\lim_{n\to\infty} X_n$ は $\mathbf{P}$-a.s. に存在する.(1.1) における $\lim_{n\to\infty} X_n$ は,$\omega \notin N$ のときは $\lim_{n\to\infty} X_n(\omega)$ と定義し,$\omega \in N$ のときは 0 と定義する.

義する.このとき,$X \in L^p(\mathbf{P}), Y \in L^q(\mathbf{P})$ に対し,$XY \in L^1(\mathbf{P})$ であり,$\|XY\|_1 \leqq \|X\|_p \|Y\|_q$ が成り立つ.
(4) (ミンコフスキー (Minkowski) の不等式) $p \geqq 1$, $X, Y \in L^p(\mathbf{P})$ とする.このとき,$X + Y \in L^p(\mathbf{P})$ であり,$\|X+Y\|_p \leqq \|X\|_p + \|Y\|_p$ が成り立つ.

ヘルダーの不等式から従う

$$\|X\|_{p'} \leqq \|X\|_p \quad (1 \leqq p' < p, X \in L^p(\mathbf{P})) \tag{1.2}$$

という不等式は有用である.また,$p=2$ に対する $\|XY\|_1 \leqq \|X\|_2 \|Y\|_2$ という不等式はシュワルツ (Schwarz) の不等式として知られている.

例 1.14 $\Omega = [0,T], \mathcal{F} = \mathcal{B}([0,T]), \mathbf{P}(A) = \frac{A \text{のルベーグ測度}}{T}$ とする.さらに $p \geqq 1$ とする.このとき,確率空間 $(\Omega, \mathcal{F}, \mathbf{P})$ 上のヘルダーの不等式から,つぎの評価式が得られる:

$$\left| \int_0^T f(t) dt \right|^p \leqq T^{p-1} \int_0^T |f(t)|^p dt \quad (f \in L^p(\mathbf{P})).$$

この不等式は 4 章以降しばしば利用される.

1.1.5 特性関数

$\mathbb{R}^N$-値確率変数 $X = (X^1, \ldots, X^N)$ の**特性関数** (characteristic function) $\varphi_X : \mathbb{R}^N \to \mathbb{C}$ を

$$\varphi_X(\xi) = \mathbf{E}[e^{\mathrm{i}\langle X, \xi \rangle}] \quad (\xi \in \mathbb{R}^N)$$

と定義する.ただし,$\mathrm{i} = \sqrt{-1}$ であり,$\langle \cdot, \cdot \rangle$ は $\mathbb{R}^N$ の内積,すなわち,

$$\langle \xi, \eta \rangle \stackrel{\text{def}}{=} \sum_{i=1}^N \xi^i \eta^i \quad (\xi = (\xi^1, \ldots, \xi^N), \eta = (\eta^1, \ldots, \eta^N) \in \mathbb{R}^N)$$

である.さらに,確率変数 Y, Z に対し,$\mathbf{E}[Y + \mathrm{i}Z] = \mathbf{E}[Y] + \mathrm{i}\mathbf{E}[Z]$ と定義した.次のように,特性関数により X の分布関数は一意的に定まる.

定理 1.15 X, Y を $\mathbb{R}^N$-値確率変数とする．もし X と Y の特性関数が一致すれば，すなわち，$\varphi_X(\xi) = \varphi_Y(\xi)$ ($\forall \xi \in \mathbb{R}^N$) が成り立てば，$X$ と Y の確率分布は一致する．

証明 急減少関数のフーリエ変換（付録 A.1 節参照）を利用し証明する．

$\varphi_X = \varphi_Y$ が成り立つと仮定する．$\mu_X = \mathbf{P} \circ X^{-1}, \mu_Y = \mathbf{P} \circ Y^{-1}$ とおく．定理 1.8 により，次が成り立つ：

$$\int_{\mathbb{R}^N} e^{i\langle x,\xi \rangle} \mu_X(dx) = \varphi_X(\xi) = \varphi_Y(\xi) = \int_{\mathbb{R}^N} e^{i\langle x,\xi \rangle} \mu_Y(dx) \quad (\xi \in \mathbb{R}^N). \tag{1.3}$$

$f \in \mathcal{S}(\mathbb{R}^N)$ とする．定理 A.1 により，

$$f(x) = \int_{\mathbb{R}^N} g(\xi) e^{i\langle x,\xi \rangle} d\xi \quad (x \in \mathbb{R}^N)$$

となる $g \in \mathcal{S}(\mathbb{R}^N)$ が存在する．フビニの定理と (1.3) により，

$$\begin{aligned}
\int_{\mathbb{R}^N} f(x) \mu_X(dx) &= \int_{\mathbb{R}^N} \left(\int_{\mathbb{R}^N} g(\xi) e^{i\langle x,\xi \rangle} d\xi \right) \mu_X(dx) \\
&= \int_{\mathbb{R}^N} g(\xi) \left(\int_{\mathbb{R}^N} e^{i\langle x,\xi \rangle} \mu_X(dx) \right) d\xi \\
&= \int_{\mathbb{R}^N} g(\xi) \left(\int_{\mathbb{R}^N} e^{i\langle x,\xi \rangle} \mu_Y(dx) \right) d\xi \\
&= \int_{\mathbb{R}^N} f(x) \mu_Y(dx)
\end{aligned}$$

となる．

$$\mathcal{I} = \left\{ \prod_{i=1}^{N} (a_i, b_i) \,\middle|\, a_i, b_i \in \mathbb{R}, a_i \leqq b_i, i = 1, \ldots, N \right\}$$

とおく．ただし，$(a,a) = \emptyset$ とする．命題 A.2 と上の考察により，$\mu_X(A) = \mu_Y(A)$ ($\forall A \in \mathcal{I}$) となる．$\mathcal{I}$ は乗法族であり，$\sigma(\mathcal{I}) = \mathcal{B}(\mathbb{R}^N)$ となるから，定理 A.5 により，$\mu_X = \mu_Y$，すなわち $\mathbf{P} \circ X^{-1} = \mathbf{P} \circ Y^{-1}$ となる． ∎

注意 1.16 この定理は，レヴィの反転公式と呼ばれるフーリエ変換の反転公式を利用して証明されることが多い．

1.1.6 独立

次章以降の考察において重要となる独立の定義を列挙しよう．

(i) $A_1, \ldots, A_n \in \mathcal{F}$ が**独立** (independent) であるとは，任意の $m \leqq n$ と $1 \leqq i_1 < \cdots < i_m \leqq n$ に対し，次が成り立つことをいう．

$$P\Bigl(\bigcap_{j=1}^m A_{i_j}\Bigr) = \prod_{j=1}^m P(A_{i_j}).$$

(ii) σ-加法族 $\mathcal{G}_1, \ldots, \mathcal{G}_n \subset \mathcal{F}$ が**独立**であるとは，任意の $A_1, \ldots, A_n$ $(A_i \in \mathcal{G}_i$ $(i = 1, \ldots, n))$ が独立となることをいう．

(iii) $\mathbb{R}^N$-値確率変数 X に対し，X の生成する σ-加法族を

$$\mathcal{F}^X \stackrel{\text{def}}{=} \{X^{-1}(A) \,|\, A \in \mathcal{B}(\mathbb{R}^N)\}$$

と定義する．$N_1, \ldots, N_n \in \mathbb{N}$ に対し，X_i を $\mathbb{R}^{N_i}$-値確率変数とする $(i = 1, \ldots, n)$．$X_1, \ldots, X_n$ が**独立**であるとは，$\mathcal{F}^{X_1}, \ldots, \mathcal{F}^{X_n}$ が独立であることをいう．

(iv) 確率変数の族 $\{X_\lambda \,|\, \lambda \in \Lambda\}$ が**独立**であるとは，任意の $n = 1, 2, \ldots$ と $\lambda_1, \ldots, \lambda_n \in \Lambda$ に対し，$X_{\lambda_1}, \ldots, X_{\lambda_n}$ が独立となることをいう．

(v) 確率変数の族 $\{X_\lambda \,|\, \lambda \in \Lambda\}$ と σ-加法族 $\mathcal{G}$ が**独立**であるとは，$\{X_\lambda \,|\, \lambda \in \Lambda\}$ の生成する σ-加法族 $\sigma\bigl(\bigcup_{\lambda \in \Lambda} \mathcal{F}^{X_\lambda}\bigr)$ と $\mathcal{G}$ が独立であることをいう．

(vi) $\mathbb{R}^N$-値確率変数 $X = (X^1, \ldots, X^N)$ と σ-加法族 $\mathcal{G}$ が**独立**であるとは，$\{X^1, \ldots, X^N\}$ と $\mathcal{G}$ が独立であることをいう．

例 1.17 (1) $\Omega_2, X_1, X_2 : \Omega_2 \to \{1, \ldots, 6\}$ を例 1.6 の通りとする．確率 $\mathbf{P} : 2^{\Omega_2} \to [0, 1]$ を $\mathbf{P}(\{(i, j)\}) = \frac{1}{36}$ $(i, j = 1, \ldots, 6)$ と定めれば，X_1, X_2 は独立となる．

$$\mathbf{P}(\{(i, j)\}) = \begin{cases} \frac{1}{42} & (i \neq j) \\ \frac{1}{21} & (i = j) \end{cases}$$

と定義すれば，X_1, X_2 は独立ではない．

(2) $A_1, \ldots, A_n \in \mathcal{F}$ とする．任意の $i \neq j$ に対し，A_i と A_j が独立であっても，$A_1, \ldots, A_n$ は独立とは限らない．たとえば，$\mathbf{P}$ を $([0, 1], \mathcal{B}([0, 1]))$ 上のルベーグ測度

とし,$A_1 = [0, \frac{1}{2}], A_2 = [\frac{1}{4}, \frac{3}{4}], A_3 = [0, \frac{1}{4}] \cup [\frac{1}{2}, \frac{3}{4}]$ とおく. このとき,$\mathbf{P}(A_i) = \frac{1}{2}$ ($1 \leqq i \leqq 3$), $\mathbf{P}(A_i \cap A_j) = \frac{1}{4}$ ($1 \leqq i < j \leqq 3$)であるから,$i \neq j$ ならば A_i と A_j は独立である. しかし,$\mathbf{P}(A_1 \cap A_2 \cap A_3) = 0$ となるから,A_1, A_2, A_3 は独立ではない.

独立な確率変数は次に挙げる性質をもつ.

定理 1.18
(1) 確率変数 X, Y が独立でともに可積分ならば,XY も可積分で,$E[XY] = E[X]E[Y]$ が成り立つ.
(2) 確率変数 $X_1, \ldots, X_n$ が独立となるための必要十分条件は次が成り立つことである.
$$\mathbf{E}\left[\exp\left(\mathrm{i} \sum_{j=1}^{n} a_j X_j\right)\right] = \prod_{j=1}^{n} E[\exp(\mathrm{i} a_j X_j)] \quad (\forall a_1, \ldots, a_n \in \mathbb{R}).$$

次の主張は後でしばしば利用する. 第1の主張は,ルベーグ積分論において p-乗可積分関数の全体が完備となることを証明する際にも用いられている.

定理 1.19(ボレル-カンテリ (Borel-Cantelli) の補題) $A_1, A_2, \ldots \in \mathcal{F}$ とし,$A = \bigcap_{i=1}^{\infty} \bigcup_{j=i}^{\infty} A_j$ とおく.
(1) $\sum_{i=1}^{\infty} \mathbf{P}(A_i) < \infty$ ならば,$\mathbf{P}(A) = 0$ である.
(2) $A_1, A_2, \ldots$ が独立であり,さらに $\sum_{i=1}^{\infty} \mathbf{P}(A_i) = \infty$ ならば,$\mathbf{P}(A) = 1$ である.

証明 (1) 定理 1.4 により
$$\mathbf{P}(A) \leqq \sum_{j=i}^{\infty} \mathbf{P}(A_j) \quad (i = 1, 2, \ldots)$$
となる. $i \to \infty$ とすれば,仮定により右辺は 0 に収束する. $\mathbf{P}(A) \geqq 0$ とあわせて,主張を得る.
(2) 仮定により,$\sum_{j=i}^{\infty} \mathbf{P}(A_j) = \infty$ ($i = 1, 2, \ldots$) である. $A_1, A_2, \ldots$ の独立

性と不等式 $1 - x \leq e^{-x}$ $(x \in \mathbb{R})$ により,任意の $n = 1, 2, \ldots$ に対し

$$\mathbf{P}\Big(\bigcup_{j=i}^{n} A_j\Big) = 1 - P\Big(\bigcap_{j=i}^{n}(\Omega \setminus A_j)\Big) = 1 - \prod_{j=i}^{n}(1 - P(A_j))$$

$$\geqq 1 - \exp\Big(-\sum_{j=i}^{n} P(A_j)\Big) \quad (1 \leqq i \leqq n)$$

となる.したがって $n \to \infty$ とすれば,定理 1.4 と仮定により,

$$\mathbf{P}\Big(\bigcup_{j=i}^{\infty} A_j\Big) = 1 \quad (i = 1, 2, \ldots)$$

である.再び,定理 1.4 により,主張を得る. ∎

1.2 一様可積分

確率変数の列 $\{X_n\}_{n=1}^{\infty}$ が

$$\lim_{\lambda \to \infty} \sup_{n=1,2,\ldots} \mathbf{E}[|X_n|; |X_n| \geqq \lambda] = 0$$

を満たすとき,**一様可積分** (uniformly integrable) であるという.

補題 1.20
(1) $\{X_n\}_{n=1}^{\infty}$ は一様可積分であるとする.
  (a) $\sup_{n=1,2,\ldots} \mathbf{E}[|X_n|] < \infty$ である.
  (b) 任意の $\varepsilon > 0$ に対し,$\delta > 0$ が存在し,$A \in \mathcal{F}$ が $\mathbf{P}(A) < \delta$ をみたせば,
  $$\sup_{n=1,2,\ldots} \mathbf{E}[|X_n|; A] < \varepsilon$$
  が成り立つ.
(2) $\{X_n\}_{n=1}^{\infty}, \{Y_n\}_{n=1}^{\infty}$ は一様可積分であるとする.このとき,$\{X_n + Y_n\}_{n=1}^{\infty}$ も一様可積分である.

1.2 一様可積分

(3) 次のいずれかが成り立てば，$\{X_n\}_{n=1}^{\infty}$ は一様可積分である．
  (a) $Y \geqq 0$, $\mathbf{P}$-a.s. である $Y \in L^1(\mathbf{P})$ が存在し，$|X_n| \leqq Y$, $\mathbf{P}$-a.s.$(n = 1, 2, \dots)$ が成り立つ．
  (b) $p > 1$ が存在し，$\sup_{n=1,2,\dots} \|X_n\|_p < \infty$ が成り立つ．

証明 (1)(a) 一様可積分性により，$\lambda_0 > 0$ を

$$\sup_{n=1,2,\dots} \mathbf{E}[|X_n|; |X_n| \geqq \lambda_0] \leqq 1$$

となるようにとる．このとき，すべての n に対し

$$\mathbf{E}[|X_n|] = \mathbf{E}[|X_n|; |X_n| \geqq \lambda_0] + \mathbf{E}[|X_n|; |X_n| < \lambda_0] \leqq 1 + \lambda_0$$

が成り立つ．したがって，$\sup_{n=1,2,\dots} \mathbf{E}[|X_n|] < \infty$ である．
(b) $\varepsilon > 0$ とする．$\lambda > 0$ を

$$\sup_{n=1,2,\dots} \mathbf{E}[|X_n|; |X_n| \geqq \lambda] < \frac{\varepsilon}{2}$$

となるように選び，$\delta = \frac{\varepsilon}{2\lambda}$ とおく．$A \in \mathcal{F}$ が $\mathbf{P}(A) < \delta$ をみたせば

$$\mathbf{E}[|X_n|; A] = \mathbf{E}[|X_n|; A \cap \{|X_n| \geqq \lambda\}] + \mathbf{E}[|X_n|; A \cap \{|X_n| < \lambda\}]$$
$$< \frac{\varepsilon}{2} + \lambda \mathbf{P}(A) < \frac{\varepsilon}{2} + \lambda \delta = \varepsilon$$

となり，主張を得る．
(2) $\lambda > 0$ とする．

$$|x+y|\mathbf{1}_{[\lambda,\infty)}(x+y) \leqq 2|x|\mathbf{1}_{[\frac{\lambda}{2},\infty)}(x) + 2|y|\mathbf{1}_{[\frac{\lambda}{2},\infty)}(y) \quad (x, y \in \mathbb{R})$$

という不等式により，

$$\mathbf{E}[|X_n + Y_n|; |X_n + Y_n| \geqq \lambda]$$
$$\leqq 2\mathbf{E}[|X_n|; |X_n| \geqq \tfrac{\lambda}{2}] + 2\mathbf{E}[|Y_n|; |Y_n| \geqq \tfrac{\lambda}{2}]$$

となる. よって, $\{X_n\}_{n=1}^{\infty}, \{Y_n\}_{n=1}^{\infty}$ の一様可積分性により, $\{X_n + Y_n\}_{n=1}^{\infty}$ も一様可積分となる.

(3) (a) $|X_n| \leq Y$ ならば, $\{|X_n| \geq \lambda\} \subset \{Y \geq \lambda\}$ であるから

$$\sup_{n=1,2,\ldots} \mathbf{E}[|X_n|; |X_n| \geq \lambda] \leq \mathbf{E}[Y; Y \geq \lambda]$$

となる. $\lambda \to \infty$ とすれば, 右辺は 0 に収束するので, $\{X_n\}_{n=1}^{\infty}$ は一様可積分となる.

(b) ヘルダーの不等式とチェビシェフの不等式(定理 1.13)により, $q = \frac{p}{p-1}$ とすれば,

$$\sup_{n=1,2,\ldots} \mathbf{E}[|X_n|; |X_n| \geq \lambda]$$

$$\leq \left(\sup_{n=1,2,\ldots} \|X_n\|_p \right) \left(\sup_{n=1,2,\ldots} \mathbf{P}(|X_n| \geq \lambda)^{\frac{1}{q}} \right)$$

$$\leq \left(\sup_{n=1,2,\ldots} \|X_n\|_p \right) \times \frac{1}{\lambda^{\frac{p}{q}}} \left(\sup_{n=1,2,\ldots} \|X_n\|_p \right)^{\frac{p}{q}} \quad (\forall \lambda > 0)$$

となる. よって, $\{X_n\}_{n=1}^{\infty}$ は一様可積分である. ∎

定理 1.21 確率変数の列 $\{X_n\}_{n=1}^{\infty}$ が一様可積分であり, さらに $\mathbf{P}$-a.s. に X_n が確率変数 X に収束するならば, $X \in L^1(\mathbf{P})$ であり,

$$\lim_{n \to \infty} \mathbf{E}[X_n; A] = \mathbf{E}[X; A] \quad (\forall A \in \mathcal{F})$$

が成り立つ.

証明 ファトウの補題により,

$$\mathbf{E}[|X|] \leq \liminf_{n \to \infty} \mathbf{E}[|X_n|] \leq \sup_{n=1,2,\ldots} \mathbf{E}[|X_n|]$$

となる. 補題 1.20 により, $X \in L^1(\mathbf{P})$ である.

$\lambda > 0$ とする．$\phi_\lambda(x) = (-\lambda) \vee (x \wedge \lambda)$ $(x \in \mathbb{R})$ とおく．ただし，$a \vee b = \max\{a,b\}, a \wedge b = \min\{a,b\}$ である．$|x - \phi_\lambda(x)| \leqq |x|\mathbf{1}_{\mathbb{R}\setminus(-\lambda,\lambda)}(x)$ $(x \in \mathbb{R})$ であるから，

$$|\mathbf{E}[Y - \phi_\lambda(Y); A]| \leqq \mathbf{E}[|Y|; |Y| \geqq \lambda] \quad (Y = X, X_1, X_2, \dots) \qquad (1.4)$$

となる．

$\varepsilon > 0$ とする．$\lambda > 0$ を $\sup_{n=1,2,\dots} \mathbf{E}[|X_n|; |X_n| \geqq \lambda] < \frac{\varepsilon}{2}, \mathbf{E}[|X|; |X| \geqq \lambda] < \frac{\varepsilon}{2}$ となるように選ぶ．このとき，(1.4) により，

$|\mathbf{E}[X_n; A] - \mathbf{E}[X; A]|$

$\leqq \mathbf{E}[|\phi_\lambda(X_n) - \phi_\lambda(X)|; A] + |\mathbf{E}[X - \phi_\lambda(X); A]| + |\mathbf{E}[X_n - \phi_\lambda(X_n); A]|$

$\leqq \mathbf{E}[|\phi_\lambda(X_n) - \phi_\lambda(X)|; A] + \varepsilon$

となる．両辺で $n \to \infty$ とすれば，有界収束定理により，

$$\limsup_{n \to \infty} |\mathbf{E}[X_n; A] - \mathbf{E}[X; A]| \leqq \varepsilon$$

が従う．ε の任意性により，主張を得る． ∎

系 1.22 $\{X_n\}_{n=1}^\infty$ が一様可積分であり，さらに $\mathbf{P}$-a.s. に X_n が確率変数 X に収束するならば，$\mathbf{E}[|X_n - X|] \to 0$ $(n \to \infty)$ である．

証明 補題 1.20 により，$\{|X_n - X|\}_{n=1}^\infty$ は一様可積分である．また仮定により，$|X_n - X| \to 0$, $\mathbf{P}$-a.s. である．したがって，定理 1.21 により，$\mathbf{E}[|X_n - X|] \to 0$ $(n \to \infty)$ となる． ∎

注意 1.23 $Y \geqq 0$, $\mathbf{P}$-a.s. なる $Y \in L^1(\mathbf{P})$ が存在し，$|X_n| \leqq Y$, $\mathbf{P}$-a.s. $(n = 1, 2, \dots)$ が成り立つとする．補題 1.20 により，$\{X_n\}_{n=1}^\infty$ は一様可積分となる．したがって，優収束定理（定理 1.12）は定理 1.21 の特別な場合となっている．

1.3 様々な収束

この小節を通じて，E を距離関数 $d(\cdot, \cdot)$ をもつ距離空間とし，$X, X_1, X_2, \dots$

を E-値確率変数とする.以下,$d(Y,Z)$ ($Y,Z \in \{X, X_1, X_2, \dots\}$) はすべて確率変数であると仮定する.例えば,$E$ がさらに可分であれば任意の E-値確率変数 Y, Z に対し $d(Y,Z)$ は確率変数である(演習問題 1.3).

定義 1.24

(i) X_n が X に**概収束**するとは,$\lim_{n\to\infty} d(X_n, X) = 0$, $\mathbf{P}$-a.s. となることをいい,$X_n \to X$, $\mathbf{P}$-a.s. と表す.

(ii) X_n が X に**確率収束**とは,任意の $\varepsilon > 0$ に対し

$$\lim_{n\to\infty} P(d(X_n, X) > \varepsilon) = 0$$

となることをいい,$X_n \to X$ in prob と表す.

(iii) $p > 0$ とする.X_n が X に $\mathbf{L}^p$ **収束**するとは,$\lim_{n\to\infty} \|d(X_n, X)\|_p = 0$ となることをいい,$X_n \to X$ in L^p と表す.

定義で述べたように,「$\mathbf{P}$-a.s., in prob, in L^p」という用語においては極限操作 $n \to \infty$ は明記することが必要となるときを除いて表記しない.これらの収束の性質について述べる.

定理 1.25

$X, X_1, X_2, \dots$ を E-値確率変数とする.

(1) $X_n \to X$ in prob となるための必要十分条件は

$$\lim_{n\to\infty} \mathbf{E}\bigl[d(X_n, X) \wedge 1\bigr] = 0$$

が成り立つことである.

(2) X_n が X に概収束すれば確率収束する.

(3) X_n が X に L^p 収束すれば確率収束する.

(4) X_n が X に確率収束すれば,概収束する部分列 $\{X_{n_k}\}_{k=1}^\infty$ が存在する.

証明 (1) $0 < \varepsilon < 1$ とし,Y を $Y \geqq 0$ をみたす確率変数とする.等式

$$\mathbf{E}[Y \wedge 1] = \mathbf{E}[Y \wedge 1; \{Y > \varepsilon\}] + \mathbf{E}[Y \wedge 1; \{Y \leqq \varepsilon\}]$$

から，不等式
$$\varepsilon \mathbf{P}(Y > \varepsilon) \leqq \mathbf{E}[Y \wedge 1] \leqq \mathbf{P}(Y > \varepsilon) + \varepsilon \tag{1.5}$$
が従う．これに $Y = d(X_n, X)$ を代入し，$n \to \infty$ とすれば，
$$\varepsilon \limsup_{n \to \infty} \mathbf{P}(d(X_n, X) > \varepsilon) \leqq \limsup_{n \to \infty} \mathbf{E}[d(X_n, X) \wedge 1]$$
$$\leqq \limsup_{n \to \infty} \mathbf{P}(d(X_n, X) > \varepsilon) + \varepsilon$$
となる．この1番目の不等式から十分性が従い，2番目の不等式から必要性が得られる．

(2) 優収束定理（定理1.12）により，
$$\lim_{n \to \infty} \mathbf{E}[d(X_n, X) \wedge 1] = \mathbf{E}\left[\lim_{n \to \infty} d(X_n, X) \wedge 1\right] = 0$$
となる．(1) により，X_n は X に確率収束する．

(3) X_n が X に L^p-収束すると仮定する．まず，$p > 1$ とする．不等式 $|x| \wedge 1 \leqq |x|$ $(x \in \mathbb{R})$ と (1.2) により，
$$\mathbf{E}[d(X_n, X) \wedge 1] \leqq \|d(X_n, X)\|_p$$
となる．よって，(1) により，X_n は X に確率収束する．

次に $0 < p \leqq 1$ とする．不等式 $|x| \wedge 1 \leqq |x|^p$ $(x \in \mathbb{R})$ により，
$$\mathbf{E}[d(X_n, X) \wedge 1] \leqq \|d(X_n, X)\|_p^p$$
となる．よって，(1) により，X_n は X に確率収束する．

(4) 自然数列 $n_1 < n_2 < \cdots$ を $\mathbf{P}(d(X_{n_j}, X) > 2^{-j}) < 2^{-j}$ $(j = 1, 2, \ldots)$ となるように選ぶ．$N = \bigcap_{i=1}^{\infty} \bigcup_{j=i}^{\infty} \{d(X_{n_j}, X) > 2^{-j}\}$ とおけば，ボレル-カンテリの補題（定理1.19）により，$\mathbf{P}(N) = 0$ である．さらに，$\omega \notin N$ ならば，$i = i(\omega)$ が存在し，$j \geqq i$ なるすべての j に対し $d(X_{n_j}(\omega), X(\omega)) \leqq 2^{-j}$ が成り立つ．すなわち，$\lim_{k \to \infty} d(X_{n_k}(\omega), X(\omega)) = 0$ となる．よって，X_{n_k} は X に概収束する． ∎

例 1.26 $\Omega = [0,1], \mathcal{F} = \mathcal{B}([0,1])$ とし，$\mathbf{P}$ を $[0,1]$ 上のルベーグ測度とする．$2^k \leq n < 2^{k+1}$ $(k = 0, 1, \dots)$ なる n に対し，$I_n = [2^{-k}(n - 2^k), 2^{-k}(n - 2^k + 1)]$ と定義し，$X_n = \mathbf{1}_{I_n}$ とおく．このとき，$0 < \varepsilon < 1$ に対し，$\mathbf{P}(X_n > \varepsilon) = 2^{-k}$ となり，X_n は 0 に確率収束する．しかし，$\liminf_{n \to \infty} X_n(\omega) = 0, \limsup_{n \to \infty} X_n(\omega) = 1$ であるから，X_n は 0 には概収束しない．0 に確率収束する部分列としては，たとえば X_{2^k} $(k = 1, 2, \dots)$ がある．

注意 1.27 定理 1.25 を用いると，優収束定理（定理 1.12）や定理 1.21 の概収束は確率収束に弱めることができる．これは次のようにして確かめることができる．

$X_n \in L^1(\mathbf{P})$ は X に確率収束すると仮定する．$\{n_k\}_{k=1}^{\infty}$ を

$$\limsup_{n \to \infty} \mathbf{E}[X_n] = \lim_{k \to \infty} \mathbf{E}[X_{n_k}]$$

となるように選ぶ．X_{n_k} は X に確率収束するから，さらに部分列 $\{n_{k_i}\}_{i=1}^{\infty}$ を $X_{n_{k_i}}$ が X に概収束するようにとる．このとき，この列に優収束定理もしくは定理 1.21 を適用すれば，$\lim_{i \to \infty} \mathbf{E}[X_{n_{k_i}}] = \mathbf{E}[X]$ を得る．したがって，$\limsup_{n \to \infty} \mathbf{E}[X_n] = \mathbf{E}[X]$ となる．同様にして，$\liminf_{n \to \infty} \mathbf{E}[X_n] = \mathbf{E}[X]$ とでき，$\lim_{n \to \infty} \mathbf{E}[X_n] = \mathbf{E}[X]$ を得る．

次のように，確率収束に関するコーシー列は収束列となることがいえる．

定理 1.28 E は完備可分距離空間であると仮定する．E-値確率変数列 $\{X_n\}_{n=1}^{\infty}$ が，任意の $\varepsilon > 0$ に対し，

$$\lim_{n,m \to \infty} \mathbf{P}(d(X_n, X_m) > \varepsilon) = 0$$

を満たせば，E-値確率変数 X が存在し，X_n は X に確率収束する．

証明 仮定により，$n_1 < n_2 < \cdots$ を $\mathbf{P}(d(X_{n_j}, X_{n_{j+1}}) > 2^{-j}) < 2^{-j}$ $(j = 1, 2, \dots)$ となるように選ぶことができる．$N = \bigcap_{i=1}^{\infty} \bigcup_{j=i}^{\infty} \{d(X_{n_j}, X_{n_{j+1}}) > 2^{-j}\}$ とおけば，ボレル-カンテリの補題（定理 1.19）により，$\mathbf{P}(N) = 0$ である．さらに，$\omega \notin N$ ならば，$i = i(\omega)$ が存在し，$j \geq i$ なるすべての j に対し $d(X_{n_j}(\omega), X_{n_{j+1}}(\omega)) \leq 2^{-j}$ が成り立つ．E の完備性により，$\widehat{X}(\omega) \in E$ が存在し，$\lim_{j \to \infty} d(X_{n_j}(\omega), \widehat{X}(\omega)) = 0$ となる．一点 $e \in E$ を任意に固定し，

と定義すれば，X は E-値確率変数であり，さらに次をみたす：

$$\lim_{k\to\infty} d(X_{n_k}, X) = 0, \quad \mathbf{P}\text{-a.s.} \tag{1.6}$$

不等式 (1.5) に $Y = d(X_n, X_m)$ を代入し，仮定とあわせれば，

$$\lim_{n,m\to\infty} \mathbf{E}[d(X_n, X_m) \wedge 1] = 0$$

を得る．これを (1.6) および有界収束定理とあわせれば

$$\lim_{n\to\infty} \mathbf{E}[d(X_n, X) \wedge 1] = \lim_{n\to\infty} \lim_{j\to\infty} \mathbf{E}[d(X_n, X_{n_j}) \wedge 1] = 0$$

となる．定理 1.25(1) により，X_n は X に確率収束する． ■

1.4 条件つき期待値

本節では，2 章以降の考察で重要となるマルチンゲールの定義に不可欠な条件つき期待値の概念を導入する．

定理 1.29 $\mathcal{G} \subset \mathcal{F}$ を σ-加法族とする．$X \in L^1(\mathbf{P})$ に対し，次をみたす $\mathcal{G}$-可測な $Y \in L^1(\mathbf{P})$ が存在する．

$$\mathbf{E}[X; A] = \mathbf{E}[Y; A] \quad (\forall A \in \mathcal{G}). \tag{1.7}$$

このような Y は次の意味で一意的である．

補題 1.30 $Y, Y' \in L^1(\mathbf{P})$ がともに (1.7) をみたす $\mathcal{G}$-可測な確率変数であれば，$Y = Y'$, $\mathbf{P}$-a.s. である．

証明 (1.7) により,
$$\mathbf{E}[(Y-Y');A] = 0 \quad (\forall A \in \mathcal{G})$$
となる. A に $\{Y > Y'\}, \{Y < Y'\}$ を代入すれば,定理 1.10(2) により,$\mathbf{P}(Y > Y') = \mathbf{P}(Y < Y') = 0$ となり,主張を得る. ∎

定義 1.31 上の Y を $\mathbf{E}[X|\mathcal{G}]$ と表し,X の $\mathcal{G}$ による**条件つき期待値** (conditional expectation) という.

定理 1.29 の証明のために,まず次の補題を示す.

補題 1.32

$$\mathcal{D} = \{X \in L^1(\mathbf{P}) \,|\, \mathcal{G}\text{-可測な } Y \in L^1(\mathbf{P}) \text{ が存在し, (1.7) をみたす}\}$$

とおく.
(1) $X_i \in \mathcal{D}$ $(i = 1, 2)$ とし,$Y_i \in L^1(\mathbf{P})$ を対応する $\mathcal{G}$-可測関数とする.
   (a) $a_1, a_2 \in \mathbb{R}$ に対し,$a_1 X_1 + a_2 X_2 \in \mathcal{D}$ であり,$a_1 Y_1 + a_2 Y_2 \in L^1(\mathbf{P})$ が対応する $\mathcal{G}$-可測関数である.
   (b) もし,$X_1 \geqq X_2$, $\mathbf{P}$-a.s. ならば,$Y_1 \geqq Y_2$, $\mathbf{P}$-a.s. である.
(2) $X \in L^2(\mathbf{P})$ ならば,$X \in \mathcal{D}$ である.

証明 (1)(a) $X_1, X_2 \in \mathcal{D}$ であるから,期待値の線形性(定理 1.10)により,任意の $A \in \mathcal{G}$ に対し,
$$\begin{aligned}\mathbf{E}[a_1 X_1 + a_2 X_2; A] &= a_1 \mathbf{E}[X_1; A] + a_2 \mathbf{E}[X_2; A] \\ &= a_1 \mathbf{E}[Y_1; A] + a_2 \mathbf{E}[Y_2; A] \\ &= \mathbf{E}[a_1 Y_1 + a_2 Y_2; A]\end{aligned}$$

となる.したがって $a_1 X_1 + a_2 X_2 \in \mathcal{D}$ であり,$a_1 Y_1 + a_2 Y_2 \in L^1(\mathbf{P})$ が対応する $\mathcal{G}$-可測関数である.

(b) 期待値の正値性（定理 1.10）により，任意の $A \in \mathcal{G}$ に対し，

$$\mathbf{E}[Y_1 - Y_2; A] = \mathbf{E}[Y_1; A] - \mathbf{E}[Y_2; A]$$
$$= \mathbf{E}[X_1; A] - \mathbf{E}[X_2; A]$$
$$= \mathbf{E}[X_1 - X_2; A] \geqq 0$$

となる．とくに，$A = \{Y_1 < Y_2\}$ とすれば，

$$\mathbf{E}[Y_1 - Y_2; A] = 0$$

が成り立つ．定理 1.10(2) を適用すれば，$(Y_1 - Y_2)\mathbf{1}_A = 0$, $\mathbf{P}$-a.s. である．すなわち，$Y_1 \geqq Y_2$, $\mathbf{P}$-a.s. となる．

(2) ヒルベルト空間の直交射影の構成方法を用いて主張を証明する．

$a = \inf\{\|X - Z\|_2^2 \mid Z \in L^2(\mathbf{P})$ かつ $\mathcal{G}$-可測$\}$ とおく．$\mathcal{G}$-可測な $Z_n \in L^2(\mathbf{P})$ $(n = 1, 2, \dots)$ を条件

$$a \leqq \|X - Z_n\|_2^2, \quad \lim_{n \to \infty} \|X - Z_n\|_2^2 = a$$

をみたすように選ぶ．等式

$$\|U + V\|_2^2 + \|U - V\|_2^2 = 2(\|U\|_2^2 + \|V\|_2^2) \quad (U, V \in L^2(\mathbf{P}))$$

により，

$$\|2X - (Z_n + Z_m)\|_2^2 + \|Z_n - Z_m\|_2^2 = 2(\|X - Z_n\|_2^2 + \|X - Z_m\|_2^2)$$

$(n, m = 1, 2, \dots)$ となる．これより，

$$4a + \|Z_n - Z_m\|_2^2 \leqq 2(\|X - Z_n\|_2^2 + \|X - Z_m\|_2^2)$$

を得る．$m, n \to \infty$ とすれば，

$$4a + \limsup_{n, m \to \infty} \|Z_n - Z_m\|_2^2 \leqq 4a$$

となる.よって,$\lim_{n,m\to\infty}\|Z_n-Z_m\|_2^2=0$である.定理1.13により,$Z_n\to Z$ in L^2 をみたす $Z\in L^2(\mathbf{P})$ が存在する.定理1.25により,$Z_{n_k}\to Z$,$\mathbf{P}$-a.s. となる部分列 $\{Z_{n_k}\}_{k=1}^\infty$ がとれる.このとき,$Y=\limsup_{k\to\infty}Z_{n_k}$ とおけば,Y は $\mathcal{G}$-可測であり,さらに $Y=Z$,$\mathbf{P}$-a.s. をみたす.よって,$Y\in L^2(\mathbf{P})$ となる.

$W\in L^2(\mathbf{P})$ は $\mathcal{G}$-可測とする.Y は $L^2(\mathbf{P})$ に属し,さらに $\mathcal{G}$-可測であるから,$t\in\mathbb{R}$ に対し,

$$a\leqq\|X-(Y+tW)\|_2^2=\|X-Y\|_2^2-2t\mathbf{E}[(X-Y)W]+t^2\|W\|_2^2$$

が成り立つ.$\|X-Y\|_2^2=\|X-Z\|_2^2=\lim_{n\to\infty}\|X-Z_n\|_2^2=a$ となるので,これより,

$$t^2\|W\|_2^2-2t\mathbf{E}[(X-Y)W]\geqq 0$$

を得る.t の任意性により,$\mathbf{E}[(X-Y)W]=0$ となる.$W=\mathbf{1}_A$ $(A\in\mathcal{G})$ とすれば,これは

$$\mathbf{E}[X;A]=\mathbf{E}[Y;A]$$

を導く.すなわち,$X\in\mathcal{D}$ である.∎

定理1.29の証明 $\mathcal{D}$ を補題1.32の通りとする.$X=X^+-X^-$ という分解と補題1.32(1)に注意すれば,非負な $X\in L^1(\mathbf{P})$ が $\mathcal{D}$ に属することを示せばよい.

$X\in L^1(\mathbf{P})$ は非負であるとする.$X_n=X\wedge n$ とおく.補題1.32により,$X_n\in\mathcal{D}$ であり,対応する $\mathcal{G}$-可測な $Y_n\in L^1(\mathbf{P})$ は,$Y_n\leqq Y_{n+1}$,$\mathbf{P}$-a.s. をみたす.このとき,$Y=\sup\{Y_n\,|\,n=1,2,\ldots\}$ とおけば,Y は $\mathcal{G}$-可測であり,さらに $Y_n\to Y$,$\mathbf{P}$-a.s. が成り立つ.したがって,単調収束定理(定理1.12)により,

$$\mathbf{E}[X;A]=\lim_{n\to\infty}\mathbf{E}[X_n;A]=\lim_{n\to\infty}\mathbf{E}[Y_n;A]=\mathbf{E}[Y;A]\quad(A\in\mathcal{G})$$

となる.すなわち,$X\in\mathcal{D}$ となる.∎

例 1.33 σ-加法族 $\mathcal{G}$ は有限集合であると仮定する．このとき，次の性質をもつ $A_1, \ldots, A_n \in \mathcal{G}$ が存在する:(i) $A_i \cap A_j = \emptyset$ $(i \neq j)$, (ii) $\bigcup_{i=1}^n A_i = \Omega$. さらに，$\mathbf{P}(A_i) > 0$ $(i = 1, \ldots, n)$ が成り立つと仮定する．このとき，$X \in L^1(\mathbf{P})$ に対し，

$$\mathbf{E}[X|\mathcal{G}] = \sum_{i=1}^n \frac{\mathbf{E}[X; A_i]}{\mathbf{P}(A_i)} \mathbf{1}_{A_i}$$

が成り立つ．これらの証明は演習問題とする．

とくに $A \in \mathcal{F}$ に対し，$\mathbf{E}[\mathbf{1}_A | \mathcal{G}] = \sum_{i=1}^n \frac{\mathbf{P}(A \cap A_i)}{\mathbf{P}(A_i)} \mathbf{1}_{A_i}$ となり，集合に対する条件つき確率 $\mathbf{P}(A|A_i) \stackrel{\text{def}}{=} \frac{\mathbf{P}(A \cap A_i)}{\mathbf{P}(A_i)}$ が条件つき期待値の表示に現れる．

本書で用いる条件つき期待値の性質を列挙する．より詳しい性質については [6, 17] を参照されたい．

定理 1.34 $\mathcal{G} \subset \mathcal{F}$ を σ-加法族とし，$X, X_1, X_2 \in L^1(\mathbf{P})$ とする．
(1) $\mathbf{E}[\mathbf{E}[X|\mathcal{G}]] = \mathbf{E}[X]$.
(2) （線形性）$a_1, a_2 \in \mathbb{R}$ に対し，$\mathbf{E}[a_1 X_1 + a_2 X_2 | \mathcal{G}] = a_1 \mathbf{E}[X_1|\mathcal{G}] + a_2 \mathbf{E}[X_2|\mathcal{G}]$, $\mathbf{P}$-a.s. が成り立つ．
(3) （正値性）$X_1 \geq X_2$, $\mathbf{P}$-a.s. ならば，$\mathbf{E}[X_1|\mathcal{G}] \geq \mathbf{E}[X_2|\mathcal{G}]$, $\mathbf{P}$-a.s. である．
(4) （イェンセンの不等式）$f : \mathbb{R} \to \mathbb{R}$ が下に凸な関数であり，$f(X) \in L^1(\mathbf{P})$ をみたすならば，次の不等式が成り立つ．

$$f(\mathbf{E}[X|\mathcal{G}]) \leq \mathbf{E}[f(X)|\mathcal{G}], \quad \mathbf{P}\text{-a.s.}$$

とくに，$p \geq 1$ に対し，$X \in L^p(\mathbf{P})$ ならば次が成り立つ．

$$|\mathbf{E}[X|\mathcal{G}]|^p \leq \mathbf{E}[|X|^p|\mathcal{G}], \quad \mathbf{P}\text{-a.s.}$$

(5) σ-加法族 $\mathcal{H}$ が $\mathcal{H} \subset \mathcal{G}$ をみたせば，次が成り立つ．

$$\mathbf{E}\bigl[\mathbf{E}[X|\mathcal{G}]\bigm|\mathcal{H}\bigr] = \mathbf{E}[X|\mathcal{H}], \quad \mathbf{P}\text{-a.s.}$$

(6) X と $\mathcal{G}$ が独立であれば，$\mathbf{E}[X|\mathcal{G}] = \mathbf{E}[X]$, $\mathbf{P}$-a.s. である．
(7) $ZX \in L^1(\mathbf{P})$ となる $\mathcal{G}$-可測な Z に対し，次が成り立つ．

$$\mathbf{E}[ZX|\mathcal{G}] = Z\mathbf{E}[X|\mathcal{G}], \quad \mathbf{P}\text{-a.s.}$$

証明 (1) は (1.7) において $A = \Omega$ とすれば得られる．(2)，(3) は補題 1.32 において既に証明した．
(4) 実数列 $\{a_n\}_{n=1}^{\infty}, \{b_n\}_{n=1}^{\infty}$ が存在し，凸関数 f を

$$f(x) = \sup\{a_n x + b_n \mid n = 1, 2, \dots\} \quad (x \in \mathbb{R})$$

と表現できる（[17, §6.6] 参照）．よって

$$\mathbf{E}[f(X)|\mathcal{G}] \geqq a_n \mathbf{E}[X|\mathcal{G}] + b_n, \quad \mathbf{P}\text{-a.s.} \quad (n = 1, 2, \dots)$$

となる．n についての上限をとれば主張を得る．
(5) $A \in \mathcal{H}$ とする．仮定により $A \in \mathcal{G}$ となるから，(1.7) を繰り返して用いれば，

$$\mathbf{E}[\mathbf{E}[\mathbf{E}[X|\mathcal{G}]|\mathcal{H}]; A] = \mathbf{E}[\mathbf{E}[X|\mathcal{G}]; A] = \mathbf{E}[X; A]$$

を得る．したがって，条件つき期待値の一意性から求める等式を得る．
(6) $A \in \mathcal{G}$ とする．X と $\mathbf{1}_A$ は独立であるから，定理 1.18 により，

$$\mathbf{E}[X; A] = \mathbf{E}[X]\mathbf{E}[\mathbf{1}_A] = \mathbf{E}[\mathbf{E}[X]; A]$$

となる．よって，$\mathbf{E}[X|\mathcal{G}] = \mathbf{E}[X]$，$\mathbf{P}$-a.s. である．
(7) $A_{n,k} = \{k2^{-n} \leqq Z < (k+1)2^{-n}\}$ $(n = 1, 2, \dots, k \in \mathbb{Z})$ とおく．$A_{n,k} \in \mathcal{G}$ である．$Z_n = \sum_{k=-n2^n}^{n2^n} k2^{-n} \mathbf{1}_{A_{n,k}}$ $(n = 1, 2, \dots)$ と定義する．
　$A \in \mathcal{G}$ とする．このとき，

$$\mathbf{E}[Z_n X; A] = \sum_{k=-n2^n}^{n2^n} k2^{-n} \mathbf{E}[X; A \cap A_{n,k}]$$

$$= \sum_{k=-n2^n}^{n2^n} k2^{-n} \mathbf{E}[\mathbf{E}[X|\mathcal{G}]; A \cap A_{n,k}] = \mathbf{E}[Z_n \mathbf{E}[X|\mathcal{G}]; A]$$

が成り立つ．よって，

$$\mathbf{E}[Z_n X|\mathcal{G}] = Z_n \mathbf{E}[X|\mathcal{G}], \quad \mathbf{P}\text{-a.s.} \quad (n = 1, 2, \dots) \tag{1.8}$$

となる．

Z_n は Z に概収束するので，(1.8) の右辺は $Z\mathbf{E}[X|\mathcal{G}]$ に概収束する．(1), (2), (4) を用い，さらに $|Z_n| \leq |Z| + 1$ であることに注意して優収束定理を適用すれば，

$$\limsup_{n\to\infty} \mathbf{E}[|\mathbf{E}[Z_n X|\mathcal{G}] - \mathbf{E}[ZX|\mathcal{G}]|]$$
$$\leq \limsup_{n\to\infty} \mathbf{E}[|Z_n X - ZX|] = \mathbf{E}\left[\lim_{n\to\infty} |Z_n X - ZX|\right] = 0$$

となる．よって，(1.8) の左辺は，$\mathbf{E}[ZX|\mathcal{G}]$ に L^1-収束する．したがって，$\mathbf{E}[ZX|\mathcal{G}] = Z\mathbf{E}[X|\mathcal{G}]$, $\mathbf{P}$-a.s. となる． ∎

条件つき期待値に対して，次のような収束定理が成り立つ．

命題 1.35　$X, X_n \in L^1(\mathbf{P})$ $(n = 1, 2, \dots)$ とする．
(1) $X_n \to X$ in L^1 ならば，$\mathbf{E}[X_n|\mathcal{G}] \to \mathbf{E}[X|\mathcal{G}]$ in L^1 である．
(2) （単調収束定理）$X_n \leq X_{n+1}$, $\mathbf{P}$-a.s.$(n = 1, 2, \dots)$ であり，X_n が X に概収束するならば，$\mathbf{E}[X_n|\mathcal{G}]$ は $\mathbf{E}[X|\mathcal{G}]$ に概収束する．
(3) （ファトウの補題）$X_n \geq 0$, $\mathbf{P}$-a.s. $(n = 1, 2, \dots)$ ならば，

$$\mathbf{E}[\liminf_{n\to\infty} X_n|\mathcal{G}] \leq \liminf_{n\to\infty} \mathbf{E}[X_n|\mathcal{G}], \quad \mathbf{P}\text{-a.s.}$$

が成り立つ．ただし，$\liminf_{n\to\infty} X_n \notin L^1(\mathbf{P})$ の場合は，この不等式は $\infty = \infty$ を許して

$$\mathbf{E}[\liminf_{n\to\infty} X_n; A] \leq \liminf_{n\to\infty} \mathbf{E}[X_n; A] \quad (A \in \mathcal{G})$$

が成り立つことを意味する．
(4) （優収束定理）$Y \geq 0$ なる $Y \in L^1(\mathbf{P})$ が存在し，$|X_n| \leq Y$, $\mathbf{P}$-a.s. $(n = 1, 2, \dots)$ が成り立ち，さらに，X_n が X に概収束するとする．このとき，$\mathbf{E}[X_n|\mathcal{G}]$ は $\mathbf{E}[X|\mathcal{G}]$ に概収束する．

証明　証明は演習問題とする． ∎

演習問題

1.1. $\sigma(\mathcal{A})$ は σ-加法族であることを証明せよ.

1.2. 例 1.5(2) の $\mathbf{P}$ が確率測度であることを証明せよ.

1.3. E, E_1, E_2 を可分距離空間とし,d を E 上の距離関数とする.
  (a) 直積距離空間 $E_1 \times E_2$ のボレル加法族 $\mathcal{B}(E_1 \times E_2)$ は $\sigma(\{A_1 \times A_2 \mid A_i \in \mathcal{B}(E_i)\ (i=1,2)\})$ と一致することを証明せよ.
  (b) E-値確率変数 X, Y に対し,$d(X, Y)$ は確率変数となることを示せ.

1.4. 確率変数 X_n が X に確率収束し,$f : \mathbb{R} \to \mathbb{R}$ が連続であれば,$f(X_n)$ は $f(X)$ に確率収束することを示せ.

1.5. 例 1.33 を証明せよ.

1.6. $X \in L^2(\mathbf{P})$ ならば,

$$\mathbf{E}[(X - \mathbf{E}[X|\mathcal{G}])^2] = \min\{\mathbf{E}[(X-Z)^2] \mid Z \in L^2(\mathbf{P}) \text{ かつ } \mathcal{G}\text{-可測}\}$$

が成り立つことを示せ.

1.7. $\mathcal{G} \subset \mathcal{F}$ を σ-加法族,X, Y は独立な確率変数で,Y は $\mathcal{G}$-可測であると仮定する.有界かつ $\mathcal{B}(\mathbb{R}^2)$-可測な $g : \mathbb{R}^2 \to \mathbb{R}$ に対し,

$$\mathbf{E}[g(X,Y)|\mathcal{G}] = \mathbf{E}[g(X,y)|\mathcal{G}]\big|_{y=Y}$$

が成り立つことを示せ.

1.8. 命題 1.35 を証明せよ.

第2章 ◇ マルチンゲール

　独立な確率変数の和の一般化であるマルチンゲールは，現代の確率論研究において必要不可欠な道具となっている．基礎理論においてだけでなく，フィルタリング理論や数理ファイナンスを始めとする様々な確率論の応用分野においても重要である．本章では，マルチンゲールの定義から始め，その性質について紹介する．

本章を通じ，$T > 0$ とし，$\mathbb{T} = [0, T]$ もしくは $\mathbb{T} = [0, \infty)$ とする．

2.1 確率過程

　位相空間 E に値をとる確率変数 $X_t : \Omega \to E$ $(t \in \mathbb{T})$ の集まり $\{X_t\}_{t \in \mathbb{T}}$ を E-値確率過程 (E-valued stochastic process) という．$E = \mathbb{R}$ のときは簡単に確率過程 (stochastic process) という．

定義 2.1 E を位相空間，$\{X_t\}_{t \in \mathbb{T}}$ を E-値確率変数とする．
(i) $\{X_t\}_{t \in \mathbb{T}}$ が（右）連続 ((right) continuous) であるとは，すべての $\omega \in \Omega$ に対し，写像 $\mathbb{T} \ni t \mapsto X_t(\omega)$ が（右）連続となることをいう．
(ii) E-値確率過程 $\{Y_t\}_{t \in \mathbb{T}}$ が $\{X_t\}_{t \in \mathbb{T}}$ の修正 (modification) であるとは，$\mathbf{P}(X_t = Y_t) = 1$ $(t \in \mathbb{T})$ が成り立つことをいう．
(iii) $\{X_t\}_{t \in \mathbb{T}}$ が **P-a.s.** に（右）連続 (**P**-a.s. (right) continuous) であるとは，$\mathbf{P}(N) = 0$ となる $N \in \mathcal{F}$ が存在し，$\omega \notin N$ ならば，写像 $\mathbb{T} \ni t \mapsto X_t(\omega)$ が（右）連続となることをいう．

例 2.2 E-値確率過程 $\{X_t\}_{t \in \mathbb{T}}$ が **P**-a.s. に（右）連続であるとする．$\mathbf{P}(N) = 0$ であり，$\omega \notin N$ ならば $t \mapsto X_t(\omega)$ が（右）連続となる $N \in \mathcal{F}$ をとる．このとき，$e \in E$ を任意に固定し

$$Y_t(\omega) = \begin{cases} X_t(\omega) & (\omega \notin N) \\ e & (\omega \in N) \end{cases}$$

とおけば，$\{Y_t\}_{t\in\mathbb{T}}$ は $\{X_t\}_{t\in\mathbb{T}}$ の（右）連続な修正である．

σ-加法族 $\mathcal{F}_t \subset \mathcal{F}$ $(t \in \mathbb{T})$ の集まり $\{\mathcal{F}_t\}_{t\in\mathbb{T}}$ が，$\mathcal{F}_s \subset \mathcal{F}_t$ $(s \leqq t)$ をみたすとき，フィルトレーション (filtration) といい，組 $(\Omega, \mathcal{F}, \mathbf{P}, \{\mathcal{F}_t\}_{t\in\mathbb{T}})$ をフィルターつき確率空間 (filtered probability space) という．E-値確率過程 $X = \{X_t\}_{t\in\mathbb{T}}$ に対し，

$$\mathcal{F}_t^X \stackrel{\text{def}}{=} \sigma(\{\{X_s \in A\} \mid s \in \mathbb{T}\cap[0,t], A \in \mathcal{B}(E)\}), \quad \overline{\mathcal{F}}_t^X \stackrel{\text{def}}{=} \sigma(\mathcal{F}_t^X \cup \mathcal{N}) \quad (2.1)$$

とおく．ただし，$\mathcal{N}$ は $\mathbf{P}$ に関する零集合の全体である：

$$\mathcal{N} = \{N \in \mathcal{F} \mid \mathbf{P}(N) = 0\}. \tag{2.2}$$

このとき，$\{\mathcal{F}_t^X\}_{t\in\mathbb{T}}, \{\overline{\mathcal{F}}_t^X\}_{t\in\mathbb{T}}$ はともにフィルトレーションである．

以下，フィルターつき確率空間 $(\Omega, \mathcal{F}, \mathbf{P}, \{\mathcal{F}_t\}_{t\in\mathbb{T}})$ 上で考察を行う．

定義 2.3 $\{X_t\}_{t\in\mathbb{T}}$ を E-値確率過程とする．
(i) $\{X_t\}_{t\in\mathbb{T}}$ が $(\mathcal{F}_t)$-**適合** $((\mathcal{F}_t)$-adapted) であるとは，各 X_t が $\mathcal{F}_t$-可測となることをいう．
(ii) $\{X_t\}_{t\in\mathbb{T}}$ が $(\mathcal{F}_t)$-**発展的可測** $((\mathcal{F}_t)$-progressively measurable) であるとは，任意の $T' \in \mathbb{T}$ に対し，写像 $[0, T'] \times \Omega \ni (t, \omega) \mapsto X_t(\omega) \in E$ が直積 σ-加法族 $\mathcal{B}([0, T']) \times \mathcal{F}_{T'}$ に関し可測となることをいう．

$(\mathcal{F}_t)$-発展的可測ならば，$(\mathcal{F}_t)$-適合である．確率過程が右連続であれば，逆も成り立つ：

補題 2.4 E-値確率過程 $\{X_t\}_{t\in\mathbb{T}}$ が右連続かつ $(\mathcal{F}_t)$-適合であれば，$(\mathcal{F}_t)$-発展的可測である．

証明 $T' > 0$ とする．$n \in \mathbb{N}$ に対し，

$$X_t^n = X_{\frac{(j+1)T'}{n}} \quad \left(t \in \left[\tfrac{jT'}{n}, \tfrac{(j+1)T'}{n}\right)\right., j = 0, 1, \ldots, n-1\right), \quad X_{T'}^n = X_{T'}$$

とおく．このとき，$A \in \mathcal{B}(E)$ に対し，

$$\{(t,\omega) \in [0,T'] \times \Omega \,|\, X_t^n(\omega) \in A\}$$
$$= \left\{\bigcup_{j=0}^{n-1}\left([\tfrac{jT'}{n}, \tfrac{(j+1)T'}{n}) \times \{X_{\frac{(j+1)T'}{n}} \in A\}\right)\right\} \cup (\{T'\} \times \{X_{T'} \in A\})$$

となる．よって，$[0,T'] \times \Omega \ni (t,\omega) \mapsto X_t^n(t,\omega)$ は $\mathcal{B}([0,T']) \times \mathcal{F}_{T'}$-可測となる．右連続性により，

$$\lim_{n\to\infty} X_t^n(\omega) = X_t(\omega) \quad (\forall (t,\omega) \in [0,T'] \times \Omega)$$

である．ゆえに $[0,T'] \times \Omega \ni (t,\omega) \mapsto X_t(\omega)$ は $\mathcal{B}([0,T']) \times \mathcal{F}_{T'}$-可測である．■

注意 2.5 例 2.2 により，$\mathcal{N} \subset \mathcal{F}_0$ が成り立っていれば，**P**-a.s. に右連続かつ $(\mathcal{F}_t)$-適合な $\{X_t\}_{t \in \mathbb{T}}$ は $(\mathcal{F}_t)$-発展的可測な修正を持つ．

2.2 マルチンゲール

定義 2.6 $\{M_t\}_{t \in \mathbb{T}}$ を確率過程とする．

(i) $\{M_t\}_{t \in \mathbb{T}}$ が $(\boldsymbol{\mathcal{F}_t})$-マルチンゲール ($(\mathcal{F}_t)$-martingale) であるとは，次の 3 条件がみたされることをいう．
  (a) $\{M_t\}_{t \in \mathbb{T}}$ は $(\mathcal{F}_t)$-適合である．
  (b) $M_t \in L^1(\mathbf{P})$ $(t \in \mathbb{T})$ である．
  (c) $s \leqq t$ なる $s,t \in \mathbb{T}$ に対し，次が成り立つ：

$$\mathbf{E}[M_t|\mathcal{F}_s] = M_s, \ \mathbf{P}\text{-a.s.} \tag{2.3}$$

(ii) $\{M_t\}_{t \in \mathbb{T}}$ が (2.3) における等号 $=$ を不等号 $\leqq$ に置き換えた条件をみたすとき，$(\boldsymbol{\mathcal{F}_t})$-優マルチンゲール ($(\mathcal{F}_t)$-supermartingale) であるという．

(iii) $\{M_t\}_{t \in \mathbb{T}}$ が (2.3) における等号 $=$ を不等号 $\geqq$ に置き換えた条件をみたすとき，$(\boldsymbol{\mathcal{F}_t})$-劣マルチンゲール ($(\mathcal{F}_t)$-submartingale) であるという．

例 2.7 $\xi_1, \xi_2, \ldots$ を，$\xi_i \in L^1(\mathbf{P})$ $(i = 1, 2, \ldots)$ なる独立な確率変数の列とする．

$$\mathcal{F}_0 = \{\emptyset, \Omega\}, \quad \mathcal{F}_n = \sigma(\{\{\xi_i \in A\} \mid i \leqq n, A \in \mathcal{B}(\mathbb{R})\})$$

$$X_0 = 0, \quad X_n = \sum_{i=1}^{n}(\xi_i - \mathbf{E}[\xi_i]) \quad (n = 1, 2, \ldots)$$

とおき，

$$\mathcal{F}_t = \mathcal{F}_{[t]}, \quad X_t = X_{[t]} \quad (t \in [0, \infty))$$

と定義する．ただし，$[t] = \max\{n \in \mathbb{Z} \mid n \leqq t\}$ とする．この $\{X_t\}_{t \in [0,\infty)}$ は $(\mathcal{F}_t)$-マルチンゲールである．

証明 $n \leqq s < t < n+1$ ならば，$X_t = X_n$ であるから，$\mathbf{E}[X_t|\mathcal{F}_s] = X_n = X_s$ が成り立つ．また，$n \leqq s < n+1$ ならば，定理 1.34(6) により，

$$\mathbf{E}[X_{n+1}|\mathcal{F}_s] = \mathbf{E}[X_{n+1}|\mathcal{F}_n] = X_n + \mathbf{E}[\xi_{n+1} - \mathbf{E}[\xi_{n+1}]] = X_n = X_s$$

となる．以上より，$n \leqq s < t \leqq n+1$ に対し，$\mathbf{E}[X_t|\mathcal{F}_s] = X_s$ である．これより，定理 1.34(5) を繰り返して用いれば，

$$\mathbf{E}[X_t|\mathcal{F}_s] = \mathbf{E}[\mathbf{E}[X_t|\mathcal{F}_{[t]}]|\mathcal{F}_s] = \mathbf{E}[X_{[t]}|\mathcal{F}_s]$$
$$= \mathbf{E}[\mathbf{E}[X_{[t]}|\mathcal{F}_{[t]-1}]|\mathcal{F}_s] = \mathbf{E}[X_{[t]-1}|\mathcal{F}_s] = \cdots = \mathbf{E}[X_{[s]+1}|\mathcal{F}_s] = X_s$$

を得る．すなわち，$\{X_t\}_{t \in [0,\infty)}$ は $(\mathcal{F}_t)$-マルチンゲールである． ∎

ただ一つのフィルトレーションのもとで考察を行っているときは，"$(\mathcal{F}_t)$-" を省略して，簡単に「マルチンゲール，優マルチンゲール，劣マルチンゲール」という．以降ではこの省略を用いる．

命題 2.8

(1) $\{X_t\}_{t \in \mathbb{T}}$ が劣マルチンゲールならば，$\{-X_t\}_{t \in \mathbb{T}}$ は優マルチンゲールである．

(2) $\{X_t\}_{t \in \mathbb{T}}$ を確率過程，$f : \mathbb{R} \to \mathbb{R}$ を下に凸な関数であり，$f(X_t) \in L^1(\mathbf{P})$ $(t \in \mathbb{T})$ が成り立つと仮定する．このとき，次の条件のいずれかが成り立てば，$\{f(X_t)\}_{t \in \mathbb{T}}$ は劣マルチンゲールである．

　(a) $\{X_t\}_{t \in \mathbb{T}}$ はマルチンゲールである．

　(b) $\{X_t\}_{t \in \mathbb{T}}$ は劣マルチンゲールであり，f は非減少関数である．

(3) $p \geqq 1$ とする.$\{X_t\}_{t \in \mathbb{T}}$ が $X_t \subset L^p(\mathbf{P})$ かつ $X_t \geqq 0$, $\mathbf{P}$-a.s. $(t \in \mathbb{T})$ となる劣マルチンゲールならば,$\{X_t^p\}_{t \in \mathbb{T}}$ は劣マルチンゲールである.
(4) 確率過程 $\{X_t\}_{t \in \mathbb{T}}$ は $(\mathcal{F}_t)$-適合であり,$X_t \in L^1(\mathbf{P})$ $(\forall t \in \mathbb{T})$ をみたすとし,$\{X_t^n\}_{t \in \mathbb{T}}$ は劣マルチンゲールで,$X_t^n \to X_t$ in L^1 $(\forall t \in \mathbb{T})$ が成り立つとする.このとき,$\{X_t\}_{t \in \mathbb{T}}$ は劣マルチンゲールである.とくに,$\{X_t^n\}_{t \in \mathbb{T}}$ がマルチンゲールであれば,$\{X_t\}_{t \in \mathbb{T}}$ もマルチンゲールである.

証明 (1) は定義より直ちに従い,(3) は (2) において $f(x) = (x \vee 0)^p$ とすればよい.
(2) イェンセンの不等式(定理 1.34)により,次が成り立つ:

$$f(\mathbf{E}[X_t|\mathcal{F}_s]) \leqq \mathbf{E}[f(X_t)|\mathcal{F}_s]. \tag{2.4}$$

(a) $\{X_t\}_{t \in \mathbb{T}}$ はマルチンゲールであるから,$f(\mathbf{E}[X_t|\mathcal{F}_s]) = f(X_s)$ となる.これを (2.4) とあわせて,主張を得る.
(b) $\{X_t\}_{t \in \mathbb{T}}$ は劣マルチンゲールであるから,f の非減少性とあわせると $f(\mathbf{E}[X_t|\mathcal{F}_s]) \geqq f(X_s)$ となる.(2.4) に代入して主張を得る.
(4) $s < t$ とする.命題 1.35 により,$\mathbf{E}[X_t^n|\mathcal{F}_s] \to \mathbf{E}[X_t|\mathcal{F}_s]$ in L^1 である.したがって,$\mathbf{P}$-a.s. に $X_s^{n_k} \to X_s$, $\mathbf{E}[X_t^{n_k}|\mathcal{F}_s] \to \mathbf{E}[X_t|\mathcal{F}_s]$ となるなる部分列 $\{n_k\}_{k=1}^{\infty}$ が存在する.劣マルチンゲール性により,$\mathbf{P}$-a.s. に $\mathbf{E}[X_t^{n_k}|\mathcal{F}_s] \geqq X_s^{n_k}$ となるから,$k \to \infty$ とすれば,$\mathbf{E}[X_t|\mathcal{F}_s] \geqq X_s$, $\mathbf{P}$-a.s. となる. ∎

期待値の評価を行う際に用いられるヘルダー,ミンコフスキーの不等式は,被積分関数の性質に依存しない先験的かつ基本的な不等式である.マルチンゲールに関連する期待値の評価においてこれらの不等式が重要であることは当然だが,さらにドゥーブ (Doob) の不等式と呼ばれている次のような先験的な不等式がある.

定理 2.9 (ドゥーブの不等式) $\{X_t\}_{t \in \mathbb{T}}$ は,右連続な劣マルチンゲールであり,$X_t \geqq 0$, $\mathbf{P}$-a.s. $(\forall t \in \mathbb{T})$ をみたすと仮定する.このとき,$t \in \mathbb{T}, \lambda > 0$ に対し,次の不等式が成り立つ:

$$\mathbf{P}\Big(\sup_{s \leqq t} X_s > \lambda\Big) \leqq \frac{1}{\lambda}\mathbf{E}\Big[X_t; \sup_{s \leqq t} X_s > \lambda\Big]. \tag{2.5}$$

さらに，もし $p > 1$ が存在し，$X_t \in L^p(\mathbf{P})$ ($\forall t \in \mathbb{T}$) ならば，次が成り立つ．

$$\mathbf{E}\Big[\sup_{s \leqq t} X_t^p\Big] \leqq \Big(\frac{p}{p-1}\Big)^p \mathbf{E}[X_T^p] \quad (\forall t \in \mathbb{T}). \tag{2.6}$$

注意 2.10 (1) $[0, t]$ は非可算集合であるが，右連続性から

$$\sup_{s \leqq t} X_s(\omega) = \limsup_{n \to \infty} \max_{0 \leqq k \leqq n} X_{\frac{kt}{n}}(\omega) \quad (\forall \omega \in \Omega)$$

が成り立つことにより，$\sup_{s \leqq t} X_s$ は $\mathcal{F}_t$-可測である．

(2) 定理の λ を $\lambda - \frac{1}{n}$ に置きかえ，$n \to \infty$ とすれば，次の不等式を得る:

$$\mathbf{P}\Big(\sup_{s \leqq t} X_s \geqq \lambda\Big) \leqq \frac{1}{\lambda}\mathbf{E}\Big[X_t; \sup_{s \leqq t} X_s \geqq \lambda\Big].$$

(3) 命題 2.8 に注意すれば，もし $\{M_t\}_{t \in \mathbb{T}}$ が右連続なマルチンゲールならば，$t \in \mathbb{T}, \lambda > 0$ に対し，

$$\mathbf{P}\Big(\sup_{s \leqq t} |M_s| > \lambda\Big) \leqq \frac{1}{\lambda}\mathbf{E}\Big[|M_t|; \sup_{s \leqq t} |M_s| > \lambda\Big] \tag{2.7}$$

が成り立つ．さらに，$p > 1$ が存在し，$M_t \in L^p(\mathbf{P})$ ($\forall t \in \mathbb{T}$) ならば，次が成り立つ．

$$\mathbf{E}\Big[\sup_{s \leqq t} |M_s|^p\Big] \leqq \Big(\frac{p}{p-1}\Big)^p \mathbf{E}[|M_t|^p] \quad (\forall t \in \mathbb{T}). \tag{2.8}$$

証明 まず，(2.5) を示す．$t \in \mathbb{T}, \lambda > 0$ を固定する．$n, m \in \mathbb{N}$ に対し，

$$E_{n,m} = \Big\{\max_{k=0,1,\ldots,m-1} X_{\frac{kt}{2^n}} \leqq \lambda, X_{\frac{mt}{2^n}} > \lambda\Big\}$$

とおく．

$$\Big\{\max_{k=0,1,\ldots,2^n} X_{\frac{kt}{2^n}} > \lambda\Big\} = \bigcup_{m=1}^{2^n} E_{n,m}, \quad E_{n,m} \cap E_{n,m'} = \emptyset \quad (m \neq m')$$

であり，$E_{n,m} \subset \mathcal{F}_{\frac{mt}{2^n}}$ であるから，チェビシェフの不等式と劣マルチンゲール性を利用すれば，次が成り立つ:

$$\mathbf{P}\Big(\max_{k=0,1,\ldots,2^n} X_{\frac{kt}{2^n}} > \lambda\Big) = \sum_{m=0}^{2^n} \mathbf{P}(E_{n,m}) \leqq \frac{1}{\lambda} \sum_{m=0}^{2^n} \mathbf{E}\big[X_{\frac{mt}{2^n}}; E_{n,m}\big]$$

$$\leqq \frac{1}{\lambda} \sum_{m=0}^{2^n} \mathbf{E}[X_t; E_{n,m}] = \frac{1}{\lambda} \mathbf{E}\Big[X_t; \max_{k=0,1,\ldots,2^n} X_{\frac{kt}{2^n}} > \lambda\Big]. \quad (2.9)$$

$\{X_t\}_{t \in \mathbb{T}}$ が右連続であるから

$$\Big\{\sup_{s \leqq t} X_t > \lambda\Big\} = \bigcup_{n=1}^{\infty} \Big\{\max_{k=0,1,\ldots,2^n} X_{\frac{kt}{2^n}} > \lambda\Big\} \quad (2.10)$$

が成り立つ．したがって (2.9) において $n \to \infty$ とすれば，定理 1.4 により，(2.5) を得る．

次に (2.6) を示す．$p > 1$ とし，任意の $t \in \mathbb{T}$ に対し $X_t \in L^p(\mathbf{P})$ であるとする．$Y_n = n \wedge \sup_{s \leqq t} X_s \ (n = 1, 2, \ldots)$ とおく．

$$\{Y_n > \lambda\} = \begin{cases} \emptyset & (\lambda \geqq n) \\ \Big\{\sup_{s \leqq t} X_s > \lambda\Big\} & (\lambda < n) \end{cases}$$

が成り立つから，(2.5) により

$$\mathbf{P}(Y_n > \lambda) \leqq \frac{1}{\lambda} \mathbf{E}[X_t; Y_n > \lambda]$$

となる．これとフビニの定理およびヘルダーの不等式により，

$$\mathbf{E}[Y_n^p] = \int_0^\infty p\lambda^{p-1} \mathbf{P}(Y_n > \lambda) d\lambda$$

$$\leqq \int_0^\infty p\lambda^{p-2} \mathbf{E}[X_t; Y_n > \lambda] d\lambda = \frac{p}{p-1} \mathbf{E}[X_t Y_n^{p-1}]$$

$$\leqq \frac{p}{p-1} \big(\mathbf{E}[X_t^p]\big)^{\frac{1}{p}} \big(\mathbf{E}[Y_n^p]\big)^{\frac{p-1}{p}}$$

が得られる．ただし，期待値をルベーグ積分に書き換える二つの等式については演習問題 2.4 を利用した．したがって，

$$\mathbf{E}[Y_n^p] \leqq \left(\frac{p}{p-1}\right)^p \mathbf{E}[X_t^p]$$

となる．$n \to \infty$ とすれば，単調収束定理により，(2.6) を得る． ∎

例 2.11 $\xi_1, \xi_2, \ldots \in L^2(\mathbf{P})$ は独立であるとし，$\{X_t\}_{t \in [0,\infty)}$ を例 2.7 の通りに定義する．ドゥーブの不等式により

$$\mathbf{P}\left(\sup_{s \leqq t} |X_t| > \lambda\right) \leqq \frac{1}{\lambda^2} \mathbf{E}[X_t^2]$$

となる．$t = n$ として，$\xi_1, \xi_2, \ldots$ の独立性に注意すれば，

$$\mathbf{P}\left(\max_{m \leqq n} \left|\sum_{i=1}^{m}(\xi_i - \mathbf{E}[\xi_i])\right| > \lambda\right) \leqq \frac{1}{\lambda^2} \sum_{i=1}^{n} \mathrm{Var}(\xi_i)$$

を得る．ただし，$\mathrm{Var}(\xi_i) = \mathbf{E}[(\xi_i - \mathbf{E}[\xi_i])^2]$ である．この不等式は大数の強法則を示すときに用いられ，コルモゴロフ (Kolmogorov) の不等式と呼ばれている．

2.3 停止時刻

本節以降，$\mathbb{T} = [0, \infty)$ として考察を行なう．確率過程 $\{X_t\}_{t \in [0,T]}$ は $X_t = X_T$ $(t \geqq T)$ とおくことで自然に $\{X_t\}_{t \in [0,\infty)}$ に拡張できる．よって，本節以降の結果は $\mathbb{T} = [0, T]$ の場合にも適用できる．以下，記号の簡略化のために，$\{X_t\}_{t \in [0,\infty)}$ を $\{X_t\}_{t \geqq 0}$ と表す．また，本節では用いないが，$\{X_t\}_{t \in [0,T]}$ を $\{X_t\}_{t \leqq T}$ と表す．

定義 2.12

(i) 確率変数 $\tau : \Omega \to [0, \infty]$ が**停止時刻** (stopping time) であるとは，任意の $t \in [0, \infty)$ に対し $\{\tau \leqq t\} \in \mathcal{F}_t$ が成り立つことをいう．

(ii) 停止時刻 τ に対し，

$$\mathcal{F}_\tau = \{A \in \mathcal{F} \,|\, A \cap \{\tau \leqq t\} \in \mathcal{F}_t \,(t \in [0, \infty))\}$$

とおく.

$\mathcal{F}_\tau$ は σ-加法族である（証明は演習問題とする）．以下で，たびたび用いる停止時刻の例を挙げる．

補題 2.13 右連続かつ $(\mathcal{F}_t)$-適合な $\mathbb{R}^N$-値確率過程 $\{X_t\}_{t \geqq 0}$ と $M > 0$ に対し，
$$\tau = \inf\left\{t \geqq 0 \,\Big|\, \sup_{s \leqq t} |X_s| \geqq M\right\}$$
とおく．ただし，$\{\cdots\} = \emptyset$ のときは $\tau = \infty$ とする．このとき，τ は停止時刻である．さらに $\{X_t\}_{t \geqq 0}$ が **P**-a.s. に連続ならば，次が成り立つ:
$$\sup_{s \leqq \tau} |X_s| \leqq M \vee |X_0|, \ \mathbf{P}\text{-a.s.} \tag{2.11}$$

証明 $t \geqq 0$ とする．右連続性により，$\omega \in \Omega$ に対し，$\tau(\omega) > t$ となることと $\sup_{s \leqq t} |X_s(\omega)| < M$ となることは同値である．また，右連続性により，$\sup_{s \leqq t} |X_s| = \sup_{s \in (\mathbb{Q} \cap [0,t]) \cup \{t\}} |X_s|$ となる．したがって，$\sup_{s \leqq t} |X_s|$ は $\mathcal{F}_t$-可測である．よって $\{\tau > t\} = \{\sup_{s \leqq t} |X_s| < M\} \in \mathcal{F}_t$ が成り立つ．ゆえに τ は停止時刻である．

また，上の同値性により，$\tau(\omega) > 0$ ならば $\sup_{s < \tau(\omega)} |X_s(\omega)| \leqq M$ となる．$\{X_t\}_{t \geqq 0}$ が **P**-a.s. に連続ならば，$\{\tau > 0\}$ 上で **P**-a.s. に $\sup_{s < \tau} |X_s| = \sup_{s \leqq \tau} |X_s|$ である．さらに $\tau(\omega) = 0$ であれば $\sup_{s \leqq \tau(\omega)} |X_s(\omega)| = |X_0(\omega)|$ である．これらをあわせて (2.11) を得る． ∎

停止時刻は以下のような性質を持つ．

補題 2.14 σ, τ を停止時刻とする．
(1) $\sigma \vee \tau$, $\sigma \wedge \tau$ はともに停止時刻である．
(2) $\sigma(\omega) \leqq \tau(\omega)$ $(\forall \omega \in \Omega)$ ならば，$\mathcal{F}_\sigma \subset \mathcal{F}_\tau$ となる．

(3) $\mathcal{F}_{\sigma \wedge \tau} = \mathcal{F}_\sigma \cap \mathcal{F}_\tau$ である.

(4) $\{\sigma \leqq \tau\}, \{\sigma < \tau\}, \{\tau = \sigma\} \in \mathcal{F}_{\sigma \wedge \tau}$ である.

(5) $\tau < \infty$ とする. 確率過程 $\{X_t\}_{t \geq 0}$ が $(\mathcal{F}_t)$-発展的可測ならば $X_\tau : \Omega \ni \omega \mapsto X_{\tau(\omega)}(\omega)$ は $\mathcal{F}_\tau$-可測である.

証明 (1) $t \geq 0$ とする. $\{\sigma \vee \tau \leqq t\} = \{\sigma \leqq t\} \cap \{\tau \leqq t\}$, $\{\sigma \wedge \tau \leqq t\} = \{\sigma \leqq t\} \cup \{\tau \leqq t\}$ という等式により主張を得る.

(2) $A \in \mathcal{F}_\sigma$, $t \geq 0$ とする. $A \cap \{\tau \leqq t\} = (A \cap \{\sigma \leqq t\}) \cap \{\tau \leqq t\} \in \mathcal{F}_t$ となる. よって, $A \in \mathcal{F}_\tau$ である.

(3) (2) により, $\mathcal{F}_{\sigma \wedge \tau} \subset \mathcal{F}_\sigma \cap \mathcal{F}_\tau$ である.

逆に $A \in \mathcal{F}_\sigma \cap \mathcal{F}_\tau$ とする. $t \geq 0$ に対し, $A \cap \{\sigma \wedge \tau \leqq t\} = (A \cap \{\sigma \leqq t\}) \cup (A \cap \{\tau \leqq t\}) \in \mathcal{F}_t$ となる. ゆえに, $A \in \mathcal{F}_{\sigma \wedge \tau}$ であり, $\mathcal{F}_\sigma \cap \mathcal{F}_\tau \subset \mathcal{F}_{\sigma \wedge \tau}$ が得られる.

(4) $t \geq 0$ とする. $a \in \mathbb{R}$ に対し,

$$\{\tau \wedge t \leqq a\} = \begin{cases} \emptyset & (a < 0), \\ \{\tau \leqq a\} \in \mathcal{F}_a \subset \mathcal{F}_t & (a \leqq t), \\ \Omega \in \mathcal{F}_t & (a > t) \end{cases}$$

となる. したがって, $\tau \wedge t, \sigma \wedge t$ は $\mathcal{F}_t$-可測である. よって

$$\{\sigma \leqq \tau\} \cap \{\tau \leqq t\} = \{\sigma \wedge t \leqq \tau \wedge t\} \cap \{\sigma \leqq t\} \cap \{\tau \leqq t\} \in \mathcal{F}_t$$

$$\{\sigma < \tau\} \cap \{\tau \leqq t\} = \{\sigma \wedge t < \tau \wedge t\} \cap \{\tau \leqq t\} \in \mathcal{F}_t$$

となる. すなわち, $\{\sigma \leqq \tau\}, \{\sigma < \tau\} \in \mathcal{F}_\tau$ である.

σ, τ を入れ替えれば, $\{\tau \leqq \sigma\}, \{\tau < \sigma\} \in \mathcal{F}_\sigma$ である. $\mathcal{F}_\sigma$ は σ-加法族であるから, $\{\sigma < \tau\}, \{\sigma \leqq \tau\} \in \mathcal{F}_\sigma$ となる.

以上により $\{\sigma \leqq \tau\}, \{\sigma < \tau\} \in \mathcal{F}_\tau \cap \mathcal{F}_\sigma$ となる. (3) とあわせて, 主張を得る.

(5) $t \geq 0$ とする. $\Omega_t = \{\tau \leqq t\}, \mathcal{G}_t = \{A \cap \Omega_t \mid A \in \mathcal{F}_t\}$ とおく. 可測空間 $(\Omega_t, \mathcal{G}_t), ([0,t] \times \Omega_t, \mathcal{B}([0,t]) \times \mathcal{G}_t)$ 上の二つの写像 $\rho_t : \Omega_t \to [0,t] \times \Omega_t, X^{(t)} :$

$[0,t] \times \Omega_t \to \mathbb{R}$ を $\rho_t(\omega) = (\tau(\omega), \omega), X^{(t)}(s, \omega) = X_s(\omega)$ と定義する．これらはともに可測写像である．したがって，$A \in \mathcal{B}(\mathbb{R})$ に対し，

$$\{X_\tau \in A\} \cap \{\tau \leq t\} = \{X^{(t)} \circ \rho_t \in A\} \in \mathcal{G}_t \subset \mathcal{F}_t$$

となる．よって，X_τ は $\mathcal{F}_\tau$ 可測である． ∎

定理 2.15 （任意抽出定理） σ, τ を停止時刻とする．$T > 0$ が存在し $\sigma(\omega) \leq \tau(\omega) \leq T$ ($\forall \omega \in \Omega$) が成り立つと仮定する．もし $\{M_t\}_{t \geq 0}$ が右連続なマルチンゲールならば，M_τ, M_σ は可積分であり，次が成り立つ．

$$\mathbf{E}[M_\tau | \mathcal{F}_\sigma] = M_\sigma, \ \mathbf{P}\text{-a.s.} \qquad (2.12)$$

とくに，$p \geq 1$ に対し $\mathbf{E}[M_t^p] < \infty$ ($\forall t \geq 0$) となるとき，次が成り立つ:

$$\mathbf{E}[|M_\tau|^p | \mathcal{F}_\sigma] \geq |M_\sigma|^p.$$

$\mathbb{T}$ を $\{0, 1, \ldots, N\}$ もしくは $\mathbb{Z}_{\geq 0} \stackrel{\text{def}}{=} \{k \in \mathbb{Z} \,|\, k \geq 0\}$ に代えたマルチンゲールを**離散時間マルチンゲール**と呼んでいる．この定理の証明に必要となる離散時間マルチンゲールに関する考察については付録 A.3 を参照されたい．

証明 イェンセンの不等式（定理 1.34）により後半は前半から直ちに従うので，前半のみを証明する．

関数 $\phi_n : [0, \infty) \to [0, \infty)$ を

$$\phi_n(x) = \sum_{j=0}^{\infty} \frac{j+1}{2^n} \mathbf{1}_{(j2^{-n}, (j+1)2^{-n}]}(x) \quad (x \geq 0)$$

と定義する．

$$\tau_n = \phi_n(\tau), \quad \sigma_n = \phi_n(\sigma)$$

とおく．$\sigma \leq \sigma_n \leq \tau_n \leq T + 1$ となることに注意すれば，補題 2.14 と定理 A.6 により，[1]

---

[1] $\mathcal{G}_k = \mathcal{F}_{\frac{k}{2^n}}, N_k = M_{\frac{k}{2^n}}$ とおく．このとき，$\{N_t\}_{t \in \mathbb{Z}_{\geq 0}}$ は離散 $(\mathcal{G}_t)$-マルチンゲールである．さらに，$2^n \tau_n, 2^n \sigma_n$ はともに $(\mathcal{G}_t)$ に関する停止時刻となっている．この $\{N_t\}_{t \in \mathbb{Z}_{\geq 0}}, 2^n \tau_n, 2^n \sigma_n$ に対し，定理 A.6 を適用する．

$$\mathbf{E}[M_{\tau_n}; A] = \mathbf{E}[M_{\sigma_n}; A] \quad (\forall A \in \mathcal{F}_\sigma, n = 1, 2, \dots) \tag{2.13}$$

となる．

$\{M_t\}_{t \geqq 0}$ の右連続性により，

$$\lim_{n \to \infty} M_{\tau_n} = M_\tau, \quad \lim_{n \to \infty} M_{\sigma_n} = M_\sigma$$

となる．よって，定理 1.21 により，$\{M_{\tau_n}\}_{n=1}^\infty, \{M_{\sigma_n}\}_{n=1}^\infty$ が一様可積分であることを示せば，$n \to \infty$ とすることで，系 1.22 により M_τ, M_σ の可積分性が従い，(2.13) から (2.12) が従う．以下，$\{M_{\tau_n}\}_{n=1}^\infty$ が一様可積分であることを証明する．$\{M_{\sigma_n}\}_{n=1}^\infty$ の一様可積分性は同様の方法で示すことができる．

$\tau_n \leqq T+1$ であるから，定理 A.6 により，

$$\mathbf{E}[|M_{\tau_n}|; |M_{\tau_n}| \geqq \lambda] \leqq \mathbf{E}[|M_{T+1}|; |M_{\tau_n}| \geqq \lambda]$$

$$\leqq \mathbf{E}\left[|M_{T+1}|; \sup_{t \leqq T+1} |M_t| \geqq \lambda\right] \quad (\forall \lambda > 0)$$

が成り立つ．ドゥーブの不等式により，

$$\mathbf{P}\left(\sup_{t \leqq T+1} |M_t| \geqq \lambda\right) \leqq \frac{1}{\lambda} \mathbf{E}[|M_{T+1}|] \to 0 \quad (\lambda \to \infty)$$

となるから，

$$\lim_{\lambda \to \infty} \sup_{n=1,2,\dots} \mathbf{E}[|M_{\tau_n}|; |M_{\tau_n}| \geqq \lambda] = 0$$

である．すなわち，$\{M_{\tau_n}\}_{n=1}^\infty$ は一様可積分である． ∎

確率過程 $\{X_t\}_{t \geqq 0}$ と停止時刻 τ に対し，

$$X_t^\tau(\omega) = X_{t \wedge \tau(\omega)}(\omega) \quad (\omega \in \Omega)$$

とおく．次の定理で見るように，この操作でマルチンゲール性は不変である．

定理 2.16 $\{M_t\}_{t \geqq 0}$ が右連続なマルチンゲールであれば，$\{M_t^\tau\}_{t \geqq 0}$ も右連続なマルチンゲールである．

2.3 停止時刻

証明 マルチンゲール性だけを示す. $s < t$, $A \in \mathcal{F}_s$ とする. $\{\tau > s\} \in \mathcal{F}_s$ であるから, $A \cap \{\tau > s\} \in \mathcal{F}_s$ となる. さらに

$$A \cap \{\tau > s\} \cap \{\tau \leqq t\} = \begin{cases} \emptyset & (t \leqq s) \\ A \cap \{s < \tau \leqq t\} \in \mathcal{F}_t & (t > s) \end{cases}$$

であるから, $A \cap \{\tau > s\} \in \mathcal{F}_s \cap \mathcal{F}_\tau = \mathcal{F}_{s \wedge \tau}$ となる. 定理 2.15 により,

$$\mathbf{E}[M_{t \wedge \tau}; A \cap \{\tau > s\}] = \mathbf{E}[M_{s \wedge \tau}; A \cap \{\tau > s\}]$$

となる.

集合 $\{\tau \leqq s\}$ 上では $t \wedge \tau = \tau = s \wedge \tau$ が成り立つから,

$$\mathbf{E}[M_{t \wedge \tau}; A \cap \{\tau \leqq s\}] = \mathbf{E}[M_{s \wedge \tau}; A \cap \{\tau \leqq s\}]$$

である. これを先の等式とあわせると, $\mathbf{E}[M_t^\tau; A] = \mathbf{E}[M_s^\tau; A]$ となり, 主張を得る. ∎

この定理から, 次のようなマルチンゲールの有界なマルチンゲールによる近似が得られる.

定理 2.17 $\{M_t\}_{t \geqq 0}$ を, $N \overset{\text{def}}{=} \sup_{\omega \in \Omega} |M_0(\omega)| < \infty$ となる連続なマルチンゲールとする. $n > N$ なる $n \in \mathbb{N}$ に対し,

$$\tau_n = \inf\left\{t \geqq 0; \sup_{s \leqq t} |M_s| \geqq n\right\}, \quad M_t^{(n)} = M_t^{\tau_n}$$

とおく. このとき, 連続マルチンゲール $\{M_t^{(n)}\}_{t \geqq 0}$ は $\sup_{t \geqq 0} |M_t^{(n)}| \leqq n$, $\mathbf{P}$-a.s. $(n = 1, 2, \ldots)$ をみたし, さらに

$$\lim_{n \to \infty} \mathbf{E}[|M_t - M_t^{(n)}|] = 0 \quad (\forall t \geqq 0) \tag{2.14}$$

が成り立つ. もし, さらに, $p > 1$ が存在し, $M_t \in L^p(\mathbf{P})$ $(\forall t \geqq 0)$ をみたすならば, 次が成り立つ:

$$\lim_{n\to\infty} \mathbf{E}\left[\sup_{s\leq t} |M_s - M_s^{(n)}|^p\right] = 0 \quad (\forall t \geq 0). \tag{2.15}$$

証明 定理 2.16 により $\{M_t^{(n)}\}_{t\geq 0}$ は連続マルチンゲールである. また補題 2.13 により, $|M_t^{\tau_n}| \leq n$ ($\forall t \geq 0$), $\mathbf{P}$-a.s. が成り立つ. さらに, $\{M_t\}_{t\geq 0}$ は連続であるから, $\tau_n \to \infty$ であり,

$$\lim_{n\to\infty} \sup_{s\leq t} |M_s^{\tau_n} - M_s| = 0 \quad (t \geq 0) \tag{2.16}$$

となる.

任意抽出定理 (定理 2.15) とイェンセンの不等式 (定理 1.34) により

$$|M_t^{\tau_n}| = |\mathbf{E}[M_t | \mathcal{F}_{t \wedge \tau_n}]| \leq \mathbf{E}[|M_t| | \mathcal{F}_{t \wedge \tau_n}]$$

が成り立つ. よって $\lambda > 0$ に対し,

$$\mathbf{E}[|M_t^{\tau_n}|; |M_t^{\tau_n}| \geq \lambda] \leq \mathbf{E}[|M_t|; |M_t^{\tau_n}| \geq \lambda] \leq \mathbf{E}\left[|M_t|; \sup_{s\leq t}|M_s| \geq \lambda\right]$$

となる. ドゥーブの不等式 (2.7) により

$$\limsup_{\lambda\to\infty} \mathbf{P}\left(\sup_{s\leq t}|M_s| \geq \lambda\right) \leq \limsup_{\lambda\to\infty} \frac{1}{\lambda}\mathbf{E}[|M_t|] = 0$$

が成り立つから, 上の不等式とあわせると

$$\lim_{\lambda\to\infty} \sup_{n=1,2,\ldots} \mathbf{E}[|M_t^{\tau_n}|; |M_t^{\tau_n}| \geq \lambda] = 0$$

となる. よって, $\{M_t^{\tau_n}\}_{n=1}^{\infty}$ は一様可積分である.

(2.16) と系 1.22 により, $\lim_{n\to\infty} \mathbf{E}[|M_t - M_t^{\tau_n}|] = 0$ となり, (2.14) を得る.

$p > 1$ とし, $M_t \in L^p(\mathbf{P})$ ($\forall t \geq 0$) とする. ドゥーブの不等式 (2.8) により, $\sup_{s\leq t}|M_s|^p \in L^1(\mathbf{P})$ である. 不等式 $\sup_{s\leq t}|M_s - M_s^{\tau_n}|^p \leq 2^p \sup_{s\leq t}|M_s|^p$ と (2.16) に注意して優収束定理を用いれば, (2.15) を得る. ∎

2.4 2次変動過程

本節では,
$$\mathcal{N} \subset \mathcal{F}_0 \tag{2.17}$$
が成り立つと仮定する.ただし,$\mathcal{N}$ を零集合の全体とする((2.2) 参照).このとき,本節以降重要となる次の主張が成立する.

命題 2.18 $\{X_t^n\}_{t \geqq 0}$ $(n = 1, 2, \dots)$ は $(\mathcal{F}_t)$-適合な $\mathbb{R}^N$-値連続確率過程とする.

(1) もし

$$\lim_{n,m \to \infty} \mathbf{P}\left(\sup_{t \leqq T} |X_t^n - X_t^m| > \varepsilon\right) = 0 \quad (\forall T > 0, \varepsilon > 0)$$

が成り立てば,$(\mathcal{F}_t)$-適合な $\mathbb{R}^N$-値連続確率過程 $\{X_t\}_{t \geqq 0}$ が存在し,次が成り立つ:

$$\lim_{n \to \infty} \mathbf{P}\left(\sup_{t \leqq T} |X_t^n - X_t| > \varepsilon\right) = 0 \quad (\forall T > 0,\, \varepsilon > 0). \tag{2.18}$$

(2) $p > 1$ が存在し,

$$\lim_{n,m \to \infty} \mathbf{E}\left[\sup_{t \leqq T} |X_t^n - X_t^m|^p\right] = 0 \quad (\forall T > 0)$$

が成り立てば,$(\mathcal{F}_t)$-適合な $\mathbb{R}^N$-値連続確率過程 $\{X_t\}_{t \geqq 0}$ が存在し,

$$\lim_{n \to \infty} \mathbf{E}\left[\sup_{t \leqq T} |X_t^n - X_t|^p\right] = 0 \quad (\forall T > 0) \tag{2.19}$$

が成り立つ.

証明 (1) E を $[0, \infty)$ 上の $\mathbb{R}^N$-値連続関数の全体,

$$d(f, g) = \sum_{k=1}^{\infty} 2^{-k} \sup_{t \leqq k} |f(t) - g(t)| \wedge 1 \quad (f, g \in E)$$

として定理 1.28 を適用すれば,連続な $\mathbb{R}^N$-値確率過程 $\{X'_t\}_{t\geqq 0}$ が存在し,$\lim_{n\to\infty} \mathbf{P}\bigl(d(X^n_\bullet - X'_\bullet) > \varepsilon\bigr) = 0 \ (\forall \varepsilon > 0)$ となる.ただし,$X^n_\bullet$ は ω に写像 $t \mapsto X^n_t(\omega)$ を対応させる E-値確率変数である.定理 1.25(4) により,部分列 $\{X^{n_k}_t\}_{t\geqq 0}$ と $A \in \mathcal{N}$ が存在し,$\omega \notin A$ ならば,$d(X^{n_k}_\bullet(\omega) - X'_\bullet(\omega)) \to 0$ が成り立つ.

$$X_t(\omega) = \begin{cases} \limsup_{k\to\infty} X^{n_k}_t(\omega) & (\omega \notin A), \\ 0 & (\omega \in A) \end{cases}$$

とおく.ただし,$\limsup$ は $\mathbb{R}^N$-値確率過程 $X^{n_k}_t$ の各成分ごとにとる.仮定 (2.17) により $\{X_t\}_{t\geqq 0}$ は $(\mathcal{F}_t)$-適合である.さらに $X_t(\omega) = X'_t(\omega) \ (\forall t \geqq 0, \omega \notin A)$ となる.よって,$\{X_t\}_{t\in[0,T]}$ は連続な $\mathbb{R}^N$-値確率過程である.また,$d(f,g) \geqq 2^{-k} \sup_{t\leqq k} |f(t) - g(t)| \wedge 1 \ (f,g \in E)$ であるから,(2.18) が成り立つ.

(2) (1) の $\{X^{n_k}_t\}_{t\geqq 0}, \{X_t\}_{t\geqq 0}$ に対し,ファトウの補題により

$$\mathbf{E}\left[\sup_{t\leqq T} |X^n_t - X_t|^p\right] \leqq \liminf_{k\to\infty} \mathbf{E}\left[\sup_{t\leqq T} |X^n_t - X^{n_k}_t|^p\right]$$

が成り立つ.仮定により

$$\lim_{n\to\infty} \liminf_{k\to\infty} \mathbf{E}\left[\sup_{t\leqq T} |X^n_t - X^{n_k}_t|^p\right] = 0$$

となるので,上式で $n \to \infty$ として,主張を得る.∎

定義 2.19

(i) $\mathbf{E}[M^2_t] < \infty \ (\forall t \geqq 0)$ となるマルチンゲール $\{M_t\}_{t\geqq 0}$ の全体を $\mathcal{M}^2$ と表す.

(ii) 連続な $\{M_t\}_{t\geqq 0} \in \mathcal{M}^2$ の全体を $\mathcal{M}^2_c$ と表す.

定理 2.20

$\{M_t\}_{t\geqq 0} \in \mathcal{M}^2_c$ に対し,$A_0 = 0$ となる $(\mathcal{F}_t)$-適合な連続確率過程 $\{A_t\}_{t\geqq 0}$ で,任意の $\omega \in \Omega$ に対し,写像 $t \mapsto A_t(\omega)$ は非減少関数であり,さ

らに確率過程 $\{M_t^2 - A_t\}_{t \geq 0}$ はマルチンゲールとなるものが **P**-零集合を除いて一意的に存在する.

ここで「**P**-零集合を除いて一意的に」とは, $\{A_t\}_{t \geq 0}, \{A'_t\}_{t \geq 0}$ が共に上の性質をみたすとき, $E \in \mathcal{N}$ が存在し, $\omega \notin E$ ならば $A_t(\omega) = A'_t(\omega)$ $(\forall t \in [0, \infty))$ が成り立つことをいう.

定義 2.21 定理 2.20 の $\{A_t\}_{t \geq 0}$ を $\{M_t\}_{t \geq 0}$ の **2 次変動過程** (quadratic variation process) といい, $\{\langle M \rangle_t\}_{t \geq 0}$ と表す.

定理 2.20 の証明のためにいくつかの補題を準備する.

補題 2.22 $\{M_t\}_{t \geq 0} \in \mathcal{M}_c^2$ とする. $\sigma_1 \leq \cdots \leq \sigma_n \leq \sigma \leq \tau$ を停止時刻とし, $f : \mathbb{R}^n \to \mathbb{R}$ を $f(M_{\sigma_1}, \ldots, M_{\sigma_n})\mathbf{1}_B$ が有界となるボレル可測関数とする. ただし, $B = \bigcap_{i=1}^n \{\sigma_i < \infty\}$ である.

$$N_t = f(M_{\sigma_1}, \ldots, M_{\sigma_n})(M_t^\tau - M_t^\sigma)$$

とおけば, $\{N_t\}_{t \geq 0} \in \mathcal{M}_c^2$ であり, 次をみたす:

$$\mathbf{E}[N_t^2] \leq K^2 \mathbf{E}[(M_t^\tau)^2] \quad (\forall t \geq 0). \tag{2.20}$$

ただし, $K = \sup_{\omega \in \Omega} |(f(M_{\sigma_1}, \ldots, M_{\sigma_n})\mathbf{1}_B)(\omega)|$ である.

注意 2.23 (1) $\sigma_i(\omega) = \infty$ であれば, $M_{\sigma_i}(\omega)$ は定義できないが, $\sigma(\omega) > t$ なので $M_t^\tau(\omega) - M_t^\sigma(\omega) = 0$ となることに鑑み, $N_t(\omega) = 0$ と定義する.
(2) ドゥーブの不等式より, $\sup_{s \leq t} |M_s| \in L^2(\mathbf{P})$ となるから, $M_t^\tau \in L^2(\mathbf{P})$ である.

証明 $s < t, A \in \mathcal{F}_s$ とする. $\sigma(\omega) > t$ ならば $N_t(\omega) = 0$ となるから,

$$\mathbf{E}[N_t; A] = \mathbf{E}[N_t; A \cap \{\sigma \leq t\}]$$

$$= \mathbf{E}[N_t; A \cap \{\sigma \leq s\}] + \mathbf{E}[N_t; A \cap \{s < \sigma \leq t\}] \tag{2.21}$$

と分解できる.

(2.21) の第 1 項は，補題 2.14(3)，(5)，定理 1.34(7)，および定理 2.16 により，次のように変形できる：

$$\mathbf{E}[N_t; A \cap \{\sigma \leqq s\}]$$
$$= \mathbf{E}[f(M_{s \wedge \sigma_1}, \ldots, M_{s \wedge \sigma_n})(M_{t \wedge \tau} - M_{s \wedge \sigma}); A \cap \{\sigma \leqq s\}]$$
$$= \mathbf{E}[f(M_{s \wedge \sigma_1}, \ldots, M_{s \wedge \sigma_n})(M_{s \wedge \tau} - M_{s \wedge \sigma}); A \cap \{\sigma \leqq s\}]$$
$$= \mathbf{E}[N_s; A \cap \{\sigma \leqq s\}].$$

つぎに (2.21) の第 2 項が 0 となることを見る．

$$A \cap \{s < \sigma \leqq t\} \cap \{t \wedge \sigma \leqq u\} = \begin{cases} \emptyset & (u \leqq s) \\ A \cap \{s < \sigma \leqq t \wedge u\} \in \mathcal{F}_{t \wedge u} & (u > s) \end{cases}$$

となるから，$A \cap \{s < \sigma \leqq t\} \in \mathcal{F}_{t \wedge \sigma}$ である．任意抽出定理により，

$$\mathbf{E}[N_t; A \cap \{s < \sigma \leqq t\}]$$
$$= \mathbf{E}[f(M_{t \wedge \sigma_1}, \ldots, M_{t \wedge \sigma_n})(M_{t \wedge \tau} - M_{t \wedge \sigma}); A \cap \{s < \sigma \leqq t\}]$$
$$= \mathbf{E}[f(M_{t \wedge \sigma_1}, \ldots, M_{t \wedge \sigma_n})\mathbf{E}[(M_{t \wedge \tau} - M_{t \wedge \sigma})|\mathcal{F}_{t \wedge \sigma}]; A \cap \{s < \sigma \leqq t\}]$$
$$= 0$$

となる．

以上の考察より $\mathbf{E}[N_t; A] = \mathbf{E}[N_s; A]$ となり，$\{N_t\}_{t \geqq 0}$ はマルチンゲールとなる．

$\{N_t\}_{t \geqq 0}$ の連続性は定義より明らかである．さらに任意抽出定理により，

$$\mathbf{E}[N_t^2] \leqq K^2 \mathbf{E}[(M_{t \wedge \tau} - M_{t \wedge \sigma})^2]$$
$$= K^2 \mathbf{E}[M_{t \wedge \tau}^2 + M_{t \wedge \sigma}^2] - 2K^2 \mathbf{E}[M_{t \wedge \tau} M_{t \wedge \sigma}]$$
$$= K^2 \mathbf{E}[M_{t \wedge \tau}^2 + M_{t \wedge \sigma}^2] - 2K^2 \mathbf{E}[M_{t \wedge \sigma}^2]$$
$$\leqq K^2 \mathbf{E}[M_{t \wedge \tau}^2] \leqq K^2 \mathbf{E}[M_t^2]$$

2.4 2次変動過程

となる．よって，$\{N_t\}_{t\geq 0} \in \mathcal{M}_c^2$ であり，(2.20) が成り立つ． ∎

補題 2.24 $\sigma_1, \sigma_2, \ldots$ を $\sigma_i \leqq \sigma_{i+1}$ $(i = 1, 2, \ldots)$, $\lim_{i \to \infty} \sigma_i = \infty$ をみたす停止時刻とし，σ_j^i $(1 \leqq j \leqq k_i, i = 1, 2, \ldots)$ を $\sigma_j^i \leqq \sigma_i$ をみたす停止時刻とする．$f_i : \mathbb{R}^{k_i} \to \mathbb{R}$ はボレル可測関数で

$$K \stackrel{\text{def}}{=} \sup_{i=1,2,\ldots} \sup_{\omega \in \Omega} |(f_i(M_{\sigma_1^i}, \ldots, M_{\sigma_{k_i}^i}) \mathbf{1}_{B_i})(\omega)| < \infty$$

をみたすとする．ただし，$B_i = \bigcap_{j=1}^{k_i} \{\sigma_j^i < \infty\}$ である．

$$N_t = \sum_{i=0}^{\infty} f_i(M_{\sigma_1^i}, \ldots, M_{\sigma_{k_i}^i})(M_t^{\sigma_{i+1}} - M_t^{\sigma_i})$$

とおく．ただし，$\sigma_0 = 0$ とする．このとき，$\{N_t\}_{t\geq 0} \in \mathcal{M}_c^2$ であり，次が成り立つ．

$$\mathbf{E}\left[\sup_{t \leqq T} N_t^2\right] \leqq 4K^2 \mathbf{E}[M_T^2] \quad (\forall T > 0). \tag{2.22}$$

注意 2.25 $t \geqq \sigma_i(\omega)$ なる i については，$M_t^{\sigma_{i+1}}(\omega) - M_t^{\sigma_i}(\omega) = 0$ であるから，$N_t(\omega)$ を定める総和は ω ごとに有限和である．

証明 $\omega \in \Omega$, $t \in [\sigma_n(\omega), \sigma_{n+1}(\omega)]$ に対し，

$$N_t(\omega) = N_{\sigma_n(\omega)}(\omega) + (f_n(M_{\sigma_1^n}, \ldots, M_{\sigma_{k_n}^n}))(\omega)(M_t^{\sigma_{n+1}}(\omega) - M_{\sigma_n(\omega)}(\omega))$$

となる．したがって，$\{N_t\}_{t\geq 0}$ は連続確率過程である．

$n = 1, 2, \ldots$ に対し，

$$N_t^n = \sum_{i=0}^{n} f_i(M_{\sigma_1^i}, \ldots, M_{\sigma_{k_i}^i})(M_t^{\sigma_{i+1}} - M_t^{\sigma_i})$$

とおく．補題 2.22 により，$\{N_t^n\}_{t\geq 0} \in \mathcal{M}_c^2$ である．さらに定義により，

$$\lim_{n \to \infty} N_t^n(\omega) = N_t(\omega) \quad (\forall \omega \in \Omega) \tag{2.23}$$

となる．

任意抽出定理により，$i<j$ ならば，

$$\mathbf{E}[f_i(M_{\sigma_1^i},\ldots,M_{\sigma_{k_i}^i})(M_t^{\sigma_{i+1}}-M_t^{\sigma_i})f_j(M_{\sigma_1^j},\ldots,M_{\sigma_{k_j}^j})(M_t^{\sigma_{j+1}}-M_t^{\sigma_j})]$$

$$=\mathbf{E}\big[f_i(M_{\sigma_1^i},\ldots,M_{\sigma_{k_i}^i})(M_t^{\sigma_{i+1}}-M_t^{\sigma_i})f_j(M_{\sigma_1^j},\ldots,M_{\sigma_{k_j}^j})$$
$$\times \mathbf{E}[M_t^{\sigma_{j+1}}-M_t^{\sigma_j}|\mathcal{F}_{t\wedge\sigma_j}]\big]=0$$

となる．よって，再び任意抽出定理により

$$\mathbf{E}[(N_t^n)^2]\leqq K^2\sum_{i=0}^n \mathbf{E}[(M_t^{\sigma_{i+1}}-M_t^{\sigma_i})^2]=K^2\mathbf{E}[(M_t^{\sigma_{n+1}})^2]\leqq K^2\mathbf{E}[M_t^2] \tag{2.24}$$

が成り立つ．したがって $\{N_t^n\}_{n=1}^\infty$ は一様可積分となる．(2.23) とあわせれば，$N_t^n\to N_t$ in L^1 である．よって，命題 2.8 により，$\{N_t\}_{t\geqq 0}$ はマルチンゲールである．

ファトウの補題と (2.24) により

$$\mathbf{E}[N_t^2]\leqq \liminf_{n\to\infty}\mathbf{E}[(N_t^n)^2]\leqq K^2\mathbf{E}[M_t^2]$$

となる．よって，$\{N_t\}_{t\geqq 0}\in\mathcal{M}_c^2$ である．

ドゥーブの不等式と上の不等式により

$$\mathbf{E}\Big[\sup_{t\leqq T}N_t^2\Big]\leqq 4\mathbf{E}[N_T^2]\leqq 4K^2\mathbf{E}[M_T^2]$$

となり，(2.22) を得る． ∎

補題 2.26　$\{M_t\}_{t\geqq 0}\in\mathcal{M}_c^2$ が有界であれば，すなわち，$\sup_{t\geqq 0,\omega\in\Omega}|M_t(\omega)|<\infty$ であれば，定理 2.20 の主張をみたす $\{A_t\}_{t\geqq 0}$ が存在する．

証明　$M_0=0$ として証明する．一般の場合は M_t-M_0 に主張を適用すればよい．

$n=1,2,\ldots, i=0,1,\ldots$ に対し，

$$\tau_0^n=\inf\Big\{t\,\Big|\,\sup_{s\leqq t}|M_s|\geqq 2^{-n}\Big\},$$

$$\tau_{i+1}^n = \inf\left\{t > \tau_i^n \;\middle|\; \sup_{s \leqq t}|M_{s \vee \tau_i^n} - M_{\tau_i^n}| \geqq 2^{-n}\right\}$$

とおき，

$$N_t^n = 2\sum_{i=0}^{\infty} M_{\tau_i^n}(M_t^{\tau_{i+1}^n} - M_t^{\tau_i^n}), \quad A_t^n = \sum_{i=0}^{\infty}(M_t^{\tau_{i+1}^n} - M_t^{\tau_i^n})^2 \quad (t \geqq 0)$$

と定義する．

$$M_t^2 = N_t^n + A_t^n \quad (t \geqq 0) \tag{2.25}$$

であり，さらに，補題 2.24 により，$\{N_t^n\}_{t \geqq 0} \in \mathcal{M}_c^2$ である．

$$\{\tau_i^n(\omega) \,|\, i = 0, 1, \dots\} \subset \{\tau_i^{n+1}(\omega) \,|\, i = 0, 1, \dots\} \quad (\forall \omega \in \Omega, n = 1, 2, \dots)$$

が成り立つので，

$$j(n, i; \omega) = \max\{j \,|\, \tau_j^n(\omega) \leqq \tau_i^{n+1}(\omega)\}, \quad F_i^n(\omega) = M_{\tau_{j(n,i;\omega)}(\omega)}(\omega)$$

とおけば，

$$N_t^n = 2\sum_{i=0}^{\infty} F_i^n (M_t^{\tau_{i+1}^{n+1}} - M_t^{\tau_i^{n+1}})$$

と表現できる．よって

$$N_t^{n+1} - N_t^n = 2\sum_{i=1}^{\infty}(M_{\tau_i^{n+1}} - F_i^n)(M_t^{\tau_{i+1}^{n+1}} - M_t^{\tau_i^{n+1}})$$

となる．$|F_i^n - M_{\tau_i^{n+1}}| \leqq 2^{-n}$ となるから，補題 2.24 により，

$$\mathbf{E}\left[\sup_{t \leqq T}(N_t^{n+1} - N_t^n)^2\right] \leqq 4^{-n+2}\mathbf{E}[M_T^2] \quad (\forall T > 0)$$

である．

ミンコフスキーの不等式により，$n > m$ に対し

$$\left\|\sup_{t \leqq T}|N_t^n - N_t^m|\right\|_2 \leqq \sum_{k=m}^{n-1}\left\|\sup_{t \leqq T}|N_t^{k+1} - N_t^k|\right\|_2$$

が成り立つ.上の評価式とあわせると

$$\lim_{n,m\to\infty} \mathbf{E}\left[\sup_{t\leqq T}(N_t^n - N_t^m)^2\right] = 0 \quad (\forall T > 0)$$

となる.命題 2.8 と命題 2.18 により,

$$\lim_{n\to\infty} \mathbf{E}\left[\sup_{t\leqq T}(N_t^n - N_t)^2\right] = 0 \quad (\forall T > 0)$$

をみたす $\{N_t\}_{t\geqq 0} \in \mathcal{M}_c^2$ が存在する.

必要ならば部分列を選び,$B \in \mathcal{N}$ が存在し,

$$\lim_{n\to\infty} \sup_{t\leqq T}(N_t^n - N_t)^2(\omega) = 0 \quad (\forall T > 0, \omega \notin B)$$

が成り立つとしてよい.このとき,

$$A_t(\omega) = \begin{cases} M_t(\omega)^2 - N_t(\omega) & (\omega \notin B), \\ 0 & (\omega \in B) \end{cases}$$

と定義する.$\{A_t\}_{t\geqq 0}$ は $(\mathcal{F}_t)$-適合な連続確率過程である.このとき,$\omega \notin B$ に対し,写像 $t \mapsto A_t(\omega)$ が非減少となることを示せば証明は完了する.

$\omega \notin B$ とする.

$$J_n(\omega) = \{\tau_i^n(\omega) \mid i = 0, 1, \dots\}, \quad J(\omega) = \bigcup_{n=1}^{\infty} J_n(\omega)$$

とおく.定義により,$s, t \in J(\omega), s < t$ ならば十分大きな任意の n に対し $A_s^n(\omega) \leqq A_t^n(\omega)$ となる.(2.25) により

$$\lim_{n\to\infty} A_t^n(\omega) = A_t(\omega) \quad (\forall t \geqq 0) \tag{2.26}$$

が成り立つから,$t \mapsto A_t(\omega)$ の連続性とあわせて,$s < t$ なる $s, t \in \overline{J(\omega)}$ に対し,$A_s(\omega) \leqq A_t(\omega)$ となる.ただし,$\overline{J(\omega)}$ は $J(\omega)$ の $[0, \infty)$ における閉包である.

2.4 2次変動過程

$0 < a_k(\omega) < b_k(\omega)$ $(k = 1, 2, \dots)$ を用いて

$$[0, \infty) \setminus \overline{J(\omega)} = \bigcup_{k=1}^{\infty} (a_k(\omega), b_k(\omega))$$

と表す．このとき，各 k, n に対し，$i_{k,n} = i_{k,n}(\omega)$ が存在し，$\tau_{i_{k,n}}^n(\omega) \leqq a_k(\omega) < b_k(\omega) \leqq \tau_{i_{k,n}+1}^n(\omega)$ が成り立つ．よって，$t \in (a_k(\omega), b_k(\omega))$ ならば

$$|A_t^n(\omega) - A_{a_k(\omega)}^n(\omega)| \leqq (M_t(\omega) - M_{\tau_{i_{k,n}}^n}(\omega))^2 + (M_{a_k(\omega)}(\omega) - M_{\tau_{i_{k,n}}^n}(\omega))^2$$

$$\leqq 2^{-2n+1}$$

となる．$n \to \infty$ とすれば，(2.26) により，

$$A_t(\omega) = A_{a_k(\omega)}(\omega) \quad (\forall t \in (a_k(\omega), b_k(\omega)))$$

を得る．

以上をあわせると，$t \mapsto A_t(\omega)$ は非減少となる． ∎

補題 2.27 $\{M_t\}_{t \geqq 0}$ は，$M_0 = 0$ をみたす連続なマルチンゲールとする．もし，各 $\omega \in \Omega$ に対し，写像 $t \mapsto M_t(\omega)$ が有界変動であれば，$M_t = 0$ $(\forall t \geqq 0)$，**P**-a.s. となる．とくに，定理 2.20 の主張をみたす $\{A_t\}_{t \geqq 0}$ の一意性が成り立つ．

証明

$$\tau_n = \inf\{t \mid \sup_{s \leqq t} |M_s| \geqq n\} \tag{2.27}$$

とおく．$\{M_t^{\tau_n}\}_{t \geqq 0}$ は有界で $\mathcal{M}_c^2$ に属する．主張が $\{M_t^{\tau_n}\}_{t \geqq 0}$ に対して成り立てば，$n \to \infty$ とすれば，$\{M_t\}_{t \geqq 0}$ にも成立する（定理 2.17 参照）．したがって，以下，$\{M_t\}_{t \geqq 0}$ は有界であると仮定する．

補題 2.26 の証明で定義した A_t^n, A_t を用いる．$\omega \in \Omega$ に対し，$V_t(\omega)$ で $s \mapsto M_s(\omega)$ の $[0, t]$ における全変動を表す．τ_i^n の定義により，$t \in [\tau_j^n(\omega), \tau_{j+1}^n(\omega)]$ ならば，

$$|A_t^n(\omega)| = |M_t(\omega) - M_{\tau_j^n(\omega)}(\omega)|^2 + \sum_{i=1}^{j-1} |M_{\tau_{j+1}^n(\omega)}(\omega) - M_{\tau_j^n(\omega)}(\omega)|^2$$

$$\leqq 2^{-n} V_t(\omega)$$

が成り立つ．$n \to \infty$ とすれば，(2.26) により，$A_t = 0$, **P**-a.s. となる．したがって，$\{M_t^2\}_{t \geqq 0}$ はマルチンゲールとなる．とくに，

$$\mathbf{E}[M_t^2] = \mathbf{E}[M_0^2] = 0 \quad (\forall t \geqq 0)$$

となるので，$M_t = 0$, **P**-a.s. である．

定理 2.20 の一意性は，$\{A_t\}_{t \geqq 0}, \{A'_t\}_{t \geqq 0}$ がともに定理の主張をみたすと仮定すれば，$\{A_t - A'_t\}_{t \geqq 0}$ が連続なマルチンゲールであり，かつ有界変動となることにより，前半の主張から従う． ■

定理 2.20 の証明 停止時刻 τ_n ($n = 1, 2, \ldots$) を (2.27) により定義する．補題 2.26 により，$\{M_t^{\tau_n}\}_{t \geqq 0}$ に対し定理の主張をみたす $\{A_t^{(n)}\}_{t \geqq 0}$ が存在する．$n \leqq m$ に対し，$M_t^{\tau_n} = M_{t \wedge \tau_n}^{\tau_m}$ となるので，補題 2.27 の一意性により，$B \in \mathcal{N}$ が存在し，

$$A_t^{(n)}(\omega) = A_{t \wedge \tau_n}^{(m)}(\omega) \quad (\forall t \geqq 0, n \leqq m, \omega \notin B)$$

が成り立つ．これにより，

$$A_t(\omega) = \begin{cases} \lim_{n \to \infty} A_t^{(n)}(\omega) & (\omega \notin B), \\ 0 & (\omega \in B) \end{cases}$$

と定義できる．このとき，$\{A_t\}_{t \geqq 0}$ は $A_0 = 0$ となる $(\mathcal{F}_t)$-適合な連続確率過程であり，任意の $\omega \in \Omega$ に対し，$t \mapsto A_t(\omega)$ は非減少となる．$\{(M_t^{\tau_n})^2 - A_t^{(n)}\}_{t \geqq 0}$ のマルチンゲール性と任意抽出定理により

$$\mathbf{E}[A_t] \leqq \liminf_{n \to \infty} \mathbf{E}[A_t^{(n)}] = \liminf_{n \to \infty} \mathbf{E}[(M_t^{\tau_n})^2] \leqq \mathbf{E}[M_t^2]$$

となる．

$$|(M_t^{\tau_n})^2 - A_t^{(n)}| \leqq \sup_{s \leqq t} M_s^2 + A_t$$

であることに注意すれば，$\{(M_t^{\tau_n})^2 - A_t^{(n)}\}_{n=1}^{\infty}$ は一様可積分である．したがって，$(M_t^{\tau_n})^2 - A_t^{(n)} \to M_t^2 - A_t$ in L^1 となるから，命題 2.8 により，$\{M_t^2 - A_t\}_{t \geqq 0}$ はマルチンゲールとなる． ■

2.4 2次変動過程

系 2.28 $\{M_t\}_{t\geq 0}, \{N_t\}_{t\geq 0} \in \mathcal{M}_c^2$ とする.

$$\langle M, N\rangle_t = \frac{1}{4}\{\langle M+N\rangle_t - \langle M-N\rangle_t\}$$

と定義する. $\{\langle M, N\rangle_t\}_{t\geq 0}$ は,
(1) $t \mapsto \langle M, N\rangle_t(\omega)$ は有界変動である ($\forall \omega \in \Omega$),
(2) $\{M_t N_t - \langle M, N\rangle_t\}_{t\geq 0}$ はマルチンゲールとなる
をみたす零集合を除いて一意的な $(\mathcal{F}_t)$-適合な連続確率過程である.

証明 一意性は, 補題 2.27 より従う.

$$(M_t + N_t)^2 - (M_t - N_t)^2 = 4M_t N_t$$

に注意すれば, $\{\langle M, N\rangle_t\}_{t\geq 0}$ が求められた性質をもつことがいえる. ■

例 2.29 $\{M_t\}_{t\geq 0} \in \mathcal{M}_c^2$ は $M_0 = 0$ をみたすとする. $c \in \mathbb{R}\setminus\{0\}$ に対し, $\tau_c = \inf\{t \geq 0 | M_t = c\}$ と定義し, $a, b > 0$ に対し $\tau = \tau_{-a} \wedge \tau_b$ とおく. さらに $\mathbf{P}(\tau < \infty) = 1$ と仮定する. このとき, 次が成り立つ:

$$\mathbf{P}(\tau = \tau_a) = \frac{b}{a+b}, \quad \mathbf{P}(\tau = \tau_b) = \frac{a}{a+b}, \quad \mathbf{E}[\langle M\rangle_\tau] = ab.$$

証明 定理 2.16 により, $\{M_t^\tau\}_{t\geq 0}$ はマルチンゲールとなる. よって $\mathbf{E}[M_{t\wedge\tau}] = 0$ である. $|M_{t\wedge\tau}| \leq |a| \vee |b|$ であるから, 有界収束定理により, $t \to \infty$ とすれば $\mathbf{E}[M_\tau] = 0$ となる. $\{\tau = \tau_a\}$ においては $M_\tau = a$ であり, $\{\tau = \tau_b\}$ においては $M_\tau = b$ であるから,

$$-a\mathbf{P}(\tau = \tau_a) + b\mathbf{P}(\tau = \tau_b) = 0$$

となる. $\mathbf{P}(\tau = \tau_a) + \mathbf{P}(\tau = \tau_b) = 1$ とあわせて解けば, 求める $\mathbf{P}(\tau = \tau_a), \mathbf{P}(\tau = \tau_b)$ の表示を得る.

$\{M_t^2 - \langle M\rangle_t\}_{t\geq 0}$ がマルチンゲールであるから, $\{M_{t\wedge\tau}^2 - \langle M\rangle_{t\wedge\tau}\}_{t\geq 0}$ もマルチンゲールとなる. よって, $\mathbf{E}[\langle M\rangle_{t\wedge\tau}] = \mathbf{E}[M_{t\wedge\tau}^2]$ が成り立つ. $t \to \infty$ とすれば, 単調収束定理と有界収束定理により,

$$\mathbf{E}[\langle M\rangle_\tau] = \mathbf{E}[M_\tau^2] = a^2 \mathbf{P}(\tau = \tau_a) + b^2 \mathbf{P}(\tau = \tau_b) = ab$$

となる. ■

定義 2.30 確率過程 $\{M_t\}_{t\geq 0}$ が**局所マルチンゲール** (local martingale) であるとは，$\lim_{n\to\infty}\sigma_n = \infty$ となる停止時刻の列 $\sigma_1 \leqq \sigma_2 \leqq \cdots$ が存在し，すべての $\{M_t^{\sigma_n}\}_{t\geq 0}$ $(n = 1, 2, \ldots)$ がマルチンゲールとなることをいう．局所マルチンゲールの全体を $\mathcal{M}_{\text{loc}}$ と表す．さらに，$\{M_t^{\sigma_n}\}_{t\geq 0} \in \mathcal{M}_c^2$ $(\forall n = 1, 2, \ldots)$ となるものの全体を $\mathcal{M}_{c,\text{loc}}^2$ と表す．

命題 2.31 $\{M_t\}_{t\geq 0} \in \mathcal{M}_{\text{loc}}$ は連続であり，さらに $N \stackrel{\text{def}}{=} \sup_{\omega\in\Omega}|M_0(\omega)| < \infty$ を満たすとする．$n > N$ なる $n \in \mathbb{N}$ に対し，$\tau_n = \inf\{t \mid \sup_{s\leqq t}|M_t| \geqq n\}$ とおく．このとき，$\{M_t^{\tau_n}\}_{t\geq 0} \in \mathcal{M}_c^2$ である．

証明 停止時刻 $\sigma_1 \leqq \sigma_2 \leqq \cdots$ を $\lim_{m\to\infty}\sigma_m = \infty$ かつ $\{M_t^{\sigma_m}\}_{t\geq 0}$ $(m = 1, 2, \ldots)$ がマルチンゲールとなるように選ぶ．定理 2.16 により，$\{M_t^{\sigma_m \wedge \tau_n}\}_{t\geq 0}$ $(n > N, m = 1, 2, \ldots)$ はマルチンゲールである．

$$|M_t^{\sigma_m \wedge \tau_n}| \leqq n \quad (t \geqq 0, n > N, m = 1, 2, \ldots) \tag{2.28}$$

であるから，$M_t^{\sigma_m \wedge \tau_n} \to M_t^{\tau_n}$ in L^1 $(m \to \infty)$ となる．よって，命題 2.8 により，$\{M_t^{\tau_n}\}_{t\geq 0}$ はマルチンゲールとなる．ふたたび，(2.28) を用いれば，$\{M_t^{\tau_n}\}_{t\geq 0} \in \mathcal{M}_c^2$ となる． ∎

2 次変動過程の概念は，次のように，$\mathcal{M}_{c,\text{loc}}^2$ に拡張できる．

定理 2.32 $\{M_t\}_{t\geq 0}, \{N_t\}_{t\geq 0} \in \mathcal{M}_{c,\text{loc}}^2$ とする．
(1) $(\mathcal{F}_t)$-適合な連続確率過程 $\{A_t\}_{t\geq 0}$ で
 (a) $t \mapsto A_t(\omega)$ は非減少関数である $(\forall \omega \in \Omega)$，
 (b) $\{M_t^2 - A_t\}_{t\geq 0} \in \mathcal{M}_{\text{loc}}$
 をみたすものが，零集合を除いて一意的に存在する．
(2) $(\mathcal{F}_t)$-適合な連続確率過程 $\{V_t\}_{t\geq 0}$ で
 (a) $t \mapsto V_t(\omega)$ は有界変動関数である $(\forall \omega \in \Omega)$，
 (b) $\{M_t N_t - V_t\}_{t\geq 0} \in \mathcal{M}_{\text{loc}}$

をみたすものが，零集合を除いて一意的に存在する．

証明 (1) は命題 2.31 の $\{M_t^{\tau_n}\}_{t\geq 0}$ を利用して定理 2.20 と同様の議論により，(2) は系 2.28 と同様の議論により証明できる．詳細は演習問題とする． ■

定理 2.32 の A_t, V_t をそれぞれ $\langle M \rangle_t, \langle M, N \rangle_t$ と表す．$\langle M \rangle_t$ も $\{M_t\}_{t\geq 0}$ の **2 次変動過程**という．

演習問題

2.1. $\mathcal{F}_t^X$ は，X_s ($s \in \mathbb{T} \cap [0,t]$) を可測にする最小の σ-加法族であることを示せ．

2.2. $\{X_t\}_{t\in\mathbb{T}}$ が $(\mathcal{F}_t)$-発展的可測であれば $(\mathcal{F}_t)$-可測となることを確かめよ．

2.3. 注 2.5 を示せ．

2.4. 確率変数 $X, Y \geq 0$ と $p \geq 1$ に対し，次の等式を証明せよ：

$$\mathbf{E}[XY^p] = \int_0^\infty p\lambda^{p-1} \mathbf{E}[X; Y > \lambda] d\lambda.$$

2.5. $\mathcal{F}_\tau$ は σ-加法族であることを示せ．

2.6. $T > 0$ とし，$M_t \in L^2(\mathbf{P})$ ($\forall t \leq T$) となる連続マルチンゲール $\{M_t\}_{t\leq T}$ の全体を $\mathcal{M}_{c,T}^2$ とする．$|\!|\!|M|\!|\!| = \|M_T\|_2$ ($\{M_t\}_{t\leq T} \in \mathcal{M}_{c,T}^2$) とおく．$M^n = \{M_t^n\}_{t\leq T} \in \mathcal{M}_{c,T}^2$ が $|\!|\!|M^n - M^m|\!|\!| \to 0$ $(n, m \to \infty)$ をみたせば，$\mathbf{E}[\sup_{t\leq T} |M_t^n - M_t|^2] \to 0$ $(n \to \infty)$ をみたす $M = \{M_t\}_{t\leq T} \in \mathcal{M}_{c,T}^2$ が存在することを示せ．

2.7. $d(M, N) = \sum_{n=1}^\infty 2^{-n} (\|\langle M-N \rangle_n\|_2 \wedge 1)$ ($\{M_t\}_{t\geq 0}, \{N_t\}_{t\geq 0} \in \mathcal{M}_c^2$) とおく．

(a) 次の不等式を示せ．

$$\sum_{n=1}^\infty 2^{-n} \left\{ \left(\mathbf{E}\left[\sup_{t\leq n} |M_t - N_t|^2\right] \right)^{\frac{1}{2}} \right\} \wedge 1 \leq 4d(M, N).$$

(b) $\lim_{n,m\to\infty} d(M_n, M_m) = 0$ ならば,$\lim_{n\to\infty} d(M_n, M) = 0$ となる $M \in \mathcal{M}_c^2$ が存在することを証明せよ.

2.8. 定理 2.32(2) を証明せよ.

第3章 ◇ ブラウン運動

　　ブラウン運動は19世紀前半に植物学者ロバート・ブラウンによる顕微鏡観察によって発見され，その数学的に厳密な考察は1920年代にノバート・ウィナーにより初めてなされた．ブラウン運動は最も基本的な確率過程であり，本章では，ブラウン運動を定義し，その性質について調べる．

3.1　ガウス型確率変数

　$N \in \mathbb{N}$ とし，$\mathbb{R}^{N \times N}$ で，実 N 次正方行列の全体を表す．$\mu \in \mathbb{R}^N$ と対称かつ正定値である $\Sigma \in \mathbb{R}^{N \times N}$ に対し，

$$\mathfrak{g}_{N,\mu,\Sigma}(x) \stackrel{\text{def}}{=} \frac{1}{\sqrt{(2\pi)^N \det \Sigma}} e^{-\frac{1}{2}\langle x-\mu, \Sigma^{-1}(x-\mu)\rangle} \quad (x \in \mathbb{R}^N) \tag{3.1}$$

とおく．ただし，$\langle \cdot, \cdot \rangle$ は $\mathbb{R}^N$ の内積を表す：

$$\langle x, y \rangle = \sum_{i=1}^N x^i y^i \quad (x = (x^1, \ldots, x^N), y = (y^1, \ldots, y^N) \in \mathbb{R}^N).$$

$\mathbb{R}^N$-値確率変数 X が**平均ベクトル** (mean vector) μ，**共分散行列** (covariance matrix) Σ をもつ**ガウス型確率変数** (Gaussian random variable) であるとは，

$$(\mathbf{P} \circ X^{-1})(A) = \int_A \mathfrak{g}_{N,\mu,\Sigma}(x) dx \quad (\forall A \in \mathcal{B}(\mathbb{R}^N))$$

となることをいい，このとき $X \sim N(\mu, \Sigma)$ と表す．これは

$$\mathbf{E}[f(X)] = \int_{\mathbb{R}^N} f(x) \mathfrak{g}_{N,\mu,\Sigma}(x) dx \quad (\forall f \in C_b(\mathbb{R}^N)) \tag{3.2}$$

が成り立つことと同値である（演習問題3.1参照）．ただし，$C_b(\mathbb{R}^N)$ は $\mathbb{R}^N$ 上の有界かつ連続な実数関数の全体を表す．

対称かつ正定値な Σ は，直交行列 $U \in \mathbb{R}^{N \times N}$ と固有値 $\lambda_1, \ldots, \lambda_N$ を対角成分とする対角行列 $\mathrm{diag}[\lambda_1, \ldots, \lambda_N]$ により $\Sigma = U \mathrm{diag}[\lambda_1, \ldots, \lambda_N] U^\dagger$ と表現できる．ただし，$A^\dagger$ は行列 A の転置行列を表す．これを用いて

$$\Sigma^{\pm \frac{1}{2}} \stackrel{\mathrm{def}}{=} U \mathrm{diag}[\lambda_1^{\pm \frac{1}{2}}, \ldots, \lambda_N^{\pm \frac{1}{2}}] U^\dagger \quad (\text{複号同順})$$

と定義する．

命題 3.1

(1) I を N 次正方行列とする．$X \sim N(0, I)$ ならば，$\Sigma^{\frac{1}{2}} X + \mu \sim N(\mu, \Sigma)$ である．逆に，$Y \sim N(\mu, \Sigma)$ ならば $\Sigma^{-\frac{1}{2}}(Y - \mu) \sim N(0, I)$ である．

(2) 等式 (3.2) は，$K > 0$ が存在し，$\sup_{x \in \mathbb{R}^N} |f(x) e^{-K|x|}| < \infty$ となる $f \in C(\mathbb{R}^N)$ に対しても成立する．ただし，$|x| = \sqrt{\langle x, x \rangle}$ $(x \in \mathbb{R}^N)$ である．

(3) $X = (X^1, \ldots, X^N) \sim N(\mu, \Sigma)$ ならば，

$$\mathbf{E}[X^i] = \mu^i, \quad \mathrm{cov}(X^i, X^j) = \Sigma^{ij} \quad (i, j = 1, \ldots, N)$$

である．ただし，$\mu = (\mu^1, \ldots, \mu^N), \Sigma = (\Sigma^{ij})_{1 \leq i, j \leq N}$ であり，確率変数 X, Y に対し，$\mathrm{cov}(X, Y) = \mathbf{E}[(X - \mathbf{E}[X])(Y - \mathbf{E}[Y])]$ と定義する．

(4) $X \sim N(0, I)$ ならば，$X^i \sim N(0, 1)$ $(i = 1, \ldots, N)$ であり，さらに

$$\mathbf{E}[(X^i)^n] = \begin{cases} 0 & (n \text{ が奇数のとき}), \\ \dfrac{n!}{2^{\frac{n}{2}} \left(\frac{n}{2}\right)!} & (n \text{ が偶数のとき}) \end{cases} \quad (3.3)$$

が成り立つ．

(5) $X \sim N(\mu, \Sigma)$ ならば，その特性関数 φ_X は次をみたす：

$$\varphi_X(\xi) = e^{\mathrm{i} \langle \xi, \mu \rangle - \frac{1}{2} \langle \xi, \Sigma \xi \rangle} \quad (\forall \xi \in \mathbb{R}^N). \quad (3.4)$$

証明 (1) $X \sim N(0, I)$ とする．(3.2) と $y = \Sigma^{\frac{1}{2}} x + \mu$ という変数変換により，

$$\mathbf{E}[f(\Sigma^{\frac{1}{2}} X + \mu)] = \int_{\mathbb{R}^N} f(\Sigma^{\frac{1}{2}} x + \mu) \frac{1}{\sqrt{(2\pi)^N}} e^{-\frac{1}{2}|x|^2} dx$$

$$= \int_{\mathbb{R}^N} f(y) \frac{1}{\sqrt{(2\pi)^N \det \Sigma^{\frac{1}{2}}}} e^{-\frac{1}{2}|\Sigma^{-\frac{1}{2}}(y-\mu)|^2} dy$$

となる．$\det \Sigma^{\frac{1}{2}} = \sqrt{\det \Sigma}$，$|\Sigma^{-\frac{1}{2}}(y-\mu)|^2 = \langle (y-\mu), \Sigma^{-1}(y-\mu)\rangle$ であるから，上式により $\Sigma^{\frac{1}{2}}X + \mu \sim N(\mu, \Sigma)$ である．

逆は，全く同様に示されるので証明は略す．

(2) (1) により，$X \sim N(0, I)$ の場合に示せばよい．

$$\int_{\mathbb{R}^N} e^{ax^i} \mathfrak{g}_{N,0,I}(x)dx = \int_{\mathbb{R}} e^{ax^i} \frac{1}{\sqrt{2\pi}} e^{-\frac{1}{2}(x^i)^2} dx^i \times \prod_{j: j \neq i} \int_{\mathbb{R}} \frac{1}{\sqrt{2\pi}} e^{-\frac{1}{2}(x^j)^2} dx^j$$

$$= e^{\frac{1}{2}a^2} \int_{\mathbb{R}} \frac{1}{\sqrt{2\pi}} e^{-\frac{1}{2}(x^i-a)^2} dx^i = e^{\frac{1}{2}a^2} \quad (i=1,\ldots,N,\ a \in \mathbb{R})$$

が成り立つので，$e^{|a|} \leqq e^a + e^{-a}\ (a \in \mathbb{R})$ に注意すれば，

$$\int_{\mathbb{R}^N} e^{b|x|} \mathfrak{g}_{N,0,I}(x)dx < \infty \quad (\forall b > 0)$$

となる．これより，$f_n(x) = n \wedge e^{b|x|}\ (x \in \mathbb{R}^N)$ を (3.2) に代入し，単調収束定理を適用すれば

$$\mathbf{E}[e^{b|X|}] < \infty \quad (\forall b > 0) \tag{3.5}$$

が従う．よって，$n \wedge f$ を (3.2) に代入し，$n \to \infty$ として優収束定理を適用すれば，主張を得る．

(3) $X \sim N(0, I)$ ならば，(2) により

$$\mathbf{E}[X^i] = 0, \quad \mathbf{E}[X^i X^j] = \delta_{ij} \quad (i,j = 1, \ldots, N)$$

となる．(1) と期待値の線形性により，求める等式を得る．

(4) $h \in C_b(\mathbb{R})$ とする．$f(x) = h(x^i)$ として (3.2) に代入すれば，

$$\mathbf{E}[h(X^i)] = \int_{\mathbb{R}} h(x^i) \mathfrak{g}_{1,0,1}(x^i) dx^i$$

となる．よって，$X^i \sim N(0,1)$ である．

(2) により，

$$\mathbf{E}[(X^i)^n] = \int_{\mathbb{R}} y^n \frac{1}{\sqrt{2\pi}} e^{-\frac{1}{2}y^2} dy$$

となるから，$\frac{d}{dy}e^{-\frac{1}{2}y^2} = -ye^{-\frac{1}{2}y^2}$ を利用して部分積分を繰り返せば主張を得る．

(5) $\mathbb{R}^N$-値確率変数 Y に対し，特性関数の定義より

$$\varphi_{\Sigma^{\frac{1}{2}}Y+\mu}(\xi) = e^{i\langle\xi,\mu\rangle}\varphi_Y(\Sigma^{\frac{1}{2}}\xi) \quad (\xi \in \mathbb{R}^N)$$

が成り立つ．したがって，(1) により，$X \sim N(0, I)$ の場合に示せばよい．

$X \sim N(0, I)$ とする．(3.2) により

$$\varphi_X(\xi) = \prod_{i=1}^{N} \int_{\mathbb{R}} e^{i\xi^i x^i} \mathfrak{g}_{1,0,1}(x^i) dx^i = \prod_{i=1}^{N} \mathbf{E}[e^{i\xi^i X^i}]$$

となる．

マクローリン展開 $e^z = \sum_{n=0}^{\infty} \frac{z^n}{n!}$ ($z \in \mathbb{C}$) と不等式 $\left|\sum_{n=0}^{m} \frac{z^n}{n!}\right| \leq e^{|z|}$ ($z \in \mathbb{C}, m = 1, 2, \dots$) および (3.5) に注意して優収束定理を適用し，さらに (3.3) を代入すれば，

$$\mathbf{E}[e^{i\xi^i X^i}] = \sum_{n=0}^{\infty} \frac{(i\xi^i)^n}{n!} \mathbf{E}[(X^i)^n] = \sum_{m=0}^{\infty} \frac{(i\xi^i)^{2m}}{2^m m!} = e^{-\frac{1}{2}(\xi^i)^2} \quad (3.6)$$

となる．(3.6) に代入すれば，

$$\varphi_X(\xi) = \prod_{i=1}^{N} e^{-\frac{1}{2}(\xi^i)^2} = e^{-\frac{1}{2}|\xi|^2}$$

が成り立つ．したがって，$X \sim N(0, I)$ の場合に (3.4) が示された． ∎

命題3.1(4) により，ガウス型確率変数の定義を拡張し，$\mu \in \mathbb{R}^N$ と対称かつ非負定値の $\Sigma \in \mathbb{R}^{N \times N}$ に対し，特性関数が (3.4) で与えられるときにも，X を**ガウス型確率変数**という．さらに，同じ命題により，ガウス型確率変数を定める μ, Σ はそれぞれ X の平均ベクトル，共分散行列となっていることもいえる．

3.1 ガウス型確率変数

命題 3.2

(1) $\mathbb{R}^N$-値確率変数 $X = (X^1, \ldots, X^N)$ に対し，次は同値である．
   (a) X はガウス型確率変数である．
   (b) 任意の $a_1, \ldots, a_N \in \mathbb{R}$ に対し，$\sum_{i=1}^N a_i X^i$ はガウス型確率変数である．

(2) 確率変数 $X^1, \ldots, X^N$ が独立で $X^i \sim N(\mu_i, \Sigma_i)$ $(i = 1, \ldots, N)$ をみたせば

$$\sum_{i=1}^N a_i X^i \sim N\Big(\sum_{i=1}^N a_i \mu_i, \sum_{i=1}^N a_i^2 \Sigma_i\Big) \quad (\forall a_1, \ldots, a_N \in \mathbb{R})$$

となる．とくに $\mathbb{R}^N$-値確率変数 $(X^1, \ldots, X^N)$ はガウス型である．

(3) $X = (X^1, \ldots, X^N)$ はガウス型確率変数とする．このとき，$X^1, \ldots, X^N$ が独立となるための必要十分条件は，$\mathrm{cov}(X^i, X^j) = 0$ $(i \neq j)$ が成り立つことである．

(4) $\mathbb{R}^N$-値確率変数 $Z_1, Z_2, \ldots$ はガウス型確率変数であり，$\mathbb{R}^N$-値確率変数 Z に L^2 収束すると仮定する．このとき，Z もガウス型確率変数である．

証明 (1) [(a)⇒(b)] $X \sim N(\mu, \Sigma)$ とする．$a = (a_1, \ldots, a_N) \in \mathbb{R}^N$ とおく．命題 3.1(5) より

$$\varphi_{\langle a, X \rangle}(\lambda) = \varphi_X(\lambda a) = e^{i\lambda \langle a, \mu \rangle - \frac{1}{2}\lambda^2 \langle a, \Sigma a \rangle} \quad (\forall \lambda \in \mathbb{R})$$

となる．よって，$\langle a, X \rangle \sim N(\langle a, \mu \rangle, \langle a, \Sigma a \rangle)$ となる．
[(b)⇒(a)] $\mu = (\mu^1, \ldots, \mu^N) \in \mathbb{R}^N$, $\Sigma = (\Sigma^{ij})_{1 \leq i,j \leq N} \in \mathbb{R}^{N \times N}$ を

$$\mu^i = \mathbf{E}[X^i], \quad \Sigma^{ij} = \mathrm{cov}(X^i, X^j) \quad (i, j = 1, \ldots, N)$$

と定義する．$\xi = (\xi^1, \ldots, \xi^N) \in \mathbb{R}^N$ とする．仮定より $\langle \xi, X \rangle$ は $\mathbb{R}$-値ガウス型確率変数であり，期待値の線形性により

$$\mathbf{E}[\langle \xi, X \rangle] = \langle \xi, \mu \rangle, \quad \mathrm{Var}(\langle \xi, X \rangle) = \langle \xi, \Sigma \xi \rangle$$

となる．したがって，命題 3.1(5) を $\langle \xi, X \rangle$ に適用すれば

$$\varphi_X(\xi) = \varphi_{\langle \xi, X \rangle}(1) = e^{i\langle \xi, \mu \rangle - \frac{1}{2}\langle \xi, \Sigma \xi \rangle}$$

となる．特性関数の一意性（定理 1.15）と命題 3.1(5) により，$X \sim N(\mu, \Sigma)$ である．

(2) 定理 1.18 と命題 3.1 により，

$$\mathbf{E}\Big[\exp\Big(\mathrm{i}\sum_{i=1}^{N} a_i X^i\Big)\Big] = \prod_{i=1}^{N} \mathbf{E}[\exp(\mathrm{i}a_i X^i)]$$

$$= \prod_{i=1}^{N} \exp\Big(\mathrm{i}a_i \mu_i - \frac{1}{2}a_i^2 \Sigma_i\Big) = \exp\Big(\mathrm{i}\sum_{i=1}^{N} a_i \mu_i - \frac{1}{2}\sum_{i=1}^{N} a_i^2 \Sigma_i\Big)$$

となる．ふたたび命題 3.1 を適用すれば，これより主張を得る．

(3) $X^1, \ldots, X^N$ が独立であり，$i \neq j$ ならば，定理 1.18(1) により，

$$\mathrm{cov}(X^i, X^j) = \mathbf{E}[X^i - \mathbf{E}[X^i]]\mathbf{E}[X^j - \mathbf{E}[X^j]] = 0$$

である．

逆に，$\mathrm{cov}(X^i, X^j) = 0\ (i \neq j)$ とする．$X \sim N(\mu, \Sigma)$ とすれば，命題 3.1(3) より，$\Sigma^{ij} = 0\ (i \neq j)$ である．命題 3.1(5) に代入すれば，

$$\varphi_X(\xi) = e^{\mathrm{i}\langle \xi, X\rangle - \frac{1}{2}\sum_{i=1}^{N}\Sigma^{ii}(\xi^i)^2} = \prod_{i=1}^{N} e^{\mathrm{i}\xi^i X^i - \frac{1}{2}\Sigma^{ii}(\xi^i)^2}$$

となる．定理 1.18(2) により，$X^1, \ldots, X^N$ は独立である．

(4) 仮定をみたす $Z_n = (Z_n^1, \ldots, Z_n^N), Z = (Z^1, \ldots, Z^N)$ に対し，$\mu_n, \mu \in \mathbb{R}^N, \Sigma_n, \Sigma \in \mathbb{R}^{N\times N}$ を

$$\mu_n^i = \mathbf{E}[Z_n^i], \quad \mu^i = \mathbf{E}[Z^i],$$

$$\Sigma_n = \big(\mathrm{cov}(Z_n^i, Z_n^j)\big)_{1\leqq i,j\leqq N}, \quad \Sigma = \big(\mathrm{cov}(Z^i, Z^j)\big)_{1\leqq i,j\leqq N}$$

と定義する．$\mathbf{E}[|Z_n - Z|^2] \to 0\ (n \to \infty)$ であるから，

$$\lim_{n\to\infty} \mu_n = \mu, \quad \lim_{n\to\infty} \Sigma_n = \Sigma$$

となる．さらに，

$$|e^{\mathrm{i}\langle \xi, Z_n\rangle} - e^{\mathrm{i}\langle \xi, Z\rangle}| \leqq |\langle \xi, Z_n\rangle - \langle \xi, Z\rangle| \leqq |\xi||Z_n - Z|$$

であるから，命題 3.1(5) により

$$\varphi_Z(\xi) = \lim_{n\to\infty} \varphi_{Z_n}(\xi) = \lim_{n\to\infty} e^{i\langle\xi,\mu_n\rangle - \frac{1}{2}\langle\xi,\Sigma_n\xi\rangle} = e^{i\langle\xi,\mu\rangle - \frac{1}{2}\langle\xi,\Sigma\xi\rangle}$$

となる．再び，命題 3.1(5) より，$Z \sim N(\mu,\Sigma)$ である． ∎

3.2 ブラウン運動

確率空間 $(\Omega, \mathcal{F}, \mathbf{P})$ 上の $\mathbb{R}^d$-値確率過程 $\{B_t\}_{t\geq 0}$ が d 次元ブラウン運動 (d-dimensional Browninan motion) であるとは，次の 4 条件をみたすことをいう．

(i) $B_0(\omega) = 0$ $(\forall \omega \in \Omega)$ である．
(ii) $\{B_t\}_{t\geq 0}$ は連続確率過程である．
(iii) 任意の $0 = t_0 < t_1 < \cdots < t_n$ に対し，$B_{t_1}, B_{t_2} - B_{t_1}, \ldots, B_{t_n} - B_{t_{n-1}}$ は独立である．
(iv) $0 \leq s < t$ に対し，$B_t - B_s \sim N(0, (t-s)I)$ となる．ただし，I は d 次単位行列である．

定理 3.3 ブラウン運動は存在する．

注意 3.4 定理は「ブラウン運動が構成できる確率空間 $(\Omega, \mathcal{F}, \mathbf{P})$ が存在する」ということも意味している．とくに，ブラウン運動から得られる確率変数列 $\{B_{n+1}^\alpha - B_n^\alpha \mid n = 0, 1, \ldots, \alpha = 1, \ldots, d\}$ は，独立でそれぞれが $N(0,1)$ に従っている．すなわち，ブラウン運動が構成できる確率空間には，$N(0,1)$ に従う独立な可算個の確率変数の列が存在している．このような独立変数列が存在する確率空間は，大数の法則や中心極限定理という確率論の中心的な話題でも現れるものであり，たとえば直積確率空間を利用して構成できる．詳しくは [4] を参照されたい．

コイン投げを実現する確率空間 $\Omega = \{0,1\}$ 上の確率変数は高々 2 つの値しかとれないので，この空間上にはガウス型確率変数は存在しない．したがって，ブラウン運動も存在しない．

定理の証明のためにブラウン運動の特徴づけを与える．

命題 3.5 $B_0 = 0$ をみたす $\mathbb{R}^d$-値連続確率過程 $\{B_t\}_{t\geq 0}$ がブラウン運動とな

るための必要十分条件は，任意の $0 = t_0 < t_1 < \cdots < t_n$ と $f \in C_b((\mathbb{R}^d)^n)$ に対し，

$$\mathbf{E}[f(B_{t_1}, \ldots, B_{t_n})]$$
$$= \int_{\mathbb{R}^d} \cdots \int_{\mathbb{R}^d} f(x_1, \ldots, x_n) \prod_{i=1}^{n} \mathfrak{g}_d(t_i - t_{i-1}, x_i - x_{i-1}) dx_1 \cdots dx_n \quad (3.7)$$

が成り立つことである．ただし，$x_0 = 0$, $\mathfrak{g}_d(t, x) \stackrel{\text{def}}{=} \mathfrak{g}_{d,0,tI}(x)$ とする．

証明 まず，十分条件であることを示す．$\xi_1, \ldots, \xi_n \in \mathbb{R}^d$, $f(x_1, \ldots, x_n) = \prod_{i=1}^{n} e^{i\langle \xi_i, x_i - x_{i-1} \rangle}$ とし，(3.7) に代入すれば，

$$\mathbf{E}\left[\exp\left(i \sum_{i=1}^{n} \langle \xi_i, B_{t_i} - B_{t_{i-1}} \rangle\right)\right]$$
$$= \int_{\mathbb{R}^d} \cdots \int_{\mathbb{R}^d} \prod_{i=1}^{n} e^{i\langle \xi_i, x_i - x_{i-1} \rangle} \prod_{i=1}^{n} \mathfrak{g}_d(t_i - t_{i-1}, x_i - x_{i-1}) dx_1 \cdots dx_n$$
$$= \prod_{i=1}^{n} \int_{\mathbb{R}^d} e^{i\langle \xi_i, x_i - x_{i-1} \rangle} \mathfrak{g}_d(t_i - t_{i-1}, x_i - x_{i-1}) dx_i = \prod_{i=1}^{n} e^{-\frac{|\xi_i|^2}{2(t_i - t_{i-1})}}$$

を得る．定理 1.18 と命題 3.1 により，$B_{t_1}, B_{t_2} - B_{t_1}, \ldots, B_{t_n} - B_{t_{n-1}}$ は独立であり，$B_{t_i} - B_{t_{i-1}} \sim N(0, (t_i - t_{i-1})I)$ $(i = 1, \ldots, n)$ となる．すなわち，$\{B_t\}_{t \geq 0}$ はブラウン運動である．

必要条件であることを示す．$0 = t_0 < t_1 < \cdots < t_n$ とする．$\{B_t\}_{t \geq 0}$ はブラウン運動であるから，$B_{t_1}, B_{t_2} - B_{t_1}, \ldots, B_{t_n} - B_{t_{n-1}}$ は独立であり，$B_{t_i} - B_{t_{i-1}} \sim N(0, (t_i - t_{i-1})I)$ $(i = 1, \ldots, n)$ となる．これより，

$$\Sigma = \begin{pmatrix} t_1 I & & & \\ & (t_2 - t_1)I & & 0 \\ & & \ddots & \\ & 0 & & (t_n - t_{n-1})I \end{pmatrix} \in \mathbb{R}^{dN \times dN}$$

とおくと，命題 3.2 により，$(B_{t_1}, B_{t_2} - B_{t_1}, \ldots, B_{t_n} - B_{t_{n-1}}) \sim N(0, \Sigma)$ となる．したがって，$f \in C_b((\mathbb{R}^d)^n)$ に対し，$h \in C_b((\mathbb{R}^d)^n)$ を $h(y) =$

$f(y_1, y_1+y_2, y_1+y_2+y_3, \ldots, y_1+\cdots+y_n)$ $(y=(y_1,\ldots,y_n) \in (\mathbb{R}^d)^n)$ と定義すれば,

$$\mathbf{E}[f(B_{t_1},\ldots,B_{t_n})] = \mathbf{E}[h(B_{t_1}, B_{t_2}-B_{t_1}, \ldots, B_{t_n}-B_{t_{n-1}})]$$

$$= \int_{\mathbb{R}^{dn}} h(y_1,\ldots,y_n) \bigg(\prod_{i=1}^n \mathfrak{g}_d(t_i-t_{i-1},y_i)\bigg) dy_1 \cdots dy_n$$

$$= \int_{\mathbb{R}^d} \cdots \int_{\mathbb{R}^d} f(x_1,\ldots,x_n) \prod_{i=1}^n \mathfrak{g}_d(t_i-t_{i-1}, x_i-x_{i-1}) dx_1 \cdots dx_n$$

となる. よって (3.7) が成り立つ. ∎

定理 3.3 の証明 レヴィ (P. Lévy) による折れ線近似を利用した存在証明を行う. 独立な 1 次元ブラウン運動 $\{B_t^i\}_{t\geqq 0}$ $(i=1,\ldots,d)$ から $\mathbb{R}^d$-値確率過程 $\{B_t\}_{t\geqq 0}$ を $B_t = (B_t^1, \ldots, B_t^d)$ と構成すれば, 命題 3.2 によりこれは d 次元ブラウン運動である. したがって $d=1$ としてブラウン運動の存在を示す.

$T_{n,m} = m 2^{-n}, \mathbb{D} = \{T_{n,m} \,|\, n, m = 0, 1, \ldots\}$ とおく. $(\Omega, \mathcal{F}, \mathbf{P})$ 上の確率変数の族 $\{Y_\ell \,|\, \ell \in \mathbb{D}\}$ は独立で $Y_\ell \sim N(0,1)$ $(\forall \ell \in \mathbb{D})$ をみたすと仮定する. $n = 1, 2, \ldots$, $m = 0, 1, \ldots$ に対し, 折れ線

$$L_t^{m,n} = 2^{-\frac{n+1}{2}}\{1 - 2^n|t - T_{n,2m+1}|\} \mathbf{1}_{[T_{n-1,m}, T_{n-1,m+1}]}(t) \quad (t \geqq 0)$$

を定義し, 確率過程 $\{X_t^n\}_{t\geqq 0}$ $(n=0,1,\ldots)$ を次で定める:

$$X_t^0 = \sum_{m=0}^\infty Y_{m+1}\{t \wedge (m+1) - t \wedge m\},$$

$$X_t^n = X_t^{n-1} + \sum_{m=0}^\infty Y_{T_{n,2m+1}} L_t^{n,m}, \quad (t \geqq 0, n = 1, 2, \ldots).$$

構成法より, すべての ω に対し, 関数 $t \mapsto X_t^n(\omega)$ は区間 $[T_{n,m}, T_{n,m+1}]$ $(m=0,1,\ldots)$ において線形である. さらに

$$|X_t^n - X_t^{n-1}| \leqq 2^{-\frac{n+1}{2}} |Y_{T_{n,2m+1}}| \quad (\forall t \in [T_{n-1,m}, T_{n-1,m+1}])$$

が成り立つから，$T = 1, 2, \ldots$ に対し，

$$\sup_{t \in [0,T]} |X_t^n - X_t^{n-1}| \leq \max_{0 \leq m \leq T2^{n-1}-1} 2^{-\frac{n+1}{2}} |Y_{T_{n,2m+1}}|$$

$$\leq 2^{-\frac{n+1}{2}} \left(\sum_{m=0}^{T2^{n-1}-1} |Y_{T_{n,2m+1}}|^4 \right)^{\frac{1}{4}}$$

となる．ヘルダーの不等式より $\mathbf{E}[|Z|^{1/4}] \leq (\mathbf{E}[|Z|])^{1/4}$ となることに注意すれば，単調収束定理と (3.3) により

$$\mathbf{E}\left[\sum_{n=1}^{\infty} \sup_{t \in [0,T]} |X_t^n - X_t^{n-1}| \right]$$

$$\leq \sum_{n=1}^{\infty} 2^{-\frac{n+1}{2}} \left(\sum_{m=0}^{T2^{n-1}-1} \mathbf{E}[|Y_{T_{n,2m+1}}|^4] \right)^{\frac{1}{4}} = \sum_{n=1}^{\infty} 2^{-\frac{n+1}{2}} (3T2^{n-1})^{\frac{1}{4}} < \infty$$

が成り立つ．とくに

$$\mathbf{P}\left(\sum_{n=1}^{\infty} \sup_{t \in [0,T]} |X_t^n - X_t^{n-1}| < \infty, T = 1, 2, \ldots \right) = 1$$

となる．すなわち，零集合 A が存在し，$\omega \notin A$ ならば $X_t^n(\omega)$ $(n = 1, 2, \ldots)$ は t に関し広義一様収束する．

$$B_t(\omega) = \begin{cases} \lim_{n \to \infty} X_t^n(\omega) & (\omega \notin A), \\ 0 & (\omega \in A) \end{cases}$$

と定義する．このとき，すべての $\omega \in \Omega$ に対し，$t \mapsto B_t(\omega)$ は連続である．
つぎに

『任意の $n, k = 1, 2, \ldots$，$0 = m_0 < m_1 < \cdots < m_k$ に対し，$B_{T_{n,m_1}}, B_{T_{n,m_2}} - B_{T_{n,m_1}}, \ldots, B_{T_{n,m_k}} - B_{T_{n,m_{k-1}}}$ は独立であり，$B_{T_{n,m_i}} - B_{T_{n,m_{i-1}}} \sim N(0, T_{n,m_i} - T_{n,m_{i-1}})$ $(i = 1, \ldots, k)$ となる』 $\quad (*)$

3.2 ブラウン運動

ことを示す．$(*)$ が示されれば，$f \in C_b((\mathbb{R}^d)^n)$ に対し，$0 = t_0 < \cdots < t_n$ をみたす $t_1, \ldots, t_n \in \mathbb{D}$ の場合には，(3.7) が成り立つことがいえる．これより，$\{B_t\}_{t \geqq 0}$ が連続過程であることと写像 $t \mapsto \mathfrak{g}_d(t, x)$ の連続性により，$0 = t_0 < \cdots < t_n$ なる $t_1, \ldots, t_n \in \mathbb{R}$ に対し (3.7) が成り立つことが従う．よって，$\{B_t\}_{t \geqq 0}$ はブラウン運動となる．

$B_{T_{n,m}} = X^n_{T_{n,m}}$，**P**-a.s. であるから，命題 3.2 により，$(*)$ を示すには，

$$\begin{aligned}
&\ulcorner X^n_{T_{n,1}}, X^n_{T_{n,2}} - X^n_{T_{n,1}}, \ldots, X^n_{T_{n,k+1}} - X^n_{T_{n,k}} \text{ は独立であり，}\\
&X^n_{T_{n,k+1}} - X^n_{T_{n,k}} \sim N(0, 2^{-n}) \text{ となる } (k = 0, 1, 2, \ldots) \lrcorner
\end{aligned} \quad (**)$$

ことを証明すればよい．

$(**)$ を帰納法により証明する．$n = 0$ に対し，$(**)$ が成り立つことは定義より直ちにいえる．つぎに $(**)$ は $n-1$ まで成り立っていると仮定する．$X^n_{T_{n,1}}, X^n_{T_{n,2}} - X^n_{T_{n,1}}, \ldots, X^n_{T_{n,m+1}} - X^n_{T_{n,m}}$ の任意の線形結合は Y_ℓ ($\ell \in \mathbb{D}$) の線形結合として表現できるから，命題 3.2 により $(X^n_{T_{n,1}}, X^n_{T_{n,2}} - X^n_{T_{n,1}}, \ldots, X^n_{T_{n,m+1}} - X^n_{T_{n,m}})$ はガウス型確率変数である．X^n_t の構成法から

$$X^n_{T_{n,2m+1}} = \frac{1}{2}(X^{n-1}_{T_{n-1,m+1}} + X^{n-1}_{T_{n-1,m}}) + 2^{-\frac{n+1}{2}} Y_{T_{n,2m+1}}, \quad X^n_{T_{n,2k}} = X^{n-1}_{T_{n-1,k}}$$

が成り立つ．よって，

$$X^n_{T_{n,2m+2}} - X^n_{T_{n,2m+1}} = -2^{-\frac{n+1}{2}} Y_{T_{n,2m+1}} + \frac{1}{2}(X^{n-1}_{T_{n-1,m+1}} - X^{n-1}_{T_{n-1,m}})$$

$$X^n_{T_{n,2m}} - X^n_{T_{n,2m+1}} = -2^{-\frac{n+1}{2}} Y_{T_{n,2m+1}} - \frac{1}{2}(X^{n-1}_{T_{n-1,m+1}} - X^{n-1}_{T_{n-1,m}})$$

となる．$X^{n-1}_{T_{n-1,k+1}} - X^{n-1}_{T_{n-1,k}}$ は $Y_{T_{n-1,m}}$ ($m = 0, 1, \ldots$) の線形結合であり $\{Y_\ell \mid \ell \in \mathbb{D}\}$ は独立であるから，$Y_{T_{n,2m+1}}$ と $\{X^{n-1}_{T_{n-1,k+1}} - X^{n-1}_{T_{n-1,k}} \mid k = 0, 1, \ldots\}$ は独立となる．とくに，$Y_{T_{n,2m+1}} \sim N(0,1)$ なので

$$\mathbf{E}[Y_{T_{n,2m+1}}(X^{n-1}_{T_{n-1,k+1}} - X^{n-1}_{T_{n-1,k}})] = 0 \quad (k = 0, 1, \ldots) \tag{3.8}$$

である．したがって，帰納法の仮定とあわせて，

$$\mathbf{E}[X^n_{T_{n,2m+2}} - X^n_{T_{n,2m+1}}] = \mathbf{E}[X^n_{T_{n,2m}} - X^n_{T_{n,2m+1}}] = 0,$$

$$\mathbf{E}[(X_{T_{n,2m+2}}^n - X_{T_{n,2m+1}}^n)^2] = 2^{-(n+1)}\mathbf{E}[Y_{T_{n,2m+1}}^2] + \frac{1}{4}\mathbf{E}[(X_{T_{n,2m}}^n - X_{T_{n,2m+1}}^n)^2]$$
$$= 2^{-(n+1)} + \frac{1}{4} \times 2^{-(n-1)} = 2^{-n},$$
$$\mathbf{E}[(X_{T_{n,2m+2}}^n - X_{T_{n,2m+1}}^n)(X_{T_{n,2m}}^n - X_{T_{n,2m+1}}^n)] = 2^{-(n+1)} - \frac{1}{4} \times 2^{-(n-1)} = 0$$

となる．$\{Y_\ell \,|\, \ell \in \mathbb{D}\}$ の独立性と (3.8) に注意し，帰納法の仮定と合わせれば，$k < k', m \in \{2k, 2k+1\}, m' \in \{2k', 2k'+1\}$ に対し，

$$\mathbf{E}[(X_{T_{n,m+1}}^n - X_{T_{n,m}}^n)(X_{T_{n,m'+1}}^n - X_{T_{n,m'}}^n)] = 0$$

となる．以上より，ふたたび命題 3.2 により，$(**)$ が n に対して成り立つことが示される．∎

3.3　ブラウン運動の性質

本節では，いくつかのブラウン運動の性質について紹介する．

命題 3.6　$\{B_t\}_{t \geqq 0}$ を d 次元ブラウン運動とする．
(1) 任意の $0 = t_0 < t_1 < \cdots < t_n$ と $A \in \mathcal{B}((\mathbb{R}^d)^n)$ に対し，次が成り立つ:

$$\mathbf{P}((B_{t_1}, \ldots, B_{t_n}) \in A) = \int_A \prod_{i=1}^n \mathfrak{g}_d(t_i - t_{i-1}, x_i - x_{i-1}) dx_1 \cdots dx_n. \tag{3.9}$$

(2) $1 \leqq \alpha \leqq d, s < t$ に対し，次が成り立つ:

$$\mathbf{E}[(B_t^\alpha - B_s^\alpha)^n] = \begin{cases} 0 & (n \text{ が奇数のとき}), \\ \dfrac{n!(t-s)^{\frac{n}{2}}}{2^{\frac{n}{2}}(\frac{n}{2})!} & (n \text{ が偶数のとき}). \end{cases}$$

証明　(1) $\mathcal{A}$ を $(\mathbb{R}^d)^n$ の閉部分集合の全体とする．$\mathcal{A}$ は乗法族であり $\sigma(\mathcal{A}) = \mathcal{B}((\mathbb{R}^d)^n)$ が成り立つ．よって，定理 A.5 により，$A \in \mathcal{A}$ に対し (3.9) が成り立つことを示せばよい．

$A \in \mathcal{A}$ とする. $x \in (\mathbb{R}^d)^n, k = 1, 2, \ldots$ に対し,

$$d_A(x) = \inf\{|x - y| \,|\, y \in A\}, \quad f_k(x) = \frac{1}{1 + kd_A(x)}$$

とおく. $f_k \in C_b((\mathbb{R}^d)^n)$ である. 命題 3.5 により,

$$\mathbf{E}[f_k(B_{t_1}, \ldots, B_{t_n})]$$
$$= \int_{\mathbb{R}^d} \cdots \int_{\mathbb{R}^d} f_k(x_1, \ldots, x_n) \prod_{i=1}^n \mathfrak{g}_d(t_i - t_{i-1}, x_i - x_{i-1}) dx_1 \cdots dx_n$$

が成り立つ.

A が閉集合であるから $\lim_{k \to \infty} f_k = \mathbf{1}_A$ となる. よって, 上式で $k \to \infty$ とすれば, 優収束定理により, (3.9) が成り立つ.

(2) 命題 3.2(2) により $(t-s)^{-\frac{1}{2}}\{B_t^\alpha - B_s^\alpha\} \sim N(0, 1)$ となる. 命題 3.2(4) とあわせれば, 主張を得る. ∎

<u>命題 3.7</u>　$\{B_t\}_{t \geq 0}$ を d 次元ブラウン運動とする.
(1) $c > 0$ とし, $\widetilde{B}_t = \frac{1}{c} B_{c^2 t}$ とおく. $\{\widetilde{B}_t\}_{t \geq 0}$ も d 次元ブラウン運動である.
(2) $t_0 \geq 0$ とし, $\widehat{B}_t = B_{t+t_0} - B_{t_0}$ とおく. $\{\widehat{B}_t\}_{t \geq 0}$ も d 次元ブラウン運動である.
(3) 直交行列 $U = (U_\beta^\alpha)_{1 \leq \alpha, \beta \leq d}$ に対し, $\{UB_t\}_{t \geq 0}$ も d 次元ブラウン運動である. ただし, $UB_t = (\sum_{\alpha=1}^d U_\alpha^1 B_t^\alpha, \ldots, \sum_{\alpha=1}^d U_\alpha^d B_t^\alpha)$ である.

証明　証明は演習問題とする. ∎

d 次元ブラウン運動の軌道 $[0, \infty) \ni t \mapsto B_t(w) \in \mathbb{R}^d$ は連続であるが, 以下に見るように, 非常に不規則である.

<u>定理 3.8</u>　$\{B_t\}_{t \geq 0}$ を d 次元ブラン運動とし, $1 \leq \alpha \leq d$ とする.
(1) ほとんどすべての $\omega \in \Omega$ に対し, 写像 $[0, \infty) \ni t \mapsto B_t^\alpha(\omega)$ はいかなる $t \in [0, \infty)$ においても微分不可能である.

(2) $T > 0$ とする．$|\Delta_n| \stackrel{\text{def}}{=} \max_{0 \leq j \leq m_n - 1}(t_{j+1}^n - t_j^n) \to 0 \ (n \to \infty)$ をみたす区間 $[0, T]$ の分割の列 $\Delta_n = \{0 = t_0^n < \cdots < t_{m_n}^n = T\}$ をとる．このとき，次が成り立つ．

$$\lim_{n \to \infty} \mathbf{E}\left[\left(\sum_{j=0}^{m_n-1}\{B_{t_{j+1}^n}^\alpha - B_{t_j^n}^\alpha\}^2 - T\right)^2\right] = 0.$$

とくに，$\mathbf{P}$-a.s. に $t \mapsto B_t^\alpha$ は有界変動でない．

証明 (1) $N, k, n = 1, 2, \ldots,\ i = 0, 1, \ldots$ に対し

$$A_{k,n,i} = \left\{|B_{\frac{j}{n}}^\alpha - B_{\frac{j-1}{n}}^\alpha| < \frac{k}{n} \,\bigg|\, j = i+1, i+2, i+3\right\},$$

$$A_N = \bigcup_{k=1}^\infty \bigcup_{m=1}^\infty \bigcap_{n=m}^\infty \bigcup_{i=0}^{nN-1} A_{k,n,i}$$

$$E_N = \{\omega \in \Omega \,|\, t \mapsto B_t^\alpha(\omega)\ \text{はある}\ s \in [0, N)\ \text{で微分可能である}\}$$

とおく．

$$\left(\bigcup_{N=1}^\infty E_N\right)^c = \left\{\omega \in \Omega \,\bigg|\, \begin{array}{l} t \mapsto B_t(\omega)\ \text{は，いかなる}\ t \in [0, \infty) \\ \text{においても微分できない} \end{array}\right\}$$

となるから，$E_N \subset A_N, \mathbf{P}(A_N) = 0\ (N = 1, 2, \ldots)$ となることを示せばよい．

まず $E_N \subset A_N$ となることを示す．$\omega \in E_N$ とし，$t \mapsto B_t^\alpha(\omega)$ が $s \in [0, N)$ で微分可能と仮定する．このとき

$$\lim_{h \downarrow 0} \frac{|B_{s+h}^\alpha(\omega) - B_s^\alpha(\omega)|}{h} < \infty$$

となるから，$k \in \mathbb{N},\ \varepsilon \in (0, N - s)$ が存在し，

$$|B_t^\alpha(\omega) - B_s^\alpha(\omega)| < \frac{k(t-s)}{7} \quad (\forall t \in [s, s+\varepsilon))$$

が成立する．$m \in \mathbb{N}$ を $\frac{4}{m} < \varepsilon$ となるように選び，$n \geqq m$ とする．さらに $0 \leqq i < nN$ を $\frac{i-1}{n} \leqq s < \frac{i}{n}$ となるように選ぶ．このとき $j = i+1, i+2, i+3$

に対し

$$|B^\alpha_{\frac{j}{n}}(\omega) - B^\alpha_{\frac{j-1}{n}}(\omega)| \leq |B^\alpha_{\frac{j}{n}}(\omega) - B^\alpha_s(\omega)| + |B^\alpha_{\frac{j-1}{n}}(\omega) - B^\alpha_s(\omega)|$$
$$< \frac{k}{7}\left(\frac{j}{n} - s\right) + \frac{k}{7}\left(\frac{j-1}{n} - s\right) \leq \frac{k}{7}\left(\frac{4}{n} + \frac{3}{n}\right) = \frac{k}{n}$$

となる．すなわち $\omega \in A_{k,n,i}$ である．ゆえに $E_N \subset A_N$ となる．

つぎに $\mathbf{P}(A_N) = 0$ となることを示す．$B^\alpha_{\frac{i+1}{n}} - B^\alpha_{\frac{i}{n}}, B^\alpha_{\frac{i+2}{n}} - B^\alpha_{\frac{i+1}{n}}, B^\alpha_{\frac{i+3}{n}} - B^\alpha_{\frac{i+2}{n}}$ は独立であり，それぞれ $N(0, \frac{1}{n})$ に従うから，

$$\mathbf{P}(A_{k,n,i}) = \prod_{j=i+1}^{i+3} \mathbf{P}\left(|B^\alpha_{\frac{j}{n}} - B^\alpha_{\frac{j-1}{n}}| < \frac{k}{n}\right)$$
$$= \prod_{j=i+1}^{i+3} \int_{-\frac{k}{n}}^{\frac{k}{n}} \mathfrak{g}_1(\tfrac{1}{n}, x) dx \leq \left(\frac{2k}{\sqrt{2\pi n}}\right)^3 = \left(k\sqrt{\frac{2}{\pi}}\right)^3 n^{-\frac{3}{2}}$$

が成り立つ．したがって，

$$\mathbf{P}\left(\bigcap_{n=m}^{\infty} \bigcup_{i=0}^{nN-1} A_{k,n,i}\right) \leq \limsup_{n\to\infty} \sum_{i=0}^{nN-1} P(A_{k,n,i})$$
$$\leq \limsup_{n\to\infty} N\left(k\sqrt{\frac{2}{\pi}}\right)^3 n^{-\frac{1}{2}} = 0$$

となる．よって $P(A_N) = 0$ である．

(2) $\Delta_n = \{0 = t^n_0 < \cdots < t^n_{m_n} = T\}$ に対し $\xi^n_j = \{B^\alpha(t^n_{j+1}) - B^\alpha(t^n_j)\}^2 - (t^n_{j+1} - t^n_j)$ とおき，

$$\sum_{j=0}^{m_n-1} \{B^\alpha_{t^n_{j+1}} - B^\alpha_{t^n_j}\}^2 - T = \sum_{j=0}^{m_n-1} \xi^n_j$$

と変形する．$j \neq j'$ ならば ξ^n_j と $\xi^n_{j'}$ は独立であるから，定理 1.18 と命題 3.1(2) により，$\mathbf{E}[\xi^n_j \xi^n_{j'}] = \mathbf{E}[\xi^n_j]\mathbf{E}[\xi^n_{j'}] = 0$ である．したがって，命題 3.6(2) により，

$$\mathbf{E}\left[\left(\sum_{j=0}^{m_n-1} \{B^\alpha_{t^n_{j+1}} - B^\alpha_{t^n_j}\}^2 - T\right)^2\right]$$

$$= \sum_{j=0}^{m_n-1} \mathbf{E}[(\xi_j^n)^2] = \sum_{j=0}^{m_n-1} 2(t_{j+1}^n - t_j^n)^2 \leq 2T|\Delta_n|$$

となる．$n \to \infty$ とすれば，$|\Delta_n| \to 0$ であるから，主張を得る． ∎

次章以降の考察では，ブラウン運動とフィルトレーションを組み合わせて解析が展開される．このために，フィルトレーション $\{\mathcal{F}_t\}_{t \geq 0}$ と関連するブラウン運動を導入しよう．

定義 3.9 d 次元ブラウン運動 $\{B_t\}_{t \geq 0}$ が $(\mathcal{F}_t)$-適合であり，さらに任意の $t > s$ に対し，$B_t - B_s$ と $\mathcal{F}_s$ が独立となるとき，**$(\mathcal{F}_t)$-ブラウン運動** (($\mathcal{F}_t$)-Brownian motion) という．

d 次元ブラウン運動 $\{B_t\}_{t \geq 0}$ に対し，

$$\mathcal{F}_t^B = \sigma\left(\bigcup_{s \leq t} \mathcal{F}^{B_s}\right), \quad \overline{\mathcal{F}}_t^B = \sigma(\mathcal{N} \cup \mathcal{F}_t^B) \tag{3.10}$$

とおけば，$\{B_t\}_{t \geq 0}$ は，$(\mathcal{F}_t^B)$-ブラウン運動でも $(\overline{\mathcal{F}}_t^B)$-ブラウン運動でもある．

定理 3.10 $\{B_t\}_{t \geq 0}$ を d 次元 $(\mathcal{F}_t)$-ブラウン運動とする．
(1) $\{B_t^\alpha\}_{t \geq 0} (\alpha = 1, \ldots, d)$ は $(\mathcal{F}_t)$-マルチンゲールである．
(2) $\{B_t^\alpha B_t^\beta - \delta_{\alpha\beta} t\}_{t \geq 0}\ (\alpha, \beta = 1, \ldots, d)$ は $(\mathcal{F}_t)$-マルチンゲールである．とくに $\langle B^\alpha, B^\beta \rangle_t = \delta_{\alpha\beta} t\ (\alpha \neq \beta, t \geq 0)$ が成り立つ．
(3) $\lim_{n \to \infty} t_n = \infty$ となる $0 = t_0 < t_1 < \cdots$ をとる．確率変数 $f_{\alpha,i}$ は $\mathcal{F}_{t_i}$-可測であり $(\alpha = 1, \ldots, d,\ i = 1, 2, \ldots)$

$$K \stackrel{\text{def}}{=} \sup_{\substack{\alpha=1,\ldots,d \\ i=1,2,\ldots}} \sup_{\omega \in \Omega} |f_{\alpha,i}(\omega)| < \infty$$

をみたすとする．

$$M_t = \sum_{\alpha=1}^{d} \sum_{i=0}^{\infty} f_{\alpha,i}(B_{t \wedge t_{i+1}}^\alpha - B_{t \wedge t_i}^\alpha),$$

$$e_t = \exp\Bigl(M_t - \frac{1}{2} \sum_{\alpha=1}^{d} \sum_{i=1}^{\infty} f_{\alpha,i}^2 (t \wedge t_{i+1} - t \wedge t_i) \Bigr)$$

とおけば, $\{M_t\}_{t\geqq 0}, \{e_t\}_{t\geqq 0}$ はともに $(\mathcal{F}_t)$-マルチンゲールである.

証明 (1) と (2) の主張は $B_t^\alpha = (B_t^\alpha - B_s^\beta) + B_s^\alpha$ という変形から得られる. 詳細は演習問題とする.

(3) まず, $\{M_t\}_{t\geqq 0}$ が $(\mathcal{F}_t)$-マルチンゲールであることを示す.

$t_i \leqq s < t \leqq t_{i+1}$ が成り立つ場合には

$$M_t = M_s + \sum_{\alpha=1}^{d} f_{\alpha,i}(B_t^\alpha - B_s^\alpha)$$

と表現できる. $M_s, f_{\alpha,i}$ は $\mathcal{F}_s$-可測となるから, (1) により,

$$\mathbf{E}[M_t | \mathcal{F}_s] = M_s + \sum_{\alpha=1}^{d} f_{\alpha,i} \mathbf{E}[B_t^\alpha - B_s^\alpha | \mathcal{F}_s] = M_s, \quad \mathbf{P}\text{-a.s.}$$

が成り立つ. $t_{i-1} \leqq s \leqq t_i < t_j \leqq t \leqq t_{j+1}$ の場合にも, 上の考察と定理 1.34(5) を用いれば,

$$\mathbf{E}[M_t | \mathcal{F}_s] = \mathbf{E}[\mathbf{E}[\mathbf{E}[M_t | \mathcal{F}_{t_j}] | \mathcal{F}_{t_i}] | \mathcal{F}_s] = \mathbf{E}[M_{t_i} | \mathcal{F}_s] = M_s, \mathbf{P}\text{-a.s.}$$

を得る. 以上により, $\{M_t\}_{t\geqq 0}$ は $(\mathcal{F}_t)$-マルチンゲールである.

つぎに, $\{e_t\}_{t\geqq 0}$ が $(\mathcal{F}_t)$-マルチンゲールであることを示す. $\{M_t\}_{t\geqq 0}$ のときと同様に $t_i \leqq s < t \leqq t_{i+1}$ の場合に

$$\mathbf{E}[e_t; A] = \mathbf{E}[e_s; A] \quad (\forall A \in \mathcal{F}_s) \tag{3.11}$$

となることを示せば十分である.

$t_i \leqq s < t \leqq t_{i+1}$ とする. 定義より,

$$e_t = e_s \exp\Bigl(\sum_{\alpha=1}^{d} \Bigl\{ f_{\alpha,i}(B_t^\alpha - B_s^\alpha) - \frac{1}{2} f_{\alpha,i}^2 (t-s) \Bigr\} \Bigr) \tag{3.12}$$

と表現できる. $\varphi_m(x) = [2^m x]2^{-m}$ $(x \in \mathbb{R}, m = 1, 2, \ldots)$ とし, $f_{\alpha,i}^m = \varphi_m(f_{\alpha,i})$, $A_{m;k_1,\ldots,k_d} = \{f_{1,i}^m = k_1 2^{-m}, \ldots, f_{d,i}^m = k_d 2^{-m}\}$ とおく. $A \in \mathcal{F}_s$ とする. $f_{\alpha,i}^m$ は $\mathcal{F}_s$-可測であり, $B_t^\alpha - B_s^\alpha$ は $\mathcal{F}_s$ と独立であるから,

$$\mathbf{E}\Big[\exp\Big(\sum_{\alpha=1}^d \Big\{f_{\alpha,i}^m(B_t^\alpha - B_s^\alpha) - \frac{1}{2}(f_{\alpha,i}^m)^2(t-s)\Big\}\Big); A\Big]$$

$$= \sum_{k_1,\ldots,k_d=-[K]-1}^{[K]+1} \mathbf{E}\Big[\exp\Big(\sum_{\alpha=1}^d \Big\{k_\alpha 2^{-m}(B_t^\alpha - B_s^\alpha)$$
$$- \frac{1}{2}(k_\alpha 2^{-m})^2(t-s)\Big\}\Big); A \cap A_{m;k_1,\ldots,k_d}\Big]$$

$$= \sum_{k_1,\ldots,k_d=-[K]-1}^{[K]+1} \mathbf{E}\Big[\exp\Big(\sum_{\alpha=1}^d \Big\{k_\alpha 2^{-m}(B_t^\alpha - B_s^\alpha)$$
$$- \frac{1}{2}(k_\alpha 2^{-m})^2(t-s)\Big\}\Big)\Big]\mathbf{P}(A \cap A_{m;k_1,\ldots,k_d})$$

$$= \sum_{k_1,\ldots,k_d=-[K]-1}^{[K]+1} \mathbf{P}(A \cap A_{m;k_1,\ldots,k_d}) = \mathbf{P}(A)$$

となる.

$Y = \exp(dK|B_t - B_s|)$ とおけば, $Y \in L^1(\mathbf{P})$ であり,

$$\exp\Big(\sum_{\alpha=1}^d \Big\{f_{\alpha,i}^m(B_t^\alpha - B_s^\alpha) - \frac{1}{2}(f_{\alpha,i}^m)^2(t-s)\Big\}\Big) \leqq Y$$

であるから, 上式で $m \to \infty$ とすれば, 優収束定理により,

$$\mathbf{E}\Big[\exp\Big(\sum_{\alpha=1}^d \Big\{f_{\alpha,i}(B_t^\alpha - B_s^\alpha) - \frac{1}{2}(f_{\alpha,i})^2(t-s)\Big\}\Big); A\Big] = \mathbf{P}(A)$$

を得る. すなわち,

$$\mathbf{E}\Big[\exp\Big(\sum_{\alpha=1}^d \Big\{f_{\alpha,i}(B_t^\alpha - B_s^\alpha) - \frac{1}{2}(f_{\alpha,i})^2(t-s)\Big\}\Big)\Big|\mathcal{F}_s\Big] = 1, \quad \mathbf{P}\text{-a.s.}$$

となる．(3.12) とあわせれば (3.11) が従う． ∎

この定理から，次のような不等式が従う．

定理 3.11 $T > 0, \xi \in \mathbb{R}^d, p > 1, \varepsilon \in (0,1)$ に対し，次が成り立つ．

$$\mathbf{E}\left[\sup_{t \leqq T} e^{\langle \xi, B_t \rangle}\right] \leqq \left(\frac{p}{p-1}\right)^p e^{\frac{|\xi|^2 T}{2}}, \tag{3.13}$$

$$\mathbf{E}\left[\exp\left(\frac{\varepsilon \max_{t \leqq T} |B_t|^2}{2T}\right)\right] \leqq e(1-\varepsilon)^{-\frac{d}{2}}. \tag{3.14}$$

証明 定理 3.10 とドゥーブの不等式（定理 2.9）により，

$$\mathbf{E}\left[\sup_{t \leqq T} e^{\langle \xi, B_t \rangle}\right] \leqq e^{\frac{|\xi|^2 T}{2p}} \mathbf{E}\left[\sup_{t \leqq T}\left(e^{\langle \frac{1}{p}\xi, B_t \rangle - \frac{|\xi|^2 t}{2p^2}}\right)^p\right]$$

$$\leqq \left(\frac{p}{p-1}\right)^p \mathbf{E}\left[e^{\langle \xi, B_T \rangle}\right] = \left(\frac{p}{p-1}\right)^p e^{\frac{|\xi|^2 T}{2}}$$

となり，(3.13) を得る．

つぎに

$$e^{\frac{|x|^2 t}{2}} = \int_{\mathbb{R}^d} e^{\langle \xi, x \rangle} \mathfrak{g}_d(t, \xi) d\xi \quad (\forall t > 0, x \in \mathbb{R}^d)$$

が成り立つので，上の不等式により

$$\mathbf{E}\left[\sup_{t \leqq T} e^{\frac{\varepsilon |B_t|^2}{2T}}\right] = \mathbf{E}\left[\sup_{t \leqq T} \int_{\mathbb{R}^d} e^{\langle \xi, B_t \rangle} \mathfrak{g}_d\left(\frac{\varepsilon}{T}, \xi\right) d\xi\right]$$

$$\leqq \int_{\mathbb{R}^d} \mathbf{E}\left[\sup_{t \leqq T} e^{\langle \xi, B_t \rangle}\right] \mathfrak{g}_d\left(\frac{\varepsilon}{T}, \xi\right) d\xi$$

$$\leqq \int_{\mathbb{R}^d} \left(\frac{p}{p-1}\right)^p e^{\frac{|\xi|^2 T}{2}} \mathfrak{g}_d\left(\frac{\varepsilon}{T}, \xi\right) d\xi = \left(\frac{p}{p-1}\right)^p (1-\varepsilon)^{-\frac{d}{2}}$$

を得る．$p \to \infty$ とすれば，主張が従う． ∎

つぎにマルチンゲールを用いてブラウン運動を特徴づける．以下，$k = 0, 1, \ldots, \infty$ に対し，k 回連続的微分可能な $f : \mathbb{R}^d \to \mathbb{R}$ の全体を $C^k(\mathbb{R}^d)$ と表

す．また，コンパクトな台を持つ $f \in C^k(\mathbb{R}^d)$ の全体を $C_0^k(\mathbb{R}^d)$ と表し，k 階までのすべての微係数が有界となる $f \in C^k(\mathbb{R}^d)$ の全体を $C_b^k(\mathbb{R}^d)$ とおく．

定理 3.12　$\{X_t\}_{t \geqq 0}$ を $(\mathcal{F}_t)$-適合かつ連続な $\mathbb{R}^d$-値確率過程とする．もし，任意の $f \in C_0^\infty(\mathbb{R}^d)$ に対し $\{M_t^f \stackrel{\text{def}}{=} f(X_t) - f(X_0) - \frac{1}{2}\int_0^t \Delta f(X_s) ds\}_{t \geqq 0}$ が $(\mathcal{F}_t)$-マルチンゲールとなるならば，$\{X_t\}_{t \geqq 0}$ は $(\mathcal{F}_t)$-ブラウン運動である．ただし，$\Delta = \sum_{\alpha=1}^d (\frac{\partial}{\partial x^\alpha})^2$ である．

証明　$f \in C_b^\infty(\mathbb{R}^d)$ とする．

$$\varphi(a) = 1 \ (a \leqq 1), \varphi(a) = 0 \ (a \geqq 2), \ 0 \leqq \varphi \leqq 1$$

をみたす $\varphi \in C^\infty(\mathbb{R})$ をとり，$f_n(x) = f(x)\varphi(|x| - n) \ (x \in \mathbb{R}^d)$ とおく．このとき，$f_n \in C_0^\infty(\mathbb{R}^d)$ であり，さらに

$$\lim_{n \to \infty} f_n(x) = f(x), \quad \lim_{n \to \infty} \Delta f_n(x) = \Delta f(x) \quad (\forall x \in \mathbb{R}^d)$$

$$\sup_{x \in \mathbb{R}^d} \{|f_n(x)| + |\Delta f_n(x)|\} < \infty$$

が成り立つ．仮定と有界収束定理により，$\{M_t^f\}_{t \geqq 0}$ もまた $(\mathcal{F}_t)$-マルチンゲールである．

$\xi \in \mathbb{R}^d$ とし，$f(x) = e^{i\langle \xi, x \rangle} \ (x \in \mathbb{R}^d)$ とおく．$s < t$ とし，$A \in \mathcal{F}_s$ とする．前段の考察により，

$$\mathbf{E}\left[e^{i\langle \xi, X_t \rangle} + \frac{|\xi|^2}{2}\int_0^t e^{i\langle \xi, X_u \rangle} du \bigg| \mathcal{F}_s\right] = e^{i\langle \xi, X_s \rangle} + \frac{|\xi|^2}{2}\int_0^s e^{i\langle \xi, X_u \rangle} du, \mathbf{P}\text{-a.s.}$$

となる．ただし，確率変数 Y, Z に対し，$\mathbf{E}[Y + iZ | \mathcal{F}_s] = \mathbf{E}[Y | \mathcal{F}_s] + i\mathbf{E}[Z | \mathcal{F}_s]$ とおく．これにより，

$$\mathbf{E}[e^{i\langle \xi, X_t - X_s \rangle}; A] = \mathbf{P}(A) - \frac{|\xi|^2}{2}\int_s^t \mathbf{E}[e^{i\langle \xi, X_u - X_s \rangle}; A] du$$

である．これを関数 $t \mapsto \mathbf{E}[e^{i\langle \xi, X_t - X_s \rangle}; A]$ に関する方程式として解けば

$$\mathbf{E}[e^{i\langle \xi, X_t - X_s \rangle}; A] = e^{-\frac{|\xi|^2}{2}(t-s)}\mathbf{P}(A)$$

となる．よって

$$\mathbf{E}[e^{i\langle \xi, X_t - X_s\rangle}|\mathcal{F}_s] = e^{-\frac{|\xi|^2}{2}(t-s)}, \mathbf{P}\text{-a.s.} \quad (3.15)$$

を得る．

$0 = t_0 < t_1 < \cdots < t_n$, $\xi_1, \ldots, \xi_n \in \mathbb{R}^d$ とする．(3.15) により

$$\mathbf{E}\left[\prod_{i=0}^{n-1} e^{i\langle \xi_i, X_{t_{i+1}} - X_{t_i}\rangle}\right] = \mathbf{E}\left[\prod_{i=0}^{n-2} e^{i\langle \xi_i, X_{t_{i+1}} - X_{t_i}\rangle} \mathbf{E}[e^{i\langle \xi_n, X_{t_n} - X_{t_{n-1}}\rangle}|\mathcal{F}_{t_{n-1}}]\right]$$

$$= e^{-\frac{|\xi_n|^2}{2}(t_n - t_{n-1})} \mathbf{E}\left[\prod_{i=0}^{n-2} e^{i\langle \xi_i, X_{t_{i+1}} - X_{t_i}\rangle}\right] = \cdots = \prod_{i=0}^{n-1} e^{-\frac{|\xi_i|^2}{2}(t_{i+1} - t_i)}$$

となる．定理 1.18 により，$X_{t_1}, X_{t_2} - X_{t_2}, \ldots, X_{t_n} - X_{t_{n-1}}$ は独立である．さらに，命題 3.1 により，$X_{t_{i+1}} - X_{t_i} \sim N(0, (t_{i+1} - t_i)I)$ となる．すなわち，$\{X_t\}_{t \geq 0}$ はブラウン運動である．(3.15) により，$X_t - X_s$ と $\mathcal{F}_s$ の独立性が得られ，$\{X_t\}_{t \geq 0}$ は $(\mathcal{F}_t)$-ブラウン運動となる． ∎

注意 3.13 定理 3.12 の逆も成り立つ．すなわち，$\{B_t\}_{t \geq 0}$ が d 次元 $(\mathcal{F}_t)$-ブラウン運動ならば，任意の $f \in C_0^\infty(\mathbb{R}^d)$ に対し，$\{f(B_t) - f(0) - \int_0^t \frac{1}{2}\Delta f(B_s)ds\}_{t \geq 0}$ は $(\mathcal{F}_t)$-マルチンゲールである．この事実は後に述べる伊藤の公式の応用として証明できる．伊藤の公式を用いない証明については [10] を参照されたい．

最後に $(\mathcal{F}_t)$-ブラウン運動を停止時刻 τ だけ時間を進めた確率過程もブラウン運動となることを見よう．

定理 3.14 $\{B_t\}_{t \geq 0}$ を d 次元 $(\mathcal{F}_t)$-ブラウン運動とし，τ を有界な，すなわち $\sup_{\omega \in \Omega} \tau(\omega) < \infty$ をみたす停止時刻とする．このとき，$\{B_{t+\tau} - B_\tau\}_{t \geq 0}$ は，$\mathcal{F}_\tau$ と独立な d 次元ブラウン運動である．

証明 演習問題 3.7 により，$\{e^{i\langle \xi, B_t\rangle + \frac{|\xi|^2}{2}t}\}_{t \geq 0}$ は $(\mathcal{F}_t)$-マルチンゲールである．任意抽出定理により

$$\mathbf{E}[e^{i\langle \xi, B_{t+\tau}\rangle + \frac{|\xi|^2}{2}(t+\tau)}|\mathcal{F}_{s+\tau}] = e^{i\langle \xi, B_{s+\tau}\rangle + \frac{|\xi|^2}{2}(s+\tau)}, \mathbf{P}\text{-a.s.} \quad (t > s)$$

が成り立つ．すなわち

$$\mathbf{E}[e^{\mathrm{i}\langle \xi, B_{t+\tau}-B_{s+\tau}\rangle}|\mathcal{F}_{s+\tau}] = e^{-\frac{|\xi|^2}{2}(t-s)}, \ \mathbf{P}\text{-a.s.} \quad (t>s) \quad (3.16)$$

となる．定理 3.12 の証明と同様の議論により，$\{B_{t+\tau}-B_{\tau}\}_{t\geqq 0}$ は d 次元ブラウン運動であるといえる．さらに，(3.16) により，$\{B_{t+\tau}-B_{\tau}\}_{t\geqq 0}$ は $\mathcal{F}_{\tau}$ と独立である． ∎

3.4 マルコフ性

ブラウン運動は**マルコフ性** (Markov property) と呼ばれる，過去と未来の独立性に関連する性質を持っている．本節ではこの性質について紹介する．

$\{B_t\}_{t\geqq 0}$ を確率空間 $(\Omega, \mathcal{F}, \mathbf{P})$ 上の d 次元ブラウン運動とする．

$$\mathcal{F}_t = \mathcal{F}_t^B, \quad \mathcal{F}_\infty = \sigma\Bigl(\bigcup_{t\geqq 0}\mathcal{F}_t\Bigr), \quad \mathcal{F}_t^* = \sigma(\mathcal{F}_t \cup \mathcal{N}^*)$$

とおく．ただし

$$\mathcal{N}^* = \{A \subset \Omega \,|\, \mathbf{P}(N) = 0, N \supset A \text{ となる } N \in \mathcal{F}_\infty \text{ が存在する}\}$$

とする．$\mathbf{P}$ を自然に $\mathcal{F}_\infty^*$ に拡張し，以下，$\mathcal{F} = \mathcal{F}_\infty^*$ とする．$\{B_t\}_{t\geqq 0}$ は，$(\mathcal{F}_t)$-ブラウン運動であり，また $(\mathcal{F}_t^*)$-ブラウン運動である．

$\mathcal{W}^d$ を $[0,\infty)$ 上で定義された $\mathbb{R}^d$ に値をとる連続関数の全体とする．$\mathcal{W}^d$ には，距離関数

$$d(w_1, w_2) = \sum_{n=1}^{\infty} 2^{-n} \Bigl\{\sup_{t\leqq n}|w_1(t)-w_2(t)| \wedge 1\Bigr\} \quad (w_1, w_2 \in \mathcal{W}^d) \quad (3.17)$$

により，広義一様収束位相を導入する．

補題 3.15 $n = 1, 2, \ldots, A \in \mathcal{B}((\mathbb{R}^d)^n), 0 \leqq t_1 < \cdots < t_n$ が存在し，$C = \{w \in \mathcal{W}^d \,|\, (w(t_1), \ldots, w(t_n)) \in A\}$ と表される $\mathcal{W}^d$ の部分集合 C の全体を $\mathcal{A}$ とおく．このとき，$\mathcal{B}(\mathcal{W}^d) = \sigma(\mathcal{A})$ が成り立つ．

証明 $w_0 \in \mathcal{W}^d$ とする. $w \in \mathcal{W}^d$ の連続性より

$$d(w_0, w) = \sum_{n=1}^{\infty} 2^{-n} \left\{ \sup_{t \in [0,n] \cap \mathbb{Q}} |w_0(t) - w(t)| \wedge 1 \right\} \quad (w \in \mathcal{W}^d)$$

と表現できる. $\sup_{t \in [0,n] \cap \mathbb{Q}} |w_0(t) - w(t)|$ は $\sigma(\mathcal{A})$-可測であるから,

$$\{w \in \mathcal{W}^d \,|\, d(w_0, w) < \varepsilon\} \in \sigma(\mathcal{A}) \quad (\forall \varepsilon > 0)$$

となる. よって, $\mathcal{B}(\mathcal{W}^d) \subset \sigma(\mathcal{A})$ である.

$0 \leqq t_1 < \cdots < t_n$ とする. 写像 $\mathcal{W}^d \ni w \mapsto (w(t_1), \ldots, w(t_n)) \in (\mathbb{R}^d)^n$ は連続写像であるから, $\mathcal{A} \subset \mathcal{B}(\mathcal{W}^d)$ である. よって, $\sigma(\mathcal{A}) \subset \mathcal{B}(\mathcal{W}^d)$ となる. ∎

$x \in \mathbb{R}^d$ に対し, $B_t^x = x + B_t$ とおく. 各 $\omega \in \Omega$ に連続関数 $t \mapsto B_t^x(\omega)$ を対応させる写像は, 上の補題により, $\mathcal{W}^d$-値確率変数となる. このような確率変数を以下 $B_\bullet^x$ と表す. また, $s \geqq 0$ に対し, ω に連続関数 $t \mapsto B_{t+s}^x(\omega)$ を対応させる $\mathcal{W}^d$-値確率変数を $B_{\bullet+s}^x$ と表す.

ブラウン運動のマルコフ性とは次の性質である.

定理 3.16 有界可測関数 $F : \mathcal{W}^d \to \mathbb{R}$ に対し, 次が成り立つ:

$$\mathbf{E}[F(B_{\bullet+s}^x)|\mathcal{F}_s] = \mathbf{E}[F(B_\bullet^y)]\Big|_{y=B_s^x}, \quad \mathbf{P}\text{-a.s.} \tag{3.18}$$

$$\mathbf{E}[F(B_{\bullet+s}^x)|\mathcal{F}_s^*] = \mathbf{E}[F(B_\bullet^y)]\Big|_{y=B_s^x}, \quad \mathbf{P}\text{-a.s.} \tag{3.19}$$

証明 (3.19) は (3.18) より直ちに従うので, (3.18) のみ証明する.

まず, $f \in \mathcal{S}((\mathbb{R}^N)^n)$ を用いて $F(w) = f(w(t_1), \ldots, w(t_n))$ と表される場合に (3.18) が成り立つことを示す. 定理 A.1 およびフビニの定理により, このためには $\xi_1, \ldots, \xi_n \in \mathbb{R}^d, 0 \leqq t_1 < \cdots < t_n$ を用いて $F(w) = \exp(\mathrm{i} \sum_{i=1}^n \langle \xi_i, w(t_i) \rangle)$ と表される F に対し (3.18) が成り立つことを示せば十分である.

$t_0 = 0, \widetilde{\xi}_j = \sum_{i=j}^n \xi_i$ とおく. $B_{t_1+s} - B_{t_0+s}, \ldots, B_{t_n+s} - B_{t_{n-1}+s}$ は独立であり, さらに $\mathcal{F}_s$ と独立となるから, $F(w) = \exp(\mathrm{i} \sum_{i=1}^n \langle \xi_i, w(t_i) \rangle)$ は

$$\mathbf{E}[F(B^x_{\bullet+s})|\mathcal{F}_s] = \mathbf{E}[e^{\mathrm{i}\sum_{i=1}^n \langle \xi_i, B^x_{t_i+s}\rangle}|\mathcal{F}_s]$$

$$= \mathbf{E}[e^{\mathrm{i}\sum_{i=1}^n \langle \tilde{\xi}_i, B_{t_i+s}-B_{t_{i-1}+s}\rangle}|\mathcal{F}_s] e^{\mathrm{i}\langle \tilde{\xi}_1, B^x_s\rangle}$$

$$= \mathbf{E}[e^{\mathrm{i}\sum_{i=1}^n \langle \tilde{\xi}_i, B_{t_i+s}-B_{t_{i-1}+s}\rangle}] e^{\mathrm{i}\langle \tilde{\xi}_1, B^x_s\rangle} = e^{\mathrm{i}\langle \tilde{\xi}_1, B^x_s\rangle} \prod_{i=1}^n e^{-\frac{|\tilde{\xi}_i|^2}{2}(t_i-t_{i-1})}$$

をみたす．これに $x=y, s=0$ を代入し期待値をとると

$$\mathbf{E}[F(B^y_{\bullet})] = e^{\mathrm{i}\langle \tilde{\xi}, y\rangle} \prod_{i=1}^n e^{-\frac{|\tilde{\xi}_i|^2}{2}(t_i-t_{i-1})}$$

である．これと上をあわせると (3.18) が示される．

つぎに $F = \mathbf{1}_A$ $(A \in \mathcal{B}(\mathcal{W}^d))$ という場合に (3.18) が成り立つことを示す．このため，$\mathcal{A} \subset 2^{\mathcal{W}^d}$ を補題 3.15 の通りとし，$F = \mathbf{1}_A$ として (3.18) が成り立つ $A \in \mathcal{B}(\mathcal{W}^d)$ の全体を $\mathcal{B}$ と表す．$\mathcal{A}$ は乗法族であり $\mathcal{B}$ はディンキン族であるから，$\mathcal{A} \subset \mathcal{B}$ が示されれば，定理 A.4 により，$\sigma(\mathcal{A}) \subset \mathcal{B}$ となる．よって，補題 3.15 とあわせて，$\mathcal{B} = \mathcal{B}(\mathcal{W}^d)$ が得られる．

$\mathcal{A} \subset \mathcal{B}$ となることを証明するために，$n = 1, 2, \ldots$ を任意に固定する．$C \in \mathcal{B}((\mathbb{R}^d)^n)$ に対し，$A_C = \{w \in \mathcal{W}^d \,|\, (w(t_1), \ldots, w(t_n)) \in C\}$ とおく．さらに，$\widetilde{\mathcal{A}}_n = \{C \in \mathcal{B}((\mathbb{R}^d)^n) \,|\, A_C \in \mathcal{B}\}$, $\widetilde{\mathcal{D}}_n = \{\prod_{i=1}^{dn}(a_i, b_i) \,|\, -\infty \leqq a_i < b_i \leqq \infty \,(i = 1, \ldots, dn)\}$ とする．前段の結果と命題 A.2 により，$\widetilde{\mathcal{D}}_n \subset \widetilde{\mathcal{A}}_n$ となる．$\mathcal{B}$ はディンキン族であるから，$\widetilde{\mathcal{A}}_n$ もディンキン族である．$\widetilde{\mathcal{D}}_n$ は乗法族であるから，定理 A.4 により，$\mathcal{B}((\mathbb{R}^d)^n) = \sigma(\widetilde{\mathcal{D}}_n) \subset \widetilde{\mathcal{A}}_n$ となる．n の任意性により，$\mathcal{A} \subset \mathcal{B}$ を得る．

一般の有界可測な F の場合は

$$F_n = \sum_{k=-n2^n}^{n2^n-1} \frac{k}{2^n} \mathbf{1}_{[\frac{k}{2^n}, \frac{k+1}{2^n}]}(F) \quad (n = 1, 2, \ldots)$$

により近似し，有界収束定理を適用すれば，(3.18) が成り立つことが得られる． ∎

この結果を用いると次のような $\mathcal{F}^*_t$ の**右連続性**が得られる．

3.4 マルコフ性

定理 3.17 $t \geqq 0$ に対し,$\mathcal{F}_{t+}^* \stackrel{\text{def}}{=} \bigcap_{s>t} \mathcal{F}_s^*$ とおく.このとき,次が成り立つ.

$$\mathcal{F}_t^* = \mathcal{F}_{t+}^*. \tag{3.20}$$

証明 $\mathcal{F}_{t+}^* \subset \mathcal{F}_t^*$ となることを示せばよい.

$0 = t_0 < t_1 < \cdots < t_k \leqq t < t_{k+1} < \cdots < t_n, \xi_1, \ldots, \xi_n \in \mathbb{R}^d$ とする.このとき,(3.19) により,$A \in \mathcal{F}_{t+}^*, 0 < \varepsilon < t_{k+1} - t$ に対し,

$$\mathbf{E}[e^{\mathrm{i} \sum_{i=1}^n \langle \xi_i, B_{t_i}\rangle}; A] = \mathbf{E}[\mathbf{E}[e^{\mathrm{i} \sum_{i=1}^n \langle \xi_i, B_{t_i}\rangle}|\mathcal{F}_{t+\varepsilon}^*]; A]$$

$$= \mathbf{E}\Big[e^{\mathrm{i} \sum_{i=1}^k \langle \xi_i, B_{t_i}\rangle} \mathbf{E}[e^{\mathrm{i} \sum_{i=k+1}^n \langle \xi_i, B_{t_i-t-\varepsilon}^y\rangle}]\big|_{y=B_{t+\varepsilon}}; A\Big] \tag{3.21}$$

が成り立つ.$\widetilde{\xi}_i = \sum_{j=i}^n \xi_j\ (i=1,\ldots,n)$,$\widetilde{t}_k = t+\varepsilon, \widetilde{t}_i = t_i\ (i \geqq k+1)$ とおけば,定理 3.16 の証明と同様の議論により,

$$\mathbf{E}[e^{\mathrm{i} \sum_{i=k+1}^n \langle \xi_i, B_{t_i-t-\varepsilon}^y\rangle}]\big|_{y=B_{t+\varepsilon}} = e^{\mathrm{i}\langle \widetilde{\xi}_k, B_{t+\varepsilon}\rangle} \prod_{k=k+1}^n e^{-\frac{|\widetilde{\xi}_i|^2}{2}|\widetilde{t}_i - \widetilde{t}_{i-1}|}$$

$$\to \mathbf{E}[e^{\mathrm{i} \sum_{i=k+1}^n \langle \xi_i, B_{t_i-t}^y\rangle}]\big|_{y=B_t} \quad (\varepsilon \to 0)$$

となる.これを (3.21) に代入し,$\varepsilon \to 0$ とすれば,(3.19) により,

$$\mathbf{E}[e^{\mathrm{i} \sum_{i=1}^n \langle \xi_i, B_{t_i}\rangle}; A] = \mathbf{E}[\mathbf{E}[e^{\mathrm{i} \sum_{i=1}^n \langle \xi_i, B_{t_i}\rangle}|\mathcal{F}_t^*]; A]$$

を得る.したがって,

$$\mathbf{E}[e^{\mathrm{i} \sum_{i=1}^n \langle \xi_i, B_{t_i}\rangle}|\mathcal{F}_{t+}^*] = \mathbf{E}[e^{\mathrm{i} \sum_{i=1}^n \langle \xi_i, B_{t_i}\rangle}|\mathcal{F}_t^*], \quad \mathbf{P}\text{-a.s.}$$

が成り立つ.

定理 3.16 の証明と同様に急減少関数のフーリエ変換とディンキン族定理を利用して

$$\mathbf{E}[\mathbf{1}_B|\mathcal{F}_{t+}^*] = \mathbf{E}[\mathbf{1}_B|\mathcal{F}_t^*], \ \mathbf{P}\text{-a.s.} \quad (\forall B \in \mathcal{F}_\infty^*)$$

を得る.とくに $B \in \mathcal{F}_{t+}^*$ とすれば,$N \in \mathcal{N}^*$ が存在し,$\omega \notin N$ ならば $\mathbf{1}_B(\omega) = \mathbf{E}[\mathbf{1}_B|\mathcal{F}_t^*](\omega)$ が成り立つ.$a \in \mathbb{R}$ に対し

$$\{\mathbf{1}_B \leqq a\} = (\{\mathbf{E}[\mathbf{1}_B|\mathcal{F}_t^*] \leqq a\} \cap (\Omega \setminus N)) \cup (\{\mathbf{1}_B \leqq a\} \cap N)$$

と表記できる．右辺の第 1 の集合は $\mathcal{F}_t^*$ の元であり，第 2 の集合は $\mathcal{N}^*$ の元となる．したがって，$\{\mathbf{1}_B \leqq a\} \in \mathcal{F}_t^*$ であり，$\mathbf{1}_B$ は $\mathcal{F}_t^*$-可測である．よって，$B \in \mathcal{F}_t^*$ となる．すなわち，$\mathcal{F}_{t+}^* \subset \mathcal{F}_t^*$ となることが示された．∎

注意 3.18　「$X = Y$，$\mathbf{P}$-a.s.」という記述において，X, Y が可測であるかどうかは問題ではない．したがって，X が可測で $X = Y$，$\mathbf{P}$-a.s. となっていても，一般には Y は可測とは限らない．

しかし，$\mathcal{F}_\infty^*$ に拡張された $\mathbf{P}$ に対しては，上の証明で見たように，X が $\mathcal{F}_t^*$-可測で，$X = Y$，$\mathbf{P}$-a.s. ならば，Y も $\mathcal{F}_t^*$-可測となる．

演習問題

3.1. (3.2) を証明せよ．

3.2. (a) $\frac{\partial}{\partial t} \mathfrak{g}_N(t, x) = \frac{1}{2} \Delta \mathfrak{g}_N(t, x)$ が成り立つことを示せ．

(b) $f \in C_b(\mathbb{R}^N)$，$u(t, x) = \int_{\mathbb{R}^N} f(x+y) \mathfrak{g}_N(t, y) dy$ とおく．$\frac{\partial}{\partial t} u = \frac{1}{2} \Delta u$ が成り立つことを示せ．

3.3. 命題 3.7 を示せ．

3.4. $\{B_t\}_{t \geq 0}$ は 1 次元ブラウン運動とする．

(a) $\int_{\mathbb{R}} e^{-|x|} \mathfrak{g}_1(t, x) dx \leqq 1 - \sqrt{\frac{2t}{\pi}} + \frac{t}{2}$ が成り立つことを示せ．

(b) $T > 0$，$V_n = \sum_{k=0}^{2^n - 1} |B_{\frac{(k+1)T}{2^n}} - B_{\frac{kT}{2^n}}|$ とおく．$\lim_{n \to \infty} \mathbf{E}[e^{-V_n}] = 0$ となることを示せ．

(c) $\mathbf{P}$-a.s. に写像 $t \mapsto B_t(\omega)$ は有界変動でないことを示せ．

3.5. 定理 3.10 の (1)，(2) を示せ．

3.6. 増大する実数列 $0 = t_0 < t_1 < \cdots$ は $\lim_{i \to \infty} t_i = \infty$ をみたすとし，$f_{\alpha, i}$ は $\mathcal{F}_{t_i}$-可測であるとする ($\alpha = 1, \ldots, d$，$i = 0, 1, \ldots$)．もし

$$\mathbf{E}\left[\exp\left(\frac{1}{2} \sum_{\alpha=1}^d \sum_{i=0}^\infty f_{\alpha,i}^2 (t \wedge t_{i+1} - t \wedge t_i)\right)\right] < \infty \quad (\forall t \geqq 0)$$

が成り立てば，定理 3.10 で定義された $\{e_t\}_{t \geq 0}$ は $(\mathcal{F}_t)$-マルチンゲールであることを示せ．

3.7. $\{B_t\}_{t\geq 0}$ を d 次元ブラウン運動とし, $\xi \in \mathbb{R}^d$ とする. $\{e^{\mathrm{i}\langle \xi, B_t\rangle + \frac{|\xi|^2}{2}t}\}_{t\geq 0}$ はマルチンゲールであることを示せ.

3.8. $\{B_t\}_{t\geq 0}$ を 1 次元ブラウン運動とする. $\tau = \inf\{t > 0 \,|\, B_t > 0\}$ とおく.
  (a) $\{\tau = 0\} \in \mathcal{F}_0^*$ となることを示せ.
  (b) $\{\tau \leq t\} \subset \{B_t > 0\}$ を利用して $\mathbf{P}(\tau = 0) \geq \frac{1}{2}$ を示せ.
  (c) $\mathbf{P}(\tau = 0) = 1$ を示せ.

第4章 ◇ 確率積分

　　ブラウン運動の時間発展から得られる微小変動に基づく積分である確率積分を定義する．既にみたようにブラウン運動は有界変動でないが，ブラウン運動の過去との独立性を利用して，一見リーマン・スティルチェス積分と思われる形で確率積分は定義される．さらに確率積分に対する連鎖定理である伊藤の公式と，マルチンゲールを確率積分で表現する伊藤の表現定理について紹介する．

4.1 確率積分

　本節を通じて，$(\Omega, \mathcal{F}, \mathbf{P}, \{\mathcal{F}_t\}_{t \geqq 0})$ をフィルターつき確率空間とし，$\mathcal{N} \subset \mathcal{F}_0$，すなわち，すべての $\mathbf{P}$ に関する零集合が $\mathcal{F}_0$ に属すると仮定する．さらに $\{B_t\}_{t \geqq 0}$ を d 次元 $(\mathcal{F}_t)$-ブラウン運動とする．

　$(\mathcal{F}_t)$-発展的可測な $\mathbb{R}$-値確率過程 $\{f_t\}_{t \geqq 0}$ の全体を $\mathcal{P}$ と表す．$\lim_{n \to \infty} t_n = \infty$ となる増大列 $0 = t_0 < t_1 < \cdots$ が存在し，

$$f_t(\omega) = f_{t_i}(\omega) \quad (t \in [t_i, t_{i+1}), \omega \in \Omega), \quad \sup_{i=0,1,\ldots} \sup_{\omega \in \Omega} |f_{t_i}(\omega)| < \infty \qquad (4.1)$$

をみたす $\{f_t\}_{t \geqq 0} \in \mathcal{P}$ の全体を $\mathcal{L}_0$ と表す．$\{f_t\}_{t \geqq 0} \in \mathcal{P}$ で

$$\mathbf{E}\left[\int_0^t f_s^2 ds\right] < \infty \quad (\forall t \geqq 0)$$

をみたすものの全体を $\mathcal{L}^2$ とおく．また，$\{f_t\}_{t \geqq 0} \in \mathcal{P}$ で

$$\int_0^t f_s^2 ds < \infty, \quad \mathbf{P}\text{-a.s.} \quad (\forall t \geqq 0)$$

をみたすものの全体を $\mathcal{L}^2_{\mathrm{loc}}$ とおく．これらは $\mathcal{L}_0 \subset \mathcal{L}^2 \subset \mathcal{L}^2_{\mathrm{loc}}$ という包含関係をみたしている．まず $\mathcal{L}_0$ の元を被積分関数とする確率積分を定義する．

定義 4.1 ($\mathcal{L}_0$ での確率積分) $\{f_t\}_{t\geq 0} \in \mathcal{L}_0$ とし, $0 = t_0 =< t_1 < \cdots \nearrow \infty$ を表示 (4.1) を与える増大列とする. $\{f_t\}_{t\geq 0}$ の $\{B_t^\alpha\}_{t\geq 0}$ ($\alpha = 1, \ldots, d$) に関する**確率積分** (stochastic integral) を次で定義する.

$$\int_0^t f_s dB_s^\alpha \stackrel{\text{def}}{=} \sum_{i=0}^\infty f_{t_i}(B_{t \wedge t_{i+1}}^\alpha - B_{t \wedge t_i}^\alpha) \quad (t \geq 0).$$

注意 4.2 (i) 上の定義において, 各 $t \geq 0$ に対し, 総和は $t_i \leq t$ をみたす i についての有限和となっている.
(ii) $s < t < u$ に対する $\mathbf{1}_{[s,u)} = \mathbf{1}_{[s,t)} + \mathbf{1}_{[t,u)}$ という等式により, 上の定義が $\{f_t\}_{t\geq 0} \in \mathcal{L}_0$ の表示によらないことが示される. 詳細は演習問題とする.

補題 4.3 $\{f_t\}_{t\geq 0}, \{g_t\}_{t\geq 0} \in \mathcal{L}_0, a, b \in \mathbb{R}, 1 \leq \alpha, \beta \leq d$ とする.
(1) 任意の $t \geq 0$ に対し, $\int_0^t (af_s + bg_s)dB_s^\alpha = a\int_0^t f_s dB_s^\alpha + b\int_0^t g_s dB_s^\alpha$ が成り立つ.
(2) すべての $\omega \in \Omega$ に対し, 写像 $t \mapsto \left(\int_0^t f_s dB_s^\alpha\right)(\omega)$ は連続である.
(3) $\{\int_0^t f_s dB_s^\alpha\}_{t\geq 0} \in \mathcal{M}_c^2$ である.
(4) (確率積分の等長性) $\{(\int_0^t f_s dB_s^\alpha)(\int_0^t g_s dB_s^\beta) - \delta_{\alpha\beta}\int_0^t f_s g_s ds\}_{t\geq 0}$ は $(\mathcal{F}_t)$-マルチンゲールである. とくに, 任意の $t \geq 0$ に対し, 次が成り立つ:

$$\mathbf{E}\left[\left(\int_0^t f_s dB_s^\alpha\right)\left(\int_0^t g_s dB_s^\beta\right)\right] = \delta_{\alpha\beta}\mathbf{E}\left[\int_0^t f_s g_s ds\right]. \quad (4.2)$$

(5) 任意の $p, q > 0$ に対し, 次が成り立つ.

$$\mathbf{P}\left(\sup_{t \leq T}\left\{\int_0^t f_s dB_s^\alpha - \frac{p}{2}\int_0^t f_s^2 ds\right\} > q\right) \leq e^{-pq} \quad (\forall T > 0). \quad (4.3)$$

注意 4.4 上の (4) により, $\{f_t\}_{t\geq 0}, \{g_t\}_{t\geq 0} \in \mathcal{L}_0$ に対応する $(\mathcal{F}_t)$-マルチンゲール $\{\int_0^t f_s dB_s^\alpha\}_{t\geq 0}, \{\int_0^t g_s dB_s^\beta\}_{t\geq 0}$ に対し,

$$\left\langle \int_0^\cdot f_s dB_s^\alpha, \int_0^\cdot g_s dB_s^\beta \right\rangle_t = \delta_{\alpha\beta}\int_0^t f_s g_s ds \quad (t \geq 0)$$

となることがいえる.

証明 (1) 注意 4.2 により,共通の増大列 $0 = t_0 < t_1 < \cdots \nearrow \infty$ が存在し,

$$f_t = f_{t_i}, \quad g_t = g_{t_i} \quad (t \in [t_i, t_{i+1}))$$

が成り立つとしてよい. $t \geq 0$ を固定し,n を $t_n \leq t \leq t_{n+1}$ となるように定めれば,

$$\int_0^t f_s dB_s^\alpha = \sum_{i=0}^{n-1} f_{t_i}(B_{t_{i+1}}^\alpha - B_{t_i}^\alpha) + f_{t_n}(B_t^\alpha - B_{t_n}^\alpha)$$
$$\int_0^t g_s dB_s^\alpha = \sum_{i=0}^{n-1} g_{t_i}(B_{t_{i+1}}^\alpha - B_{t_i}^\alpha) + g_{t_n}(B_t^\alpha - B_{t_n}^\alpha) \tag{4.4}$$

となる.これより,

$$a \int_0^t f_s dB_s^\alpha + b \int_0^t g_s dB_s^\alpha = \int_0^t (af_s + bg_s) dB_s^\alpha$$

を得る.

(2) 表示 (4.4) と $\{B_t^\alpha\}_{t \geq 0}$ の連続性より,主張が従う.

(3) $M_t = \int_0^t f_s dB_s^\alpha$ とおく.$\{M_t\}_{t \geq 0}$ が $(\mathcal{F}_t)$-マルチンゲールであることは定理 3.10(3) の前半で示した.f_{t_i} の有界性により $M_t \in L^2(\mathbf{P})$ となる.よって $\{M_t\}_{t \geq 0} \in \mathcal{M}_c^2$ である.

(4) $\{f_t\}_{t \geq 0}, \{g_t\}_{t \geq 0}$ を (1) の通りに表示する.$s \leq t$ とする.注意 4.2 より,$s = t_{m+1}, t = t_{n+1}$ となっているとしてよい.$M_t = \int_0^t f_s dB_s^\alpha, N_t = \int_0^t g_s dB_s^\beta$ とおく.(4.4) により,

$$M_t N_t = \sum_{i=0}^n f_{t_i} g_{t_i}(B_{t_{i+1}}^\alpha - B_{t_i}^\alpha)(B_{t_{i+1}}^\beta - B_{t_i}^\beta)$$
$$+ \sum_{0 \leq i \neq j \leq n} f_{t_i} g_{t_j}(B_{t_{i+1}}^\alpha - B_{t_i}^\alpha)(B_{t_{i+1}}^\beta - B_{t_i}^\beta)$$
$$= M_s N_s + \sum_{i=m+1}^n f_{t_i} g_{t_i}(B_{t_{i+1}}^\alpha - B_{t_i}^\alpha)(B_{t_{i+1}}^\beta - B_{t_i}^\beta)$$
$$+ \sum_{0 \leq i \neq j \leq n, i \vee j \geq m+1} f_{t_i} g_{t_j}(B_{t_{i+1}}^\alpha - B_{t_i}^\alpha)(B_{t_{j+1}}^\beta - B_{t_j}^\beta) \tag{4.5}$$

4.1 確率積分

となる．

$f_{t_i}g_{t_i}$ は $\mathcal{F}_{t_i}$-可測であり，$B_{t_{i+1}} - B_{t_i}$ は $\mathcal{F}_{t_i}$ と独立であるから，$i \geqq m+1$ ならば，

$$\mathbf{E}[f_{t_i}g_{t_i}(B^{\alpha}_{t_{i+1}} - B^{\alpha}_{t_i})(B^{\beta}_{t_{i+1}} - B^{\beta}_{t_i})|\mathcal{F}_s] = f_{t_i}g_{t_i}\mathbf{E}[(B^{\alpha}_{t_{i+1}} - B^{\alpha}_{t_i})(B^{\beta}_{t_{i+1}} - B^{\beta}_{t_i})]$$
$$= \delta_{\alpha\beta}f_{t_i}g_{t_i}(t_{i+1} - t_i), \ \mathbf{P}\text{-a.s.}$$

である．また $i < j, j \geqq m+1$ ならば，$B_{t_{j+1}} - B_{t_j}$ と $\mathcal{F}_{t_{i+1}\vee s}$ の独立性により，

$$\mathbf{E}[f_{t_i}g_{t_j}(B^{\alpha}_{t_{i+1}} - B^{\alpha}_{t_i})(B^{\beta}_{t_{j+1}} - B^{\beta}_{t_j})|\mathcal{F}_{t_{i+1}\vee s}]$$
$$= f_{t_i}g_{t_j}(B^{\alpha}_{t_{i+1}} - B^{\alpha}_{t_i})\mathbf{E}[(B^{\beta}_{t_{j+1}} - B^{\beta}_{t_j})] = 0, \ \mathbf{P}\text{-a.s.}$$

となる．したがって，$\mathcal{F}_s \subset \mathcal{F}_{t_{i+1}\vee s}$ であるから，

$$\mathbf{E}[f_{t_i}g_{t_j}(B^{\alpha}_{t_{i+1}} - B^{\alpha}_{t_i})(B^{\beta}_{t_{j+1}} - B^{\beta}_{t_j})|\mathcal{F}_s] = 0, \ \mathbf{P}\text{-a.s.}$$

となる．同様に $i > j, i \geqq m+1$ のときも

$$\mathbf{E}[f_{t_i}f_{t_j}(B^{\alpha}_{t_{i+1}} - B^{\alpha}_{t_i})(B^{\beta}_{t_{j+1}} - B^{\beta}_{t_j})|\mathcal{F}_s] = 0, \ \mathbf{P}\text{-a.s.}$$

である．以上を (4.5) に代入すれば

$$\mathbf{E}[M_tN_t|\mathcal{F}_s] = M_sN_s + \delta_{\alpha\beta}\sum_{i=m+1}^{n}f_{t_i}g_{t_i}(t_{i+1} - t_i)$$
$$= M_sN_s + \delta_{\alpha\beta}\int_s^t f_ug_u du, \ \mathbf{P}\text{-a.s.}$$

となり，$\{M_tN_t - \delta_{\alpha\beta}\int_0^t f_sg_s ds\}_{t\geqq 0}$ が $(\mathcal{F}_t)$-マルチンゲールとなる．
(5) $X_t = \int_0^t f_s dB^{\alpha}_s - \frac{p}{2}\int_0^t f_s ds$ とおく．定理3.10(3) により，$\{e^{pX_t}\}_{t\geqq 0}$ は $(\mathcal{F}_t)$-マルチンゲールである．ドゥーブの不等式（定理2.9）により，

$$\mathbf{P}\left(\sup_{t\leqq T} X_t > q\right) = \mathbf{P}\left(\sup_{t\leqq T} e^{pX_t} > e^{pq}\right)$$
$$\leqq e^{-pq}\mathbf{E}[e^{pX_T}] = e^{-pq}\mathbf{E}[e^{pX_0}] = e^{-pq}$$

となり，求める等式が示される． ∎

確率積分を $\mathcal{L}_0$ から $\mathcal{L}_{\text{loc}}^2$ に拡張するために，$\mathcal{L}_{\text{loc}}^2$ の元が $\mathcal{L}_0$ の元で近似できることを示す．

補題 4.5 $\boldsymbol{f} = \{f_t\}_{t \geq 0} \in \mathcal{L}_{\text{loc}}^2$ に対し，次をみたす $\boldsymbol{f}^n = \{f_t^n\}_{t \geq 0} \in \mathcal{L}_0$ $(n = 1, 2, \dots)$ が存在する：

$$\int_0^t (f_s - f_s^n)^2 ds \to 0 \text{ in prob} \quad (\forall t \geq 0). \tag{4.6}$$

証明 定理 1.25 により，$n \to \infty$ のとき

$$d_t(\boldsymbol{f}, \boldsymbol{f}^n) \stackrel{\text{def}}{=} \mathbf{E}\left[\left(\int_0^t (f_s - f_s^n)^2 ds\right)^{\frac{1}{2}} \wedge 1\right] \to 0 \quad (\forall t \geq 0)$$

となる $\boldsymbol{f}^n \in \mathcal{L}_0$ の存在を示せばよい．

$g_t^n = (-n) \vee (f_t \wedge n), \boldsymbol{g}^n = \{g_t^n\}_{t \geq 0}$ とおく．$\boldsymbol{g}^n \in \mathcal{L}_{\text{loc}}^2$ である．さらに，$\int_0^t (f_s)^2 ds < \infty$, **P**-a.s. であるから，優収束定理により，$\int_0^t (f_s - g_s^n)^2 ds \to 0$, **P**-a.s. となる．よって，有界収束定理により $d_t(\boldsymbol{f}, \boldsymbol{g}^n) \to 0 \; (\forall t \geq 0)$ である．$d_t(\cdot, \cdot)$ は三角不等式をみたすので，$\boldsymbol{g}^n$ を $\mathcal{L}_0$ の元で近似すればよい．ゆえに，$\boldsymbol{f}$ は有界である，すなわち $\sup_{\omega \in \Omega, t \geq 0} |f_t(\omega)| < \infty$ が成り立つと仮定してよい．

有界な $\boldsymbol{f} = \{f_t\}_{t \geq 0} \in \mathcal{L}_{\text{loc}}^2$ に対し，$h_t^n = n \int_{(t - \frac{1}{n}) \vee 0}^t f_s ds$ と定義し，$\boldsymbol{h}^n = \{h_t^n\}_{t \geq 0}$ とおく．$\boldsymbol{h}^n \in \mathcal{L}_{\text{loc}}^2$ は有界かつ連続である．すべての $\omega \in \Omega$ に対し，ほとんどすべての $t \geq 0$ のついて $\lim_{n \to \infty} h_t^n(\omega) = f_t(\omega)$ となる（[5, 定理 19.3]）．よって $\int_0^t (f_s(\omega) - h_s^n(\omega))^2 ds \to 0 \; (\forall \omega \in \Omega)$ となる．これより $d_t(\boldsymbol{f}, \boldsymbol{h}^n) \to 0$ $(\forall t \geq 0)$ が得られる．したがって，$\boldsymbol{f}$ は有界かつ連続であると仮定してよい．

有界かつ連続な $\boldsymbol{f} = \{f_t\}_{t \geq 0} \in \mathcal{L}_{\text{loc}}^2$ に対し，$\boldsymbol{f}^n = \{f_t^n\}_{t \geq 0} \in \mathcal{L}_0$ を $f_t^n = f_{\frac{k}{n}}$ $(t \in [\frac{k}{n}, \frac{k+1}{n}))$ と定義する．連続性により $f_t^n(\omega) \to f_t(\omega)$ $(\forall t \geq 0, \omega \in \Omega)$ である．有界収束定理を適用すれば $d_t(\boldsymbol{f}, \boldsymbol{f}^n) \to 0 \; (\forall t \geq 0)$ となる．

以上により求める近似列を構成できた． ∎

つぎに $\mathcal{L}_0$ の元による近似が対応する確率積分の収束を導くことを証明する．記号の簡略化のため，$\Phi_t^\alpha(\boldsymbol{f}) = \int_0^t f_s dB^\alpha$, $\Phi^\alpha(\boldsymbol{f}) = \{\Phi_t^\alpha(\boldsymbol{f})\}_{t \geq 0}$ $(\boldsymbol{f} \in \mathcal{L}_0, \alpha =$

$1,\ldots,d$) とおき，さらに連続関数 $\phi,\psi:[0,\infty)\to\mathbb{R}$ に対し，広義一様収束を誘導する次の距離を導入する:

$$D(\phi,\psi) = \sum_{k=1}^{\infty} 2^{-k} \sup_{t\leq k}|\phi(t)-\psi(t)| \wedge 1.$$

補題 4.6 $\boldsymbol{f}=\{f_t\}_{t\geq 0}\in\mathcal{L}^2_{\mathrm{loc}}$ ($\alpha=1,\ldots,d$) とする．$\boldsymbol{f}^n=\{f^n_t\}_{t\geq 0}\in\mathcal{L}_0$ ($n=1,2,\ldots$) は (4.6) をみたすとする．このとき次をみたす連続な確率過程 $\boldsymbol{X}=\{X_t\}_{t\geq 0}\in\mathcal{P}$ が存在する:

$$D(\Phi^\alpha(\boldsymbol{f}^n),\boldsymbol{X})\to 0 \ \ \text{in prob.} \tag{4.7}$$

証明 定理 1.28 により，

$$\lim_{n,m\to\infty}\mathbf{P}(D(\Phi^\alpha(\boldsymbol{f}^n),\Phi^\alpha(\boldsymbol{f}^m))>\varepsilon)=0 \quad (\forall\varepsilon>0) \tag{4.8}$$

が成り立つことを示せば，連続な確率過程 $\widetilde{\boldsymbol{X}}=\{\widetilde{X}_t\}_{t\geq 0}\in\mathcal{P}$ が存在し，$D(\Phi^\alpha(\boldsymbol{f}^n),\widetilde{\boldsymbol{X}})$ は 0 に確率収束する．このとき，定理 1.25 により，必要ならば部分列をとり，$A\in\mathcal{N}$ が存在し，$D(\Phi^\alpha(\boldsymbol{f}^n)(\omega),\widetilde{\boldsymbol{X}}(\omega))\to 0$ ($\forall\omega\notin A$) が成り立つと仮定してよい．$X_t=\mathbf{1}_A\limsup_{n\to\infty}\Phi^\alpha_t(\boldsymbol{f}^n)$ とおけば，補題 2.4 により，$\boldsymbol{X}=\{X_t\}_{t\geq 0}$ が求める $(\mathcal{F}_t)$-発展的可測な連続確率過程となる．

$$D(\phi,\psi)\leq k\sup_{t\leq k}|\phi(t)-\psi(t)|+2^{-k} \quad (\forall k=1,2,\ldots)$$

となることに注意すれば，(4.8) を示すには

$$\lim_{n,m\to\infty}\mathbf{P}\left(\sup_{t\leq T}|\Phi^\alpha_t(\boldsymbol{f}^n)-\Phi^\alpha_t(\boldsymbol{f}^m)|>\varepsilon\right)=0 \quad (\forall\varepsilon>0,T\geq 0) \tag{4.9}$$

を証明すれば十分である.

$\varepsilon>0, T\geq 0$ を固定し，自然数列 $n_1<n_2<\cdots, m_1<m_2<\cdots$ を

$$\lim_{\ell\to\infty}\sup_{n,m\geq\ell}\mathbf{P}\left(\sup_{t\leq T}|\Phi^\alpha_t(\boldsymbol{f}^n)-\Phi^\alpha_t(\boldsymbol{f}^m)|>\varepsilon\right)$$

$$= \lim_{k \to \infty} \mathbf{P}\left(\sup_{t \leqq T} |\Phi_t^\alpha(\boldsymbol{f}^{n_k}) - \Phi_t^\alpha(\boldsymbol{f}^{m_k})| > \varepsilon\right) \tag{4.10}$$

となるように選ぶ．この右辺が 0 となることがいえれば (4.9) が従う．

仮定により次をみたす自然数列 $k_1 < k_2 < \cdots$ が存在する：

$$\lim_{j \to \infty} \mathbf{P}\left(\int_0^T (f_t^{n_{k_j}} - f_t^{m_{k_j}})^2 dt > 2^{-j}\right) = 0 \quad (j = 1, 2, \ldots). \tag{4.11}$$

$$A_j = \left\{\sup_{t \leqq T} \Phi_t^\alpha(\boldsymbol{f}^{n_{k_j}} - \boldsymbol{f}^{m_{k_j}}) > \varepsilon\right\}, \quad B_j = \left\{\int_0^T (f_t^{n_{k_j}} - f_t^{m_{k_j}})^2 dt > 2^{-j}\right\}$$

とおく．$A_j \cap B_j^c$ 上では，

$$\sup_{t \leqq T}\left\{\Phi_t^\alpha(\boldsymbol{f}^{n_{k_j}} - \boldsymbol{f}^{m_{k_j}}) - \frac{\varepsilon 2^j}{2} \int_0^t (f_s^{n_{k_j}} - f_s^{m_{k_j}})^2 ds\right\} > \frac{\varepsilon}{2}$$

が成り立つから，補題 4.3(5) より，

$$\mathbf{P}(A_j \cap B_j^c) \leqq e^{-\varepsilon^2 2^{j-1}} \to 0 \quad (j \to \infty)$$

となる．(4.11) により $\mathbf{P}(A_j \cap B_j) \to 0 \ (j \to \infty)$ であるから，$\mathbf{P}(A_j) \to 0$ $(j \to \infty)$ となる．これと Φ_t^α の線形性により，

$$\lim_{j \to \infty} \mathbf{P}\left(\sup_{t \leqq T}\{\Phi_t^\alpha(\boldsymbol{f}^{n_{k_j}}) - \Phi_t^\alpha(\boldsymbol{f}^{m_{k_j}})\} > \varepsilon\right) = 0$$

を得る．同様の議論を $-\{\Phi_t^\alpha(\boldsymbol{f}^{n_{k_j}}) - \Phi_t^\alpha(\boldsymbol{f}^{m_{k_j}})\}$ に適用すれば

$$\lim_{j \to \infty} \mathbf{P}\left(\inf_{t \leqq T}\{\Phi_t^\alpha(\boldsymbol{f}^{n_{k_j}}) - \Phi_t^\alpha(\boldsymbol{f}^{m_{k_j}})\} < -\varepsilon\right) = 0$$

を得る．これらをあわせれば (4.10) の右辺が 0 となり (4.9) が従う． ∎

定義 4.7 $\{f_t\}_{t \geqq 0} \in \mathcal{L}_{\text{loc}}^2$ とする．補題 4.5 の $\{f_t^n\}_{t \geqq 0} \in \mathcal{L}_0$ を用いて定まる補題 4.6 の $X_t = \int_0^t f_s dB_s^\alpha$ と表し，$\{f_t\}_{t \geqq 0} \in \mathcal{L}_{\text{loc}}^2$ の確率積分という．

注意 4.8 $\int_0^t f_s dB_s^\alpha$ の定義は近似列 $\{f_t^n\}_{t\geq 0}$ の選び方によらない．

証明 $\{f_t^n\}_{t\geq 0}, \{g_t^n\}_{t\geq 0} \in \mathcal{L}_0$ ともに (4.6) をみたすとき，$\boldsymbol{h}^n = \{h_t^n\}_{t\geq 0} \in \mathcal{L}_0$ を $h_t^{2n-1} = f_t^n, h_t^{2n} = g_t^n$ $(n=1,2,\ldots)$ により定義すれば，$\boldsymbol{h}^n$ は (4.6) をみたす．よって補題 4.6 により，$\Phi(\boldsymbol{h}^n)$ は連続確率過程に広義一様に確率収束する．したがって，その部分列である $\Phi(\boldsymbol{f}^n), \Phi(\boldsymbol{g}^n)$ は同じ極限に収束する． ∎

定理 4.9 $\{f_t\}_{t\geq 0}, \{f_t^n\}_{t\geq 0}, \{g_t\}_{t\geq 0} \in \mathcal{L}_{\mathrm{loc}}^2$, $a, b \in \mathbf{R}$, $1 \leq \alpha, \beta \leq d$ とする．

(1) $\{\int_0^t f_s dB_s^\alpha\}_{t\geq 0}$ は $(\mathcal{F}_t)$-発展的可測な連続確率過程である．

(2) $t \geq 0$ に対し，$\int_0^t (af_s + bg_s) dB_s^\alpha = a\int_0^t f_s dB_s^\alpha + b\int_0^t g_s dB_s^\alpha$, $\mathbf{P}$-a.s. が成り立つ．

(3) $\int_0^t (f_s - f_s^n)^2 ds \to 0$ in prob $(\forall t \geq 0)$ ならば，$\sup_{t\leq T} |\int_0^t f_s dB_s^\alpha - \int_0^t f_s^n dB_s^\alpha| \to 0$ in prob $(\forall T \geq 0)$ となる．

(4)（確率積分の等長性）$\{f_t\}_{t\geq 0}, \{g_t\}_{t\geq 0} \in \mathcal{L}^2$ であると仮定する．このとき $\{\int_0^t f_s dB_s^\alpha\}_{t\geq 0}, \{\int_0^t g_s dB_s^\beta\}_{t\geq 0} \in \mathcal{M}_\mathrm{c}^2$ であり，$\{(\int_0^t f_s dB_s^\alpha)(\int_0^t g_s dB_s^\beta) - \delta_{\alpha\beta} \int_0^t f_s g_s ds\}_{t\geq 0}$ は $(\mathcal{F}_t)$-マルチンゲールである．とくに次が成り立つ:

$$\mathbf{E}\left[\left(\int_0^t f_s dB_s^\alpha\right)\left(\int_0^t g_s dB_s^\beta\right)\right] = \delta_{\alpha\beta} \mathbf{E}\left[\int_0^t f_s g_s ds\right] \quad (\forall t \geq 0). \quad (4.12)$$

証明 (1) 確率積分の定義より従う．

(2) 補題 4.5 により，$\int_0^t (f_s - f_s^n)^2 ds, \int_0^t (g_s - g_s^n)^2 ds \to 0$ in prob となる $\{f_t^n\}_{t\geq 0}, \{g_t^n\}_{t\geq 0} \in \mathcal{L}_0$ が存在する．補題 4.3 により，

$$\int_0^t (af_s^n + bg_s^n) dB_s^\alpha = a\int_0^t f_s^n dB_s^\alpha + b\int_0^t g_s^n dB_s^\alpha$$

が成り立つ．$\int_0^t \{(af_s + bg_s) - (af_s^n + bg_s^n)\}^2 ds \to 0$ in prob となるから，上式で $n \to \infty$ とすれば求める等式を得る．

(3) (4.3) が $\boldsymbol{f} = \{f_t\}_{t\geq 0} \in \mathcal{L}_{\mathrm{loc}}^2$ に対しても成り立つことを証明する．これが示されれば，補題 4.6 の証明と全く同様にして求める収束が示される．

$T>0$ とし，$\boldsymbol{h}^n = \{h_t^n\}_{t\geqq 0} \in \mathcal{L}_0$ を $\int_0^t (f_s - h_s^n)^2 ds \to 0$ in prob $(\forall t \geqq 0)$ となるように選ぶ．

$$X_t = \int_0^t f_s dB_s^\alpha - \frac{p}{2}\int_0^t (f_s)^2 ds, \quad X_t^n = \int_0^t h_s^n dB_s^\alpha - \frac{p}{2}\int_0^t (h_s^n)^2 ds$$

とおく．補題4.6と定理1.25により，必要ならば部分列を選んで

$$D(\Phi^\alpha(\boldsymbol{f}), \Phi^\alpha(\boldsymbol{h}^n)) \to 0, \quad \int_0^T (f_t - h_t^n)^2 ds \to 0, \quad \mathbf{P}\text{-a.s.}$$

と仮定してよい．ただし，補題4.6の証明で用いた記号 Φ^α を $\mathcal{L}_{\mathrm{loc}}^2$ に対しても用いている．

$$\sup_{t\leqq T}\left|\int_0^t (f_s)^2 ds - \int_0^t (h_s^n)^2 ds\right|$$
$$\leqq \left(\int_0^T (f_s - h_s^n)^2 ds\right)^{\frac{1}{2}}\left\{\left(\int_0^T (f_s)^2 ds\right)^{\frac{1}{2}} + \left(\int_0^T (h_s^n)^2 ds\right)^{\frac{1}{2}}\right\}$$

であるから，$\sup_{t\leqq T}|X_t - X_t^n| \to 0$, $\mathbf{P}$-a.s. となる．

$q > \delta > 0$ とする．$\boldsymbol{h}^n$ に対する不等式(4.3)により，

$$\mathbf{P}\left(\sup_{t\leqq T} X_t > q\right) \leqq \mathbf{P}\left(\sup_{t\leqq T}|X_t - X_t^n| > \delta\right) + \mathbf{P}\left(\sup_{t\leqq T} X_t^n > q - \delta\right)$$
$$\leqq \mathbf{P}\left(\sup_{t\leqq T}|X_t - X_t^n| > \delta\right) + e^{-p(q-\delta)}$$

となる．$n \to \infty$ とした後で $\delta \to 0$ とすれば，(4.3) が $\boldsymbol{f} = \{f_t\}_{t\geqq 0} \in \mathcal{L}_{\mathrm{loc}}^2$ に対しても成り立つことが示される．

(4) $\{f_t\}_{t\geqq 0}, \{g_t\}_{t\geqq 0} \in \mathcal{L}^2$ とする．補題4.5の証明を繰り返せば，

$$\mathbf{E}\left[\int_0^t (f_t - f_t^n)^2 dt\right] \to 0, \quad \mathbf{E}\left[\int_0^t (g_t - g_t^n)^2 dt\right] \to 0 \quad (\forall t \geqq 0) \quad (4.13)$$

をみたす $\{f_t^n\}_{t\geqq 0}, \{g_t^n\}_{t\geqq 0} \in \mathcal{L}_0$ $(n = 1, 2, \ldots)$ が存在することが示される．このとき，補題4.6により，必要ならば部分列を選び，

$$D(\Phi^\alpha(\boldsymbol{f}), \Phi^\alpha(\boldsymbol{f}^n)) \to 0, \quad D(\Phi^\alpha(\boldsymbol{g}), \Phi^\alpha(\boldsymbol{g}^n)) \to 0, \quad \mathbf{P}\text{-a.s.}$$

と仮定してよい．

ファトウの補題と補題 4.3 および (4.13) により

$$\mathbf{E}\left[\left(\int_0^t f_s dB_s^\alpha\right)^2\right] \leqq \liminf_{n\to\infty} \mathbf{E}\left[\left(\int_0^t f_s^n dB_s^\alpha\right)^2\right]$$

$$= \liminf_{n\to\infty} \mathbf{E}\left[\int_0^t (f_s^n)^2 ds\right] = \mathbf{E}\left[\int_0^t (f_s)^2 ds\right]$$

が成り立つ．したがって $\int_0^t f_s dB_s^\alpha \in L^2(\mathbf{P})$ となる．

同様に，ファトウの補題と補題 4.3 により

$$\mathbf{E}\left[\left(\int_0^t f_s dB_s^\alpha - \int_0^t f_s^n dB_s^\alpha\right)^2\right] \leqq \liminf_{m\to\infty} \mathbf{E}\left[\left(\int_0^t f_s^m dB_s^\alpha - \int_0^t f_s^n dB_s^\alpha\right)^2\right]$$

$$= \liminf_{m\to\infty} \mathbf{E}\left[\int_0^t (f_s^m - f_s^n)^2 ds\right]$$

を得る．(4.13) により，$n \to \infty$ とすればこの右辺は 0 に収束するから

$$\lim_{n\to\infty} \mathbf{E}\left[\left(\int_0^t f_s dB_s^\alpha - \int_0^t f_s^n dB_s^\alpha\right)^2\right] = 0 \tag{4.14}$$

である．よって，$\{\int_0^t f_s^n dB_s^\alpha\}_{t\geqq 0}$ のマルチンゲール性により，$\{\int_0^t f_s dB_s^\alpha\}_{t\geqq 0}$ は $(\mathcal{F}_t)$-マルチンゲールとなる．したがって，$\{\int_0^t f_s dB_s^\alpha\}_{t\geqq 0} \in \mathcal{M}_c^2$ である．

$s < t$ とする．補題 4.3 により

$$\mathbf{E}\left[\left(\int_0^t f_u^n dB_u^\alpha\right)\left(\int_0^t g_u^n dB_u^\beta\right) - \delta_{\alpha\beta}\int_0^t f_u^n g_u^n du \bigg| \mathcal{F}_s\right]$$

$$= \left(\int_0^s f_u^n dB_u^\alpha\right)\left(\int_0^s g_u^n dB_u^\beta\right) - \delta_{\alpha\beta}\int_0^s f_u^n g_u^n du, \ \mathbf{P}\text{-a.s.}$$

が成り立つ．$n \to \infty$ とすれば，(4.14) により

$$\mathbf{E}\left[\left(\int_0^t f_u dB_u^\alpha\right)\left(\int_0^t g_u dB_u^\beta\right) - \delta_{\alpha\beta}\int_0^t f_u g_u du \bigg| \mathcal{F}_s\right]$$

$$= \left(\int_0^s f_u dB_u^\alpha\right)\left(\int_0^s g_u dB_u^\beta\right) - \delta_{\alpha\beta}\int_0^s f_u g_u du, \ \mathbf{P}\text{-a.s.}$$

となる．すなわち，求めるマルチンゲール性が得られる． ∎

確率積分と停止時刻の間には以下のような関係がある．

命題 4.10　$\{f_t\}_{t\geq 0} \in \mathcal{L}^2_{\text{loc}}$ $(\alpha = 1, \ldots, d)$ とする．τ を停止時刻とするとき

$$\int_0^{t\wedge\tau} f_s dB_s^\alpha = \int_0^t f_s \mathbf{1}_{[0,\tau)}(s) dB_s^\alpha, \quad \mathbf{P}\text{-a.s.} \quad (\forall t \geq 0) \tag{4.15}$$

が成り立つ．ただし，$\int_0^{t\wedge\tau} \cdots$ は $\int_0^s \cdots$ に $s = t\wedge\tau$ を代入したものを表す．

注意 4.11　$t \mapsto \mathbf{1}_{[0,\tau)}(t)$ は右連続であり，$\{t < \tau\} \in \mathcal{F}_t$ であるから，補題 2.4 により，$\{\mathbf{1}_{[0,\tau)}(t)\}_{t\geq 0}$ は $(\mathcal{F}_t)$-発展的可測である．したがって $\{f_t \mathbf{1}_{[0,\tau)}(t)\}_{t\geq 0} \in \mathcal{L}^2_{\text{loc}}$ である．

証明　τ は有限個の値しかとらないと仮定してよい．実際，有限個の値しかとらない停止時刻に対し (4.15) が成立したと仮定し，一般の τ に対して $\tau_k = \{([2^k \tau] + 1)2^{-k}\} \wedge k$ とおけば，

$$\int_0^{t\wedge\tau_k} f_s dB_s^\alpha = \int_0^t f_s \mathbf{1}_{[0,\tau_k)}(s) dB_s^\alpha, \quad \mathbf{P}\text{-a.s.}$$

となる．$\lim_{k\to\infty} \tau_k = \tau$ であり，$\{\int_0^t f_s dB_s^\alpha\}_{t\geq 0}$ は連続過程であるから左辺は $\int_0^{t\wedge\tau} f_s dB_s^\alpha$ に各点で収束する．一方，$\bigcap_{k=1}^\infty [0, \tau_k) = [0, \tau]$ であるから，

$$\int_0^t (f_s \mathbf{1}_{[0,\tau_k)}(s) - f_s \mathbf{1}_{[0,\tau)}(s))^2 ds \to 0, \quad \mathbf{P}\text{-a.s.} \quad (\forall t \geq 0)$$

となる．よって，定理 4.9(3) により，右辺は $\int_0^t f_s \mathbf{1}_{[0,\tau)}(s) dB_s^\alpha$ に確率収束する．したがって (4.15) が成り立つ．

さらに $\{f_t\}_{t\geq 0} \in \mathcal{L}_0$ と仮定してよい．なぜなら，$\mathcal{L}_0$ の元に対し (4.15) が成り立つならば，補題 4.5 の近似列 $\{f_t^n\}_{t\geq 0} \in \mathcal{L}_0$ に対し

$$\int_0^{t\wedge\tau} f_s^n dB_s^\alpha = \int_0^t f_s^n \mathbf{1}_{[0,\tau)}(s) dB_s^\alpha, \quad \mathbf{P}\text{-a.s.} \quad (\forall t \geq 0, n = 1, 2, \ldots)$$

となり，ここで $n \to \infty$ とすれば，定理 4.9(3) により (4.15) が従う．

$\{f_t\}_{t\geq 0} \in \mathcal{L}_0$ とし，$0 = t_0 < t_1 < \cdots \nearrow \infty$ を対応する分割とする．さらに τ は有限個の値しかとらないと仮定し，$t > 0$ とする．注意 4.2 により，n, m

4.1 確率積分

が存在し，$\tau \in \{t_0, \ldots, t_n\}, l = l_m$ となるとしてよい．このとき $s \in [t_i, t_{i+1})$ ならば，

$$f_s \mathbf{1}_{[0,\tau)}(s) = f_{t_i}\bigg(\sum_{j=i+1}^{n} \mathbf{1}_{\{\tau = t_j\}}\bigg) = f_{t_i}\bigg(1 - \sum_{j=0}^{i} \mathbf{1}_{\{\tau = t_j\}}\bigg) \tag{4.16}$$

となるから，$\{f_t \mathbf{1}_{[0,\tau)}(t)\}_{t \geq 0} \in \mathcal{L}_0$ である．定義より

$$\int_0^{t \wedge \tau} f_s dB_s^\alpha = \sum_{i=0}^{\infty} f_{t_i}(B_{t_m \wedge \tau \wedge t_{i+1}}^\alpha - B_{t_m \wedge \tau \wedge t_i}^\alpha) = \sum_{i=0}^{m-1} f_{t_i}(B_{\tau \wedge t_{i+1}}^\alpha - B_{\tau \wedge t_i}^\alpha)$$

が成り立つ．

$$B_{\tau \wedge t_{i+1}}^\alpha - B_{\tau \wedge t_i}^\alpha = \sum_{j=0}^{n} \mathbf{1}_{\{\tau = t_j\}}(B_{t_j \wedge t_{i+1}}^\alpha - B_{t_j \wedge t_i}^\alpha)$$

$$= \bigg(\sum_{j=i+1}^{n} \mathbf{1}_{\{\tau = t_j\}}\bigg)(B_{t_{i+1}}^\alpha - B_{t_i}^\alpha)$$

となるから，(4.16) とあわせて (4.15) を得る． ∎

例 4.12 $\{f_t\}_{t \geq 0} \in \mathcal{L}_0$ の確率積分の定義において，ブラウン運動の $[t_i, t_{i+1})$ での増分 $B_{t_{i+1}}^\alpha - B_{t_i}^\alpha$ に $\mathcal{F}_{t_i}$-可測な f_{t_i} を掛けていることは重要である．

たとえば，$t_i^n = \frac{i}{2^n}$ とし，

$$I_n = \sum_{i=0}^{2^n - 1} B_{t_{i+1}^n}^\alpha (B_{t_{i+1}^n}^\alpha - B_{t_i^n}^\alpha)$$

とおく．一見 I_n は $n \to \infty$ とすれば確率積分 $\int_0^1 B_t^\alpha dB_t^\alpha$ に収束するように思える．しかし，

$$B_{t_{i+1}^n}^\alpha (B_{t_{i+1}^n}^\alpha - B_{t_i^n}^\alpha) = (B_{t_{i+1}^n}^\alpha - B_{t_i^n}^\alpha)^2 + B_{t_i^n}^\alpha (B_{t_{i+1}^n}^\alpha - B_{t_i^n}^\alpha)$$

と変形し，定理 3.8 を適用すれば，I_n は

$$1 + \int_0^1 B_t^\alpha dB_t^\alpha$$

に L^2-収束する．

4.2 伊藤の公式

$(\Omega, \mathcal{F}, \mathbf{P}, \{\mathcal{F}_t\}_{t \geq 0}), \{B_t\}_{t \geq 0}$ を前節の通りとする．$\int_0^t |f_s| ds < \infty$, $\mathbf{P}$-a.s. $(\forall t \geq 0)$ となる $\{f_t\}_{t \geq} \in \mathcal{P}$ の全体を $\mathcal{L}^1_{\text{loc}}$ と表す．

解析学の基本となる連鎖定理は，微分可能な関数 $f, g : \mathbb{R} \to \mathbb{R}$ の合成 $f \circ g$ の微分が $f'(g)g'$ となるというものである．これと同様に，確率積分から得られる確率過程に対しても以下に述べる連鎖定理が成立し，確率過程に基づく解析学（**確率解析** (stochastic analysis) と呼ばれる）の基本となっている．

定理 4.13 （伊藤の公式） $\mathbb{R}^N$-値連続確率過程 $\{X_t = (X_t^1, \ldots, X_t^N)\}_{t \geq 0}$ を，$\{a_t^{i\alpha}\}_{t \geq 0} \in \mathcal{L}^2_{\text{loc}}, \{b_t^i\}_{t \geq 0} \in \mathcal{L}^1_{\text{loc}}$ $(i = 1, \ldots, N, \ \alpha = 1, \ldots, d)$ を用いて

$$X_t^i = X_0^i + \sum_{\alpha=1}^d \int_0^t a_s^{i\alpha} dB_s^\alpha + \int_0^t b_s^i ds \quad (t \geq 0, \ i = 1, \ldots, N) \qquad (4.17)$$

と定める．このとき，$f \in C^2(\mathbb{R}^N)$ に対し，次が成り立つ:

$$f(X_t) = f(X_0) + \sum_{i=1}^N \sum_{\alpha=1}^d \int_0^t a_s^{i\alpha} f_i^{(1)}(X_s) dB_s^\alpha + \sum_{i=1}^N \int_0^t b_s^i f_i^{(1)}(X_s) ds$$

$$+ \frac{1}{2} \sum_{i,j=1}^N \sum_{\alpha=1}^d \int_0^t a_s^{i\alpha} a_s^{j\alpha} f_{ij}^{(2)}(X_s) ds, \quad \mathbf{P}\text{-a.s.}(\forall t \geq 0). \qquad (4.18)$$

ただし，$f_i^{(1)} = \frac{\partial f}{\partial x^i}, f_{ij}^{(2)} = \frac{\partial^2 f}{\partial x^i \partial x^j}$ である．

注意 4.14 $\{X_t\}_{t \geq 0}$ は連続過程であるから，

$$\sup_{s \leq t} |f_i^{(1)}(X_s(\omega))| < \infty, \quad \sup_{s \leq t} |f_{ij}^{(2)}(X_s(\omega))| < \infty \quad (\forall \omega \in \Omega)$$

である．よって，

$$\{a_t^{i\alpha} f_i^{(1)}(X_t)\}_{t \geq 0} \in \mathcal{L}^2_{\text{loc}}, \quad \{b_t^i f_i^{(1)}(X_t)\}_{t \geq 0}, \{a_t^{i\alpha} a_t^{j\beta} f_{ij}^{(2)}(X_t)\}_{t \geq 0} \in \mathcal{L}^1_{\text{loc}}$$

となり，上の積分は定義できる．

4.2 伊藤の公式

定理 4.13 の証明 まず,$f \in C_0^3(\mathbb{R}^N)$ と仮定してよいことを示す.このため,$f \in C_0^3(\mathbb{R}^N)$ に対し,伊藤の公式 (4.18) が成り立つと仮定する.$g \in C^2(\mathbb{R}^N)$ とする.$\varphi : \mathbb{R} \to \mathbb{R}$ を $0 \leqq \varphi \leqq 1$,$\varphi(u) = 1$ $(u \leqq 1)$,$\varphi(u) = 0$ $(u \geqq 2)$ をみたす C^∞-級関数とし,$\phi_n(x) = \varphi(|x| - n), \psi_m(x) = m^N \varphi(m|x|)$ $(x \in \mathbb{R}^N, n, m = 1, 2, \dots)$ とおく.さらに,$f_n(x) = \phi_n(x)g(x), f_{n,m}(x) = \int_{\mathbb{R}^N} \psi_m(y) f_n(x - y) dy$ と定める.このとき,$f_{n,m} \in C_0^\infty(\mathbb{R}^N)$ であり,仮定により,$f = f_{n,m}$ に対し伊藤の公式が成り立つ.$f_{n,m}$ は f_n に,f_n は g に 2 階の導関数まで込めて広義一様収束するから,注意 4.14 と同様に $\{X_t\}_{t \geqq 0}$ の連続性に注意すれば,

$$\int_0^t \{a_s^{i\alpha}((f_{m,n})_i^{(1)}(X_s) - (f_n)_i^{(1)}(X_s))\}^2 ds \to 0 \ (m \to \infty),$$

$$\int_0^t \{a_s^{i\alpha}((f_n)_i^{(1)}(X_s) - g_i^{(1)}(X_s))\}^2 ds \to 0 \ (n \to \infty), \ \mathbf{P}\text{-a.s.} \ (\forall t \geqq 0)$$

となる.したがって,定理 1.25 と定理 4.9 により,

$$\int_0^t a_s^{i\alpha}(f_{m,n})_i^{(1)}(X_s) dB_s^\alpha \stackrel{m \to \infty}{\Longrightarrow} \int_0^t a_s^{i\alpha}(f_n)_i^{(1)}(X_s) dB_s^\alpha$$

$$\stackrel{n \to \infty}{\Longrightarrow} \int_0^t a_s^{i\alpha} g_i^{(1)}(X_s) dB_s^\alpha \quad \text{in prob} \quad (\forall t \geqq 0)$$

である.同様に他項の収束もいえ,$f = g$ に対する伊藤の公式の成立が得られる.したがって,$f \in C_0^3(\mathbb{R}^N)$ と仮定してよい.とくに,

$$K_0 \stackrel{\text{def}}{=} \sup_{x \in \mathbb{R}^N, i, j, k = 1, \dots, N} \{|f_i^{(1)}(x)| + |f_{ij}^{(2)}(x)| + |f_{ijk}^{(3)}(x)|\} < \infty \quad (4.19)$$

である.ただし,$f_{ijk}^{(3)} = \frac{\partial^3 f}{\partial x^i \partial x^j \partial x^k}$ とする.

つぎに $\{a_t^{i\alpha}\}_{t \geqq 0}, \{b_t^i\}_{t \geqq 0} \in \mathcal{L}_0$ と仮定してよいことを示す.このため,$\mathcal{L}_0$ から定まる $\{X_t\}_{t \geqq 0}$ に対しては伊藤の公式が成り立つと仮定し,$\{a_t^{i\alpha}\}_{t \geqq 0} \in \mathcal{L}_{\text{loc}}^2, \{b_t^i\}_{t \geqq 0} \in \mathcal{L}_{\text{loc}}^1$ に対し,$\{a_t^{i\alpha,n}\}_{t \geqq 0}, \{b_t^{i,n}\}_{t \geqq 0} \in \mathcal{L}_0$ を

$$\int_0^t (a_s^{i\alpha,n} - a_s^{i\alpha})^2 ds \to 0, \quad \int_0^t |b_s^{i,n} - b_s^i| ds \to 0 \ \text{in prob} \ (\forall t \geqq 0) \quad (4.20)$$

となるように選ぶ[1]. $\{X_t^{(n)} = (X_t^{(n),1}, \ldots, X_t^{(n),N})\}_{t \geqq 0}$ を, $X_t^{(n),i} = X_0 + \sum_{\alpha=1}^d \int_0^t a_s^{i\alpha,n} dB_s^\alpha + \int_0^t b_s^{i,n} ds$ と定義する. 仮定より $\{X_t^{(n)}\}_{t \geqq 0}$ に対して伊藤の公式が成り立つ. 定理4.9により, 必要ならば部分列をとれば, (4.20)の収束は概収束であり, さらに $\sup_{s \leqq t} |X_s - X_s^{(n)}| \to 0$, $\mathbf{P}$-a.s. ($\forall t \geqq 0$) となるとしてよい. このとき, (4.19)により,

$$\int_0^t (a_s^{i\alpha,n} f_i^{(1)}(X_s^{(n)}) - a_s^{i\alpha} f_i^{(1)}(X_s))^2 ds \to 0, \quad \mathbf{P}\text{-a.s.} \quad (\forall t \geqq 0)$$

となる. これより,

$$\sup_{t \leqq T} \left| \int_0^t a_s^{i\alpha,n} f_i^{(1)}(X_s^{(n)}) dB_s^\alpha - \int_0^t a_s^{i\alpha} f_i^{(1)}(X_s))^2 dB_s^\alpha \right| \to 0 \quad \text{in prob}$$

を得る. 他項の収束は容易に示されるので, $\{X_t^{(n)}\}_{t \geqq 0}$ に対する伊藤の公式から極限操作により $\{X_t\}_{t \geqq 0}$ に対する伊藤の公式が得られる.

以下, $\{a_t^{i\alpha}\}_{t \geqq 0}, \{b_t^i\}_{t \geqq 0} \in \mathcal{L}_0$ と仮定し,

$$K_1 \overset{\text{def}}{=} \sup\{|a_t^{i\alpha}(\omega)|, |b_t^i(\omega)| \,|\, t \geqq 0, \omega \in \Omega, i = 1, \ldots, N, \alpha = 1, \ldots, d\} < \infty$$

とおく.

注意4.2(2)により, $0 = t_0 < t_1 < \cdots \nearrow \infty$ を

$$a_t^{i\alpha} = a_{t_j}^{i\alpha}, \quad b_t^i = b_{t_j}^i \quad (t \in [t_j, t_{j+1}), j = 0, 1, \ldots)$$

となるように選べる. $t \geqq 0$ を固定する. $t = t_{M+1}$ となると仮定してよい.

$$\{t_0, t_1, \ldots\} \cup \{k 2^{-n} \,|\, k = 0, 1, \ldots\} = \{0 = t_{n,0} < t_{n,1} < \cdots\} \quad (n = 1, 2, \ldots)$$

と並べ直す. M_n を $t = t_{n, M_n + 1}$ と定義する.

テーラー展開により, $x = (x^1, \ldots, x^N), y = (y^1, \ldots, y^N) \in \mathbb{R}^N$ に対し,

$$f(y) = f(x) + \sum_{i=1}^N f_i^{(1)}(x)(y^i - x^i)$$

---

[1] $\{a_t^{i\alpha,n}\}_{t \geqq 0}$ については補題4.5により存在が証明できる. この補題の証明を繰り返せば, $\{b_t^{i,n}\}_{t \geqq 0}$ の存在も証明できる.

4.2 伊藤の公式

$$+ \frac{1}{2}\sum_{i,j=1}^{N} f^{(2)}_{ij}(x)(y^i - x^i)(y^j - x^j) + R(x,y)$$

と表す．このとき，

$$K_2 \stackrel{\text{def}}{=} \sup_{x,y\in\mathbb{R}^N, x\neq y} \frac{|R(x,y)|}{|x-y|^3} < \infty$$

が成り立つ．これを用いて

$$f(X_t) - f(X_0) = \sum_{k=0}^{M_n} \{f(X_{t_{n,k+1}}) - f(X_{t_{n,k}})\}$$

$$= \sum_{k=0}^{M_n}\sum_{i=1}^{N} f^{(1)}_i(X_{t_{n,k}})\{X^i_{t_{n,k+1}} - X^i_{t_{n,k}}\}$$

$$+ \frac{1}{2}\sum_{k=0}^{M_n}\sum_{i,j=1}^{N} f^{(2)}_{ij}(X_{t_{n,k}})\{X^i_{t_{n,k+1}} - X^i_{t_{n,k}}\}\{X^j_{t_{n,k+1}} - X^j_{t_{n,k}}\}$$

$$+ \sum_{k=0}^{M_n} R(X_{t_{n,k}}, X_{t_{n,k+1}}) \tag{4.21}$$

と表現する．以下，(4.21) の右辺の各項の収束を調べる．

まず，第 3 項が 0 に収束することを示す．仮定により

$$X^i_{t_{n,k+1}} - X^i_{t_{n,k}} = \sum_{\alpha=1}^{d} a^{i\alpha}_{t_{n,k}}(B^{\alpha}_{t_{n,k+1}} - B^{\alpha}_{t_{n,k}}) + b^i_{t_{n,k}}(t_{n,k+1} - t_{n,k}) \tag{4.22}$$

と表記できるから，

$$\mathbf{E}[|X_{t_{n,k+1}} - X_{t_{n,k}}|^3]$$

$$\leqq N^{\frac{3}{2}} K_1^3 \mathbf{E}\left[\left(\sum_{\alpha=1}^{d} |B^{\alpha}_{t_{n,k+1}} - B^{\alpha}_{t_{n,k}}| + (t_{n,k+1} - t_{n,k})\right)^3\right]$$

$$\leqq N^{\frac{3}{2}} K_1^3 (d+1)^2 \mathbf{E}\left[\sum_{\alpha=1}^{d} |B^{\alpha}_{t_{n,k+1}} - B^{\alpha}_{t_{n,k}}|^3 + (t_{n,k+1} - t_{n,k})^3\right]$$

$$\leqq N^{\frac{3}{2}}K_1^3(d+1)^2\{15^{\frac{1}{2}}d(t_{n,k+1}-t_{n,k})^{\frac{3}{2}}+(t_{n,k+1}-t_{n,k})^3\}$$

となる．ただし，最後の不等式を求める際に $\mathbf{E}[|X|^3] \leqq (\mathbf{E}[X^6])^{\frac{1}{2}}$ という不等式と命題 3.6 を利用した．

$$M_n \leqq [2^n t] + M + 2 \leqq 2^n(t+M+2)$$

であるから，これより

$$\mathbf{E}\left[\left|\sum_{k=0}^{M_n} R(X_{t_{n,k}}, X_{t_{n,k+1}})\right|\right]$$

$$\leqq K_2 \sum_{k=0}^{M_n}\left(N^{\frac{3}{2}}K_1^3(d+1)^2\{15^{\frac{1}{2}}d(t_{n,k+1}-t_{n,k})^{\frac{3}{2}}+(t_{n,k+1}-t_{n,k})^3\}\right)$$

$$\leqq K_2 N^{\frac{3}{2}}K_1^3(d+1)^2(15^{\frac{1}{2}}d+1)2^{-\frac{n}{2}}(t+M+2)$$

となる．よって次が成り立つ:

$$\lim_{n\to\infty} \mathbf{E}\left[\left|\sum_{k=0}^{M_n} R(X_{t_{n,k}}, X_{t_{n,k+1}})\right|\right] = 0. \tag{4.23}$$

つぎに (4.21) の右辺の第 1 項の収束について調べる．関数 $\phi_n : [0,\infty) \to [0,\infty)$ を $t \in [t_{n,k}, t_{n,k+1})$ ならば $\phi_n(t) = t_{n,k}$ と定義する．(4.22) と $\{X_t\}_{t\geqq 0}$ の連続性および定理 4.9 により次を得る:

$$\sum_{k=0}^{M_n}\sum_{i=1}^{N} f_i^{(1)}(X_{t_{n,k}})\{X^i_{t_{n,k+1}} - X^i_{t_{n,k}}\}$$

$$= \sum_{i=1}^{N}\sum_{\alpha=1}^{d} \int_0^t a_s^{i\alpha} f_i^{(1)}(X_{\phi_n(s)}) dB_s^\alpha + \sum_{i=1}^{N} \int_0^t b_s^i f_i^{(1)}(X_{\phi_n(s)}) ds$$

$$\to \sum_{i=1}^{N}\sum_{\alpha=1}^{d} \int_0^t a_s^{i\alpha} f_i^{(1)}(X_s) dB_s^\alpha + \sum_{i=1}^{N} \int_0^t b_s^i f_i^{(1)}(X_s) ds \quad \text{in prob.} \tag{4.24}$$

最後に (4.21) の右辺の第 2 項の収束について考察する．$i,j = 1,\ldots,N$ に対し，

4.2 伊藤の公式

$$I_{ij}^n = \sum_{k=0}^{M_n} \sum_{\alpha,\beta=1}^{d} f_{ij}^{(2)}(X_{t_{n,k}}) a_{t_{n,k}}^{i\alpha} a_{t_{n,k}}^{j\beta} (B_{t_{n,k+1}}^{\alpha} - B_{t_{n,k}}^{\alpha})(B_{t_{n,k+1}}^{\beta} - B_{t_{n,k}}^{\beta})$$

$$R_{ij}^n = \sum_{k=0}^{M_n} f_{ij}^{(2)}(X_{t_{n,k}}) \{X_{t_{n,k+1}}^i - X_{t_{n,k}}^i\}\{X_{t_{n,k+1}}^j - X_{t_{n,k}}^j\} - I_{ij}^n$$

と定義する．(4.22) により，

$$|R_{ij}^n| \leqq \sum_{k=0}^{M_n} K_0 K_1^2 (2d^{\frac{1}{2}}|B_{t_{n,k+1}} - B_{t_{n,k}}| + 2^{-n})(t_{n,k+1} - t_{n,k})$$

$$\leqq K_0 K_1^2 t \left\{ 2d^{\frac{1}{2}} \sup_{u,v \leqq t, |u-v| \leqq 2^{-n}} |B_u - B_v| + 2^{-n} \right\}$$

である．ブラウン運動は連続であるから，

$$\lim_{n \to \infty} |R_{ij}^n| = 0 \tag{4.25}$$

となる．

I_{ij}^n の収束をみるために

$$J_{ij}^n = \sum_{k=0}^{M_n} \sum_{\alpha=1}^{d} f_{ij}^{(2)}(X_{t_{n,k}}) a_{t_{n,k}}^{i\alpha} a_{t_{n,k}}^{j\alpha} (t_{n,k+1} - t_{n,k}), \quad \widetilde{R}_{ij}^n = I_{ij}^n - J_{ij}^n$$

と定義する．

$$J_{ij}^n = \sum_{\alpha=1}^{d} \int_0^t f_{ij}^{(2)}(X_{\phi_n(s)}) a_s^{i\alpha} a_s^{j\alpha} ds$$

と表現できるから，$\{X_t\}_{t\geqq 0}$ の連続性より，

$$\lim_{n \to \infty} J_{ij}^n = \sum_{\alpha=1}^{d} \int_0^t f_{ij}^{(2)}(X_s) a_s^{i\alpha} a_s^{j\alpha} ds \tag{4.26}$$

となる．さらに，

$$D_{n,k}^{\alpha,\beta} = (B_{t_{n,k+1}}^{\alpha} - B_{t_{n,k}}^{\alpha})(B_{t_{n,k+1}}^{\beta} - B_{t_{n,k}}^{\beta}) - \delta_{\alpha\beta}(t_{n,k+1} - t_{n,k})$$

とおけば，

$$\widetilde{R}_{ij}^n = \sum_{k=0}^{M_n} \sum_{\alpha,\beta=1}^{d} f_{ij}^{(2)}(X_{t_{n,k}}) a_{t_{n,k}}^{i\alpha} a_{t_{n,k}}^{j\beta} D_{n,k}^{\alpha,\beta}$$

である．$k < \ell$ ならば，$\mathcal{F}_{t_{n,\ell}}$ と $B_{t_{n,\ell+1}} - B_{t_{n,\ell}}$ の独立性により，

$$\mathbf{E}[(a_{t_{n,k}}^{i\alpha} a_{t_{n,k}}^{j\beta} D_{n,k}^{\alpha,\beta})(a_{t_{n,\ell}}^{i\alpha} a_{t_{n,\ell}}^{j\beta} D_{n,\ell}^{\alpha,\beta})]$$
$$= \mathbf{E}[(a_{t_{n,k}}^{i\alpha} a_{t_{n,k}}^{j\beta} D_{n,k}^{\alpha,\beta}) a_{t_{n,\ell}}^{i\alpha} a_{t_{n,\ell}}^{j\beta}] \mathbf{E}[D_{n,\ell}^{\alpha,\beta}] = 0$$

となる．また，$\mathcal{F}_{t_{n,k}}$ と $B_{t_{n,k+1}} - B_{t_{n,k}}$ の独立性により，

$$\mathbf{E}[(a_{t_{n,k}}^{i\alpha} a_{t_{n,k}}^{j\beta} D_{n,k}^{\alpha,\beta})^2] = \mathbf{E}[(a_{t_{n,k}}^{i\alpha} a_{t_{n,k}}^{j\beta})^2] \mathbf{E}[(D_{n,k}^{\alpha,\beta})^2]$$
$$= \mathbf{E}[(a_{t_{n,k}}^{i\alpha} a_{t_{n,k}}^{j\beta})^2](1 + \delta_{\alpha\beta})(t_{n,k+1} - t_{n,k})^2$$
$$\leqq 2K_1^4 (t_{n,k+1} - t_{n,k}) 2^{-n}$$

も成り立つ．したがって，

$$\mathbf{E}[(\widetilde{R}_{ij}^n)^2] \leqq d \sum_{\alpha,\beta=1}^{d} \mathbf{E}\left[\left(\sum_{k=0}^{M_n} f_{ij}^{(2)}(X_{t_{n,k}}) a_{t_{n,k}}^{i\alpha} a_{t_{n,k}}^{j\beta} D_{t_{n,k}}^{\alpha,\beta}\right)^2\right] \leqq 2K_1^4 d^3 t 2^{-n}$$

を得る．これと (4.25), (4.26) をあわせれば

$$\frac{1}{2} \sum_{k=0}^{M_n} f_{ij}^{(2)}(X_{t_{n,k}}) \{X_{t_{n,k+1}}^i - X_{t_{n,k}}^i\} \{X_{t_{n,k+1}}^j - X_{t_{n,k}}^j\}$$
$$\to \sum_{\alpha=1}^{d} \int_0^t a_s^{i\alpha} a_s^{j\alpha} f_{ij}^{(2)}(X_s) ds \quad \text{in prob} \quad (4.27)$$

が成り立つ．

(4.23), (4.24), (4.27) を (4.21) とあわせれば，(4.18) が成り立つ． ■

定義 4.15

(i) $\{a_t^\alpha\}_{t\geq 0} \in \mathcal{L}_{\text{loc}}^2, \{b_t\}_{t\geq 0} \in \mathcal{L}_{\text{loc}}^1$ ($\alpha = 1, \ldots, d$) を用いて

$$X_t = X_0 + \sum_{\alpha=1}^{d} \int_0^t a_s^\alpha dB_s^\alpha + \int_0^t b_s ds$$

で与えられる確率過程 $\{X_t\}_{t\geq 0}$ を**伊藤過程** (Itô process) という.

(ii) 微分形式の記法にならい，伊藤過程 $\{X_t\}_{t\geq 0}$ を

$$dX_t = \sum_{\alpha=1}^{d} a_t^\alpha dB_t^\alpha + b_t dt$$

のように表し，**確率微分** (stochastic differential) による表現と呼ぶ.

(iii) 確率微分の積 $dX_t \cdot dY_t$ を，$dB_t^\alpha \cdot dB_t^\beta = \delta_{\alpha\beta}dt, dB_t^\alpha \cdot dt = dt \cdot dB_t^\alpha = dt \cdot dt = 0$ という演算則に基づく双線形写像として定義する.

(iv) $(\mathcal{F}_t)$-発展的可測な $\{c_t\}_{t\geq}$ が $\{c_t a_t^\alpha\}_{t\geq 0} \in \mathcal{L}_{\text{loc}}^2, \{c_t b_t\}_{t\geq 0} \in \mathcal{L}_{\text{loc}}^1$ をみたすとき，$c_t dX_t$ を $\sum_{\alpha=1}^d c_t a_t^\alpha dB_t^\alpha + c_t b_t dt$ により定義する.

(v) 伊藤過程 $\{X_t\}_{t\geq 0}, \{Y_t\}_{t\geq 0}$ に対し，$X_t \circ dY_t = X_t dY_t + \frac{1}{2} dX_t \cdot dY_t$ と定義し，**ストラトノビッチ積分** (Stratonovich integral) という.

上の定義を用いれば，伊藤の公式は

$$d(f(X_t)) = \sum_{i=1}^{N} f_i^{(1)}(X_t) dX_t^i + \frac{1}{2} \sum_{i=1,j}^{N} f_{ij}^{(2)}(X_t) dX_t^i \cdot dX_t^j$$

と表現でき，ちょうど2次のテーラー展開と対応している．この表示とストラトノビッチ積分の定義を合わせると，次の通常の連鎖定理の表示が得られる（演習問題）.

$$d(f(X_t)) = \sum_{i=1}^{N} f_i^{(1)}(X_t) \circ dX_t^i \tag{4.28}$$

例 4.16 (1) 伊藤の公式より，

$$(B_t^\alpha)^n = n \int_0^t (B_s^\alpha)^{n-1} dB_s^\alpha + \frac{n(n-1)}{2} \int_0^t (B_s^\alpha)^{n-2} ds$$

となる．とくに，
$$\mathbf{E}[(B_t^\alpha)^n] = \frac{n(n-1)}{2}\int_0^t \mathbf{E}[(B_s^\alpha)^{n-2}]ds$$
という関係式が成立する．これから，命題3.6(2)に述べた $\mathbf{E}[(B_t^\alpha)^n]$ の具体的な表示を導くことができる．

(2) $\{a_t^\alpha\}_{t\geqq 0} \in \mathcal{L}_{\mathrm{loc}}^2$ を用いて，
$$X_t = \exp\left(\sum_{\alpha=1}^d \int_0^t a_s^\alpha dB_s^\alpha - \frac{1}{2}\sum_{\alpha=1}^d \int_0^t (a_s^\alpha)^2 ds\right)$$
とおけば，
$$dX_t = \sum_{\alpha=1}^d X_t a_t^\alpha dB_t^\alpha$$
となり，$\{X_t\}_{t\geqq 0} \in \mathcal{M}_{\mathrm{c,loc}}^2$ である．これは，定理3.10(3)の主張を一般化したものとなっている．

(3) $d(XY)_t = X_t dY_t + Y_t dX_t + dX_t \cdot dY_t$ が成り立つ．

4.3 ブラウン運動への応用

本節では，伊藤の公式のブラウン運動への応用について考察する．まず，$(\mathcal{F}_t)$-マルチンゲールがブラウン運動となるための十分条件から始めよう．

定理4.17 $\{M_t^i\}_{t\geqq 0}$ $(i=1,\ldots,N)$ は $\{a_t^{i\alpha}\}_{t\geqq 0} \in \mathcal{L}_{\mathrm{loc}}^2$ $(i=1,\ldots,N, \alpha=1,\ldots,d)$ を用いて
$$M_t^i = \sum_{\alpha=1}^d \int_0^t a_s^{i\alpha} dB_s^\alpha \quad (t\geqq 0)$$
と表現できるとする．もし，
$$\sum_{\alpha=1}^d a_t^{i\alpha} a_t^{j\alpha} = \delta_{ij} \quad (t\geqq 0,\ i,j=1,\ldots,N) \tag{4.29}$$
が成り立てば，$\{M_t = (M_t^1,\ldots,M_t^N)\}_{t\geqq 0}$ は N 次元 $(\mathcal{F}_t)$-ブラウン運動である．

証明 $f \in C_0^\infty(\mathbb{R}^N)$ とする. 伊藤の公式と仮定 (4.29) により,

$$f(M_t) = f(0) + \sum_{\alpha=1}^d \sum_{i=1}^N \int_0^t \frac{\partial f}{\partial x^i}(M_s) a_s^{i\alpha} dB_s^\alpha + \frac{1}{2} \int_0^t \Delta f(M_s) ds \quad (t \geqq 0)$$

が成り立つ. ただし, $\Delta = \sum_{i=1}^N \left(\frac{\partial}{\partial x^i}\right)^2$ である. さらに, 仮定 (4.29) により, $\{a_t^{i\alpha}\}_{t \geqq 0} \in \mathcal{L}^2$ となる. よって, 定理 4.9 により, $\{f(M_t) - \frac{1}{2}\int_0^t \Delta f(M_s) ds\}_{t \geqq 0}$ は $(\mathcal{F}_t)$-マルチンゲールである. したがって, 定理 3.12 により, $\{M_t\}_{t \geqq 0}$ は $(\mathcal{F}_t)$-ブラウン運動となる. ∎

注意 4.18 定理と同じく (4.29) を仮定する. $f(x) = x^i x^j$ $(x = (x^1, \ldots, x^N) \in \mathbb{R}^N)$ に伊藤の公式を適用すれば,

$$M_t^i M_t^j = \sum_{\alpha=1}^d \int_0^t \{M_s^i a_s^{j\alpha} + a_s^{i\alpha} M_s^j\} dB_s^\alpha + \delta_{ij} t$$

が得られる. これより, 定理 2.32 により, $\langle M^i, M^j \rangle_t = \delta_{ij} t$ が成り立つ.

$\{M_t^i\}_{t \geqq 0} \in \mathcal{M}_{\mathrm{c,loc}}^2$ が $\langle M^i, M^j \rangle_t = \delta_{ij} t$ をみたせば, $\{M_t = (M_t^1, \ldots, M_t^N)\}_{t \geqq 0}$ はブラウン運動となることが知られており, **レヴィの定理** (Lévy's theorem) と呼ばれている. 定理 4.17 は, この特別な場合となっている. 詳しくは, [10] を参照されたい.

以下ブラウン運動の到達時間について考察する. $x \in \mathbb{R}^d$ に対し, $B_t^x = x + B_t$ とおく.[2]

定理 4.19 $d = 1$ とする.

$$\mathbf{P}\left(\inf_{t \geqq 0} B_t = -\infty, \sup_{t \geqq 0} B_t = \infty\right) = 1$$

が成り立つ. とくに, $a \in \mathbb{R}$ に対し,

$$\tau_a^x = \inf\{t \geqq 0 \,|\, B_t^x = a\}$$

---
[2] B_t^x という表記は, B_t の第 α 成分 B_t^α の表記とまぎらわしいが, 座標成分はギリシャ文字で, 空間 $\mathbb{R}^d$ の点はアルファベットで表すこととし, 区別して用いる.

とおけば，$\mathbf{P}(\tau_a^x < \infty) = 1$ が成り立つ．すなわち，$\mathbf{P}$-a.s. に B_t^x は有限時間内に a に到達する．

証明 $B_n - B_{n-1}$ $(n = 1, 2, \ldots)$ は標準正規分布に従う独立確率変数であるから，独立確率変数に対するヒンチンの重複対数の法則（[4, 定理 18.1]）により，

$$\limsup_{n \to \infty} \frac{B_n}{\sqrt{2n \log \log n}} = 1, \ \mathbf{P}\text{-a.s.}$$

が成り立つ．これにより，

$$\mathbf{P}\left(\sup_{t \geq 0} B_t = \infty\right) = 1$$

となる．

$\{-B_t\}_{t \geq 0}$ もまた $\mathbf{P}$ のもとブラウン運動となるから，上式により，

$$\mathbf{P}\left(\inf_{t \geq 0} B_t = -\infty\right) = 1$$

となる．よって，前半の主張が示された．

後半は，$\tau_a^x = \tau_{a-x}^0$ となることに注意すれば，前半の主張から直ちに従う．∎

$d \geq 2$ の場合を考察しよう．$r > 0$ に対し，

$$\sigma_r^x = \inf\{t \geq 0 \,|\, |B_t^x| = r\}$$

とおく．ブラウン運動の連続性により

$$\sigma_r^x = \begin{cases} \inf\{t \geq 0 \,|\, \inf_{s \leq t} |B_s^x| = r\} & (|x| > r), \\ \inf\{t \geq 0 \,|\, \sup_{s \leq t} |B_s^x| = r\} & (|x| \leq r) \end{cases}$$

となるから，σ_r^x は停止時刻である．以下，

$$\phi_d(\xi) = \begin{cases} \log \xi & (d = 2), \\ \xi^{2-d} & (d \geq 3) \end{cases} \quad (\xi > 0)$$

とおく.

定理 4.20
(1) $d \geqq 2$ とする.
  (a) $0 < r < |x| < R$ とする. このとき, 次が成り立つ.
$$\mathbf{P}(\sigma_r^x < \sigma_R^x) = \frac{\phi_d(R) - \phi_d(|x|)}{\phi_d(R) - \phi_d(r)}. \tag{4.30}$$

  (b) $x \neq 0$ とする. $\mathbf{P}(\sigma_0^x = \infty) = 1$ である.
(2) $d \geqq 3$ とする. $r < |x|$ ならば, $\mathbf{P}(\sigma_r^x < \infty) = \left(\frac{r}{|x|}\right)^{d-2}$ である.

証明 (1a) $0 < r < R$ とする. $x \neq 0$ に対し, $f_d(x) = \phi_d(|x|)$ とおけば, $\Delta f_d = 0$ である. よって, 領域 $\{x \in \mathbb{R}^d \,|\, r \leqq |x| \leqq R\}$ で f_d に一致する $\mathbb{R}^d$ 上の C^2-級関数に伊藤の公式を適用すれば,

$$f_d(B_{t \wedge \sigma_r^x \wedge \sigma_R^x}^x) = f_d(x) + \sum_{\alpha=1}^d \int_0^{t \wedge \sigma_r^x \wedge \sigma_R^x} \frac{\partial f_d}{\partial x^\alpha}(B_s^x) dB_s^\alpha$$

が得られる. $\{\mathbf{1}_{[0, \sigma_r^x \wedge \sigma_R^x]}(t) \frac{\partial f_d}{\partial x^\alpha}(B_t^x)\}_{t \geqq 0} \in \mathcal{L}^2$ であるから, 命題 4.10 により, 上式の確率積分はすべてマルチンゲールである. したがって,

$$\mathbf{E}[\phi_d(|B_{t \wedge \sigma_r^x \wedge \sigma_R^x}^x|)] = \phi_d(|x|)$$

が成り立つ. $t \to \infty$ とすれば, 有界収束定理により,

$$\mathbf{E}[\phi_d(|B_{\sigma_r^x \wedge \sigma_R^x}^x|)] = \phi_d(|x|)$$

となる. 左辺を計算すると

$$\phi_d(r) \mathbf{P}(\sigma_r^x < \sigma_R^x) + \phi_d(R) \mathbf{P}(\sigma_R^x < \sigma_r^x) = \phi_d(|x|)$$

を得る. 定理 4.19 により $\mathbf{P}(\sigma_r^x < \sigma_R^x) + \mathbf{P}(\sigma_R^x < \sigma_r^x) = 1$ であるから, これらの連立一次方程式を解いて (4.30) を得る.

(1b) $\sigma_0^x > \sigma_{\frac{1}{n}}^x$ $(n=1,2,\ldots)$ であるから,(4.30) により,

$$\mathbf{P}(\sigma_0^x < \sigma_m^x) \leqq \mathbf{P}(\sigma_{\frac{1}{n}}^x < \sigma_m^x) = \frac{\phi_d(m) - \phi_d(|x|)}{\phi_d(m) - \phi_d(\frac{1}{n})} \quad (n,m=1,2,\ldots)$$

となる. $n \to \infty$ として,

$$\mathbf{P}(\sigma_0^x < \sigma_m^x) = 0$$

となる. $\sigma_m^x < \sigma_{m+1}^x$ であるから,$m \to \infty$ とすれば,$\mathbf{P}(\sigma_0^x < \infty) = 0$ を得る.
(2) (4.30) において $R \to \infty$ とすればよい. ■

注意 4.21 $\sigma_0^{x-y} = \inf\{t \geqq 0 \,|\, B_t^x = y\}$ とも表すことができる. したがって,定理 4.20(1b) により,$x \neq y$ ならば,$\mathbf{P}(B_t^x \neq y(\forall t \geqq 0)) = 1$ となることがいえる.

4.4 表現定理

本節では,$\{B_t\}_{t \geqq 0}$ を d 次元ブラウン運動とし,ブラウン運動に付随するフィルトレーション $\{\overline{\mathcal{F}}_t^B\}_{t \geqq 0}$ ((3.10) 参照) に関して考察を行う.$\overline{\mathcal{F}}_T^B$-可測な 2 乗可積分関数の全体を $L^2(\mathbf{P}; \overline{\mathcal{F}}_T^B)$ と表す.

定理 4.22 $T > 0$ とし,$F \in L^2(\mathbf{P}; \overline{\mathcal{F}}_T^B)$ とする. このとき,次をみたす $\{f_t^\alpha\}_{t \geqq 0} \in \mathcal{L}^2$ $(\alpha = 1,\ldots,d)$ が存在する:

$$F = \mathbf{E}[F] + \sum_{\alpha=1}^d \int_0^T f_s^\alpha dB_s^\alpha, \quad \mathbf{P}\text{-a.s.}$$

注意 4.23 $\{f_t^\alpha\}_{t \geqq 0}$ $(\alpha = 1, \ldots, d)$ の具体形については,後の章(定理 7.14)で考察する.

証明のために補題を準備する.

補題 4.24 $n \in \mathbb{N}, \xi_0, \ldots, \xi_{n-1} \in \mathbb{R}^d, 0 = t_0 < t_1 < \cdots < t_n = T$ を用いて $\exp\left(\sum_{i=0}^{n-1} \langle \xi_i, B_{t_{i+1}} - B_{t_i} \rangle - \frac{1}{2} \sum_{i=0}^{n-1} |\xi_i|^2 (t_{i+1} - t_i)\right)$ と表される 2 乗可積

分関数の線形結合の全体を $\mathcal{H}$ と表す．$\mathcal{H}$ は $L^2(\mathbf{P};\overline{\mathcal{F}}_T^B)$ において稠密である，すなわち，任意の $F \in L^2(\mathbf{P};\overline{\mathcal{F}}_T^B)$ に対し，$F_n \in \mathcal{H}$ $(n=1,2,\dots)$ が存在し，$\lim_{n\to\infty} \|F - F_n\|_2 = 0$ をみたす．

証明 ヒルベルト空間の一般論により，$G \in L^2(\mathbf{P};\overline{\mathcal{F}}_T^B)$ が $\mathbf{E}[GF] = 0$ $(\forall F \in \mathcal{H})$ をみたせば $G = 0$, $\mathbf{P}$-a.s. となることを示せばよい．

$G \in L^2(\mathbf{P};\overline{\mathcal{F}}_T^B)$ が $\mathbf{E}[GF] = 0$ $(\forall F \in \mathcal{H})$ をみたすと仮定する．関数 $\mathbb{C} \ni \zeta \mapsto \mathbf{E}\bigl[G \exp\bigl(\zeta \sum_{i=1}^{n-1} \langle \xi_i, B_{t_{i+1}} - B_{t_i} \rangle\bigr)\bigr]$ は正則関数となる（演習問題 4.6）．さらに，仮定により $\mathbf{E}\bigl[G \exp\bigl(\lambda \sum_{i=0}^{n-1} \langle \xi_i, B_{t_{i+1}} - B_{t_i} \rangle\bigr)\bigr] = 0$ $(\forall \lambda \in \mathbb{R})$ である．よって，一致の定理により，$\zeta = -\mathrm{i}$ として次を得る：

$$\mathbf{E}\Bigl[G \exp\Bigl(-\mathrm{i} \sum_{i=0}^{n-1} \langle \xi_i, B_{t_{i+1}} - B_{t_i} \rangle\Bigr)\Bigr] = 0. \tag{4.31}$$

$f \in \mathcal{S}((\mathbb{R}^N)^n)$ とし $g \in \mathcal{S}((\mathbb{R}^N)^n)$ をそのフーリエ逆変換とする（A.1 節参照）．このとき，

$$f(x_1,\dots,x_n) = \int_{(\mathbb{R}^N)^n} g(\xi_1,\dots,\xi_n) \exp\Bigl(-\mathrm{i} \sum_{i=0}^{n-1} \langle \xi_i, x_{i+1} \rangle\Bigr) d\xi_1 \dots d\xi_n$$

が成り立つ（定理 A.1）から，フビニの定理と (4.31) により，

$$\mathbf{E}[Gf(B_{t_1}, B_{t_2} - B_{t_1}, \dots, B_{t_n} - B_{t_{n-1}})]$$
$$= \int_{(\mathbb{R}^N)^n} g(\xi) \mathbf{E}\Bigl[G \exp\Bigl(-\mathrm{i} \sum_{i=0}^{n-1} \langle \xi_i, B_{t_{i+1}} - B_{t_i} \rangle\Bigr)\Bigr] d\xi_1 \cdots d\xi_n = 0$$

となる．

命題 A.2 により，$(\mathbb{R}^N)^n$ の任意の開球 D に対し，

$$\mathbf{E}[G \mathbf{1}_D(B_{t_1}, B_{t_2} - B_{t_1}, \dots, B_{t_n} - B_{t_{n-1}})] = 0$$

が成り立つ．よって，定理 A.5 により，この等式は $D \in \mathcal{B}((\mathbb{R}^N)^n)$ に対して成り立つ．したがって，$n \in \mathbb{N}, t_0, \dots, t_n$ の任意性より，ふたたび定理 A.5 によ

り，$\mathbf{E}[G\mathbf{1}_A] = 0$ ($\forall A \in \mathcal{F}_T^B$) を得る．したがって

$$\mathbf{E}[G\mathbf{1}_A] = 0 \quad (\forall A \in \overline{\mathcal{F}}_T^B)$$

となる．この等式に $A = \{G > 0\}, \{G < 0\}$ を代入すれば，$\mathbf{P}(G > 0) = \mathbf{P}(G < 0) = 0$ となる．すなわち，$G = 0$，$\mathbf{P}$-a.s. である．■

定理 4.22 の証明 まず，$F \in \mathcal{H}$ に対し主張が成り立つことを示す．この際，F は $n \in \mathbb{N}, \xi_0, \ldots, \xi_{n-1} \in \mathbb{R}^d, 0 = t_0 < t_1 < \cdots < t_n = T$ を用いて $F = \exp(\sum_{i=0}^{n-1}\langle \xi_i, B_{t_{i+1}} - B_{t_i}\rangle - \frac{1}{2}\sum_{i=0}^{n-1} |\xi_i|^2 (t_{i+1} - t_i))$ と表されると仮定してよい．$\{g_t^\alpha\}_{t \geq 0} \in \mathcal{L}_0$ を

$$g_t^\alpha = \xi_i^\alpha \quad (t \in [t_i, t_{i+1}), i = 0, 1, \ldots, n, \alpha = 1, \ldots, d)$$

と定義する．ただし，$t_{n+1} = \infty$ とする．このとき，

$$F_t = \exp\Big(\sum_{\alpha=1}^d \Big\{\int_0^t g_s^\alpha dB_s^\alpha - \frac{1}{2}\int_0^t (g_s^\alpha)^2 ds\Big\}\Big)$$

とおけば，$F_T = F$ が成り立つ．伊藤の公式より，

$$F = F_T = 1 + \sum_{\alpha=1}^d \int_0^T g_s^\alpha F_s dB_s^\alpha, \quad \mathbf{P}\text{-a.s.}$$

となる（例 4.16 参照）．このとき，$\{g_t^\alpha F_t\}_{t \geq 0} \in \mathcal{L}^2$ である．さらに，定理 3.10 により，$\{F_t\}_{t \geq 0}$ は $(\overline{\mathcal{F}}_t^B)$-マルチンゲールであり，とくに，

$$\mathbf{E}[F_T] = \mathbf{E}[F_0] = 1$$

となる．よって，F に対し主張が成り立つことが示された．

$F \in L^2(\mathbf{P}; \overline{\mathcal{F}}_T^B)$ とする．補題 4.24 により，$F_n \in \mathcal{H}$ ($n = 1, 2, \ldots$) が存在し，$\mathbf{E}[(F - F_n)^2] \to 0$ となる．前段の考察より，$\{f_t^{n,\alpha}\}_{t \geq 0} \in \mathcal{L}^2$ が存在し，

$$F_n = \mathbf{E}[F_n] + \sum_{\alpha=1}^d \int_0^T f_s^{n,\alpha} dB_s^\alpha, \quad \mathbf{P}\text{-a.s.} \tag{4.32}$$

4.4 表現定理

が成り立つ．仮定より $F_n \to F$ in prob である．また，ヘルダーの不等式より，

$$|\mathbf{E}[F] - \mathbf{E}[F_n]| \leqq \left(\mathbf{E}[(F - F_n)^2]\right)^{\frac{1}{2}} \to 0 \quad (n \to \infty)$$

となる．

伊藤積分の等長性 (4.12) により，

$$\mathbf{E}\left[\sum_{\alpha=1}^d \int_0^T (f_s^{n,\alpha} - f_s^{m,\alpha})^2 ds\right] = \mathbf{E}\left[\left(\sum_{\alpha=1}^d \int_0^T (f_s^{n,\alpha} - f_s^{m,\alpha}) dB_s^\alpha\right)^2\right]$$

$$= \mathbf{E}[\{(F_n - \mathbf{E}[F_n]) - (F_m - \mathbf{E}[F_m])\}^2] \to 0 \quad (n, m \to \infty) \quad (4.33)$$

となる．これより，$\boldsymbol{\lambda}$ をルベーグ測度とし，必要なら部分列を選ぶことにより，$\boldsymbol{\lambda} \times \mathbf{P}$ に関しほとんどすべての (t, ω) について $f_t^{n,\alpha}(\omega)$ は収束するとしてよい．このとき，$f_t^\alpha = \limsup_{n \to \infty} f_{t \wedge T}^{n,\alpha}$ $(t \geqq 0)$ とおく．$\{f_t^{n,\alpha}\}_{t \geqq 0}$ は $(\overline{\mathcal{F}}_t^B)$-発展的可測であるから，$\{f_t^\alpha\}_{t \geqq 0}$ もそうである．さらに，ファトウの補題と伊藤積分の等長性により，

$$\mathbf{E}\left[\sum_{\alpha=1}^d \int_0^T (f_s^\alpha)^2 ds\right] \leqq \liminf_{n \to \infty} \mathbf{E}\left[\sum_{\alpha=1}^d \int_0^T (f_s^{n,\alpha})^2 ds\right]$$

$$= \liminf_{n \to \infty} \mathbf{E}\left[\left(\sum_{\alpha=1}^d \int_0^T f_s^{n,\alpha} dB_s^\alpha\right)^2\right]$$

$$= \liminf_{n \to \infty} \mathbf{E}[(F_n - \mathbf{E}[F_n])^2] = \mathbf{E}[(F - \mathbf{E}[F])^2] < \infty$$

となる．したがって，$\{f_t^\alpha\}_{t \geqq 0} \in \mathcal{L}^2$ である．

ふたたび，ファトウの補題と (4.33) により，

$$\mathbf{E}\left[\int_0^T (f_s^{n,\alpha} - f_s^\alpha)^2 ds\right] \leqq \liminf_{m \to \infty} \mathbf{E}\left[\int_0^T (f_s^{n,\alpha} - f_s^{m,\alpha})^2 ds\right] \to 0 \quad (n \to \infty)$$

となる．したがって定理 4.9 により，

$$\int_0^T f_s^{n,\alpha} dB_s^\alpha \to \int_0^T f_s^\alpha dB_s^\alpha \text{ in prob}$$

となる．

以上より，(4.32) において $n \to \infty$ とすれば，主張を得る． ∎

定理 4.25 $\{M_t\}_{t \geqq 0}$ を $M_t \in L^2(\mathbf{P})$ ($\forall t \geqq 0$) をみたす ($\overline{\mathcal{F}}_t^B$)-マルチンゲールとする．このとき，$\{f_t^\alpha\}_{t \geqq 0} \in \mathcal{L}^2$ ($\alpha = 1, \ldots, d$) が存在し，

$$M_t = \mathbf{E}[M_0] + \sum_{\alpha=1}^d \int_0^t f_s^\alpha dB_s^\alpha, \quad \mathbf{P}\text{-a.s.} \quad (\forall t \geqq 0)$$

が成り立つ．

注意 4.26 上の表示により，$M_t \in L^2(\mathbf{P})$ ($\forall t \geqq 0$) をみたす ($\overline{\mathcal{F}}_t^B$)-マルチンゲール $\{M_t\}_{t \geqq 0}$ は連続な修正をもつといえる．

証明 定理 4.22 により，$n = 1, 2, \ldots$ に対し，$\{f_t^{n,\alpha}\}_{t \geqq 0} \in \mathcal{L}^2$ ($\alpha = 1, \ldots, d$) が存在し，

$$M_n = \mathbf{E}[M_0] + \sum_{\alpha=1}^d \int_0^n f_s^{n,\alpha} dB_s^\alpha, \quad \mathbf{P}\text{-a.s.} \quad (n = 1, 2, \ldots)$$

が成り立つ．定理 4.9 により，両辺ともに ($\overline{\mathcal{F}}_t^B$)-マルチンゲールであるから，条件つき期待値を比較すれば

$$M_t = \mathbf{E}[M_0] + \sum_{\alpha=1}^d \int_0^t f_s^{n,\alpha} dB_s^\alpha, \quad \mathbf{P}\text{-a.s.} \quad (\forall t \leqq n) \tag{4.34}$$

を得る．とくに，$n < m$ に対し，

$$\sum_{\alpha=1}^d \int_0^n f_s^{n,\alpha} dB_s^\alpha = M_n - \mathbf{E}[M_0] = \sum_{\alpha=1}^d \int_0^n f_s^{m,\alpha} dB_s^\alpha \quad \mathbf{P}\text{-a.s.}$$

である．これと伊藤積分の等長性 (4.12) により，

$$0 = \mathbf{E}\left[\left(\sum_{\alpha=1}^d \int_0^n \{f_s^{n,\alpha} - f_s^{m,\alpha}\} dB_s^\alpha\right)^2\right] = \mathbf{E}\left[\sum_{\alpha=1}^d \int_0^n \{f_s^{n,\alpha} - f_s^{m,\alpha}\}^2 ds\right] \tag{4.35}$$

となる.

$\{f_t^\alpha\}_{t\geqq 0} \in \mathcal{L}^2$ ($\alpha = 1, \ldots, d$) を $f_t^\alpha = f_t^{n,\alpha}$ ($t \in [n-1, n)$) と定義する. (4.34), (4.35) により, $n-1 \leqq t < n$ に対しては,

$$\mathbf{E}\left[\left(M_t - \mathbf{E}[M_0] - \sum_{\alpha=1}^d \int_0^t f_s^\alpha dB_s\right)^2\right] = \mathbf{E}\left[\sum_{\alpha=1}^d \int_0^t \{f_s^{n,\alpha} - f_s^\alpha\}^2 ds\right]$$

$$= \mathbf{E}\left[\sum_{\alpha=1}^d \left(\sum_{k=1}^{n-1} \int_{k-1}^k \{f_s^{n,\alpha} - f_s^{k,\alpha}\}^2 ds + \int_{n-1}^t \{f_s^{n,\alpha} - f_s^{n-1,\alpha}\}^2 ds\right)\right] = 0$$

となる. よって

$$M_t - \mathbf{E}[M_0] - \sum_{\alpha=1}^d \int_0^t f_s^\alpha dB_s = 0, \quad \mathbf{P}\text{-a.s.} \quad (n-1 \leqq t < n)$$

が従い,主張を得る. ∎

4.5 モーメント不等式

ドゥーブの不等式はマルチンゲールに対する一つの先験的な不等式であるが,伊藤の公式を応用して,次に述べるような確率積分で与えられるマルチンゲールに対する先験的な不等式が成り立つことを示すことができる.

定理 4.27 (モーメント不等式)　$\{a_t^\alpha\}_{t\geqq 0} \in \mathcal{L}_{\text{loc}}^2$ ($\alpha = 1, \ldots, d$) とし, $\{X_t\}_{t\geqq 0}$ を

$$X_t = \sum_{\alpha=1}^d \int_0^t a_s^\alpha dB_s^\alpha$$

と定義する. このとき, $p \geqq 2$ に対し

$$\mathbf{E}\left[\sup_{t \leqq T} |X_t|^p\right] \leqq A_p \mathbf{E}\left[\left\{\int_0^T \sum_{\alpha=1}^d (a_t^\alpha)^2 dt\right\}^{\frac{p}{2}}\right] \tag{4.36}$$

が成り立つ．ただし，A_p を次で定義する:

$$A_p = \frac{p^{\frac{1}{2}(p^2+p)}}{2^{\frac{p}{2}}(p-1)^{\frac{1}{2}(p^2-p)}}.$$

また右辺が ∞ となる場合もある．

注意 4.28 一般に，$p > 0$ に対し，定数 $c_p, C_p > 0$ が存在し，任意の $\{M_t\}_{t \geq 0} \in \mathcal{M}^2_{\mathrm{c,loc}}$ に対し，

$$c_p \mathbf{E}\left[\sup_{t \leq T} |M_t|^p\right] \leq \mathbf{E}\left[\langle M \rangle_T^{\frac{p}{2}}\right] \leq C_p \mathbf{E}\left[\sup_{t \leq T} |M_t|^p\right] \quad (\forall T \geq 0)$$

が成り立つ．ただし，$\{\langle M \rangle_t\}_{t \geq 0}$ を対応する 2 次変動過程とする．これは，バークホルダー・デイビス・ガンディの不等式と呼ばれている．証明については，例えば [12] を参照されたい．

定理 4.9(4) により，定理の $\{X\}_{t \geq 0} \in \mathcal{M}^2_{\mathrm{c,loc}}$ に対し

$$\langle X \rangle_t = \sum_{\alpha=1}^{d} \int_0^t (a_t^\alpha)^2 dt$$

となる．よって定理 4.27 はバークホルダー・デイビス・ガンディの不等式の特別な場合になっていることがわかる．さらに (4.36) の右辺が ∞ であれば左辺もまた ∞ となる．

証明 $a_t = (a_t^1, \ldots, a_t^d)$ とおく．停止時刻を

$$\tau_n = \inf\left\{t \geq 0 \,\bigg|\, \sup_{s \in [0,t]}\left(|X_s| + \int_0^s |a_u|^2 du\right) \geq n\right\}$$

と定義する．$\{X_t\}_{t \geq 0}, \{\int_0^t |a_u|^2 du\}_{t \geq 0}$ の連続性により

$$\sup_{s \in [0,\tau_n)}\left(|X_s| + \int_0^s |a_u|^2 du\right) \leq n \quad \mathbf{P}\text{-a.s.}$$

が成り立つ．

$$X_t^n = X_{t \wedge \tau_n}, \quad a_t^{n,\alpha} = a_t^\alpha \mathbf{1}_{[0,\tau_n)}(t)$$

とおく．このとき，命題 4.10 より

$$X_t^n = \sum_{\alpha=1}^{d} \int_0^t a_s^{n,\alpha} dB_s^\alpha$$

であるから，定理 4.9 により，各 $\{X_t^n\}_{t\geqq 0}$ は $(\mathcal{F}_t)$-マルチンゲールとなる．よって $\{|X_t^n|\}_{t\geqq 0}$ は $(\mathcal{F}_t)$-劣マルチンゲールである．ドゥーブの不等式により

$$\mathbf{E}\left[\sup_{t\leqq T} |X_t^n|^p\right] \leqq \left(\frac{p}{p-1}\right)^p \mathbf{E}[|X_T^n|^p] \tag{4.37}$$

が得られる．

伊藤の公式により

$$\begin{aligned}|X_T^n|^p =& p\sum_{\alpha=1}^{d} \int_0^T |X_t^n|^{p-2} X_t^n a_t^{n,\alpha} dB_t^\alpha \\ &+ \frac{p(p-1)}{2}\int_0^T |X_t^n|^{p-2}|a_t^n|^2 dt, \quad \mathbf{P}\text{-a.s.}\end{aligned}$$

となる．したがって

$$\begin{aligned}\mathbf{E}[|X_T^n|^p] &= \frac{p(p-1)}{2}\mathbf{E}\left[\int_0^T |X_t^n|^{p-2}|a_t^n|^2 dt\right] \\ &\leqq \frac{p(p-1)}{2}\left(\mathbf{E}\left[\sup_{t\in[0,T]} |X_t^n|^p\right]\right)^{1-\frac{2}{p}} \left(\mathbf{E}\left[\left\{\int_0^T |a_t^n|^2 dt\right\}^{\frac{p}{2}}\right]\right)^{\frac{2}{p}}\end{aligned}$$

が成り立つ．(4.37) に代入し整理すれば

$$\mathbf{E}\left[\sup_{t\leqq T} |X_{t\wedge\tau_n}|^p\right] \leqq \left(\frac{p^{p+1}}{2(p-1)^{p-1}}\right)^{\frac{p}{2}} \mathbf{E}\left[\left\{\int_0^{T\wedge\tau_n} |a_t|^2 dt\right\}^{\frac{p}{2}}\right]$$

を得る．$n\to\infty$ とすれば，単調収束定理により，不等式 (4.36) が従う． ∎

注意 4.29 $\mathbb{R}^N$-値確率過程 $\{X_t = (X_t^1, \ldots, X_t^N)\}_{t\geqq 0}$ の各成分が $\{a_t^{\alpha,i}\}_{t\geqq 0} \in \mathcal{L}_{\text{loc}}^2$ を用いて，

$$X_t^i = \sum_{\alpha=1}^{d} \int_0^t a_s^{\alpha,i} dB_s^\alpha$$

と表現できているとする．このとき，$(\sum_{i=1}^{N}|y_i|)^p \leqq N^{p-1}\sum_{i=1}^{N}|y_i|^p$ ($y_i \in \mathbb{R}$ ($1 \leqq i \leqq N$)) という不等式と定理4.27により，$p \geqq 2$ に対し，

$$\mathbf{E}\left[\sup_{t \leqq T}|X_t|^p\right] \leqq N^{p-1}\sum_{i=1}^{N}\mathbf{E}\left[\sup_{t \leqq T}|X_t^i|^p\right]$$

$$\leqq N^{p-1}A_p\sum_{i=1}^{N}\mathbf{E}\left[\left\{\int_0^T\sum_{\alpha=1}^{d}(a_t^{\alpha,i})^2 dt\right\}^{\frac{p}{2}}\right]$$

$$\leqq N^p A_p \mathbf{E}\left[\left\{\int_0^T\sum_{i=1}^{N}\sum_{\alpha=1}^{d}(a_t^{\alpha,i})^2 dt\right\}^{\frac{p}{2}}\right]$$

となる．この評価式では，N^p という次元 N に依存する定数が現れているが，ヒンチンの不等式と呼ばれる不等式を用いれば次元 N によらない定数で同様の不等式を導くことができる．詳しくは [15] を参照されたい．

演習問題

4.1. $\{f_t\}_{t \geq 0} \in \mathcal{L}_0$ の確率積分は，$\{f_t\}_{t \geq 0} \in \mathcal{L}_0$ の表示によらないことを示せ．

4.2. $0 = t_0 < t_1 < \cdots$ は $\lim_{n \to \infty} t_n = \infty$ をみたし，$f_i : \Omega \to \mathbb{R}$ は $\mathcal{F}_{t_i}$-可測であるとする ($i = 0, 1, \ldots$)．$f_t = \sum_{i=0}^{\infty} f_i \mathbf{1}_{[0, t_i)}(t)$ とおく．このとき，$\{f_t\}_{t \geq 0} \in \mathcal{L}_{\mathrm{loc}}^2$ であり，

$$\int_0^t f_s dB_s^\alpha = \sum_{i=0}^{\infty} f_i (B_{t \wedge t_{i+1}}^\alpha - B_{t \wedge t_i}^\alpha)$$

が成り立つことを示せ．

4.3. 連続関数 $\phi : [0, \infty) \to \mathbb{R}$ に対し，$\phi_n(t) = \phi\left(\frac{[2^n t]}{2^n}\right)$ とおく．次を示せ．
 (i) $\int_0^t \phi_n(s) dB_s^\alpha \sim N(0, \int_0^t \phi_n(s)^2 ds)$．
 (ii) $\int_0^t \phi(s) dB_s^\alpha \sim N(0, \int_0^t \phi(s)^2 ds)$．

4.4. $T \in (0, \infty) \cup \{\infty\}$ とする．連続関数 $\phi : [0, T) \to (0, \infty)$ は $\int_0^T \phi(s)^2 ds = \infty$ をみたすとする．狭義増加関数 $[0, T) \ni t \mapsto \int_0^T \phi(s)^2 ds \in (0, \infty)$ の逆関数を ψ と表す．このとき，$b_t = \int_0^{\psi(t)} \phi(s) dB_s^\alpha$ とおけば，$\{b_t\}_{t \geq 0}$ はブラウン運動であることを示せ．

4.5. (4.28) が成り立つことを証明せよ．

4.6. 確率変数 X は $e^{aX} \in L^1(\mathbf{P})$ $(\forall a \in \mathbb{R})$ をみたすとする．
  (a) $e^{|X|} \in L^p(\mathbf{P})$ $(\forall p \geqq 1)$ となることを示せ．
  (b) $G \in L^p(\mathbf{P})$ $(p > 1)$ に対し，写像 $\mathbb{C} \ni \zeta \mapsto \mathbf{E}[Ge^{\zeta X}]$ は正則関数となることを示せ．

4.7. $\{f_t\}_{t \geq 0} \in \mathcal{L}^2$ は，$p \geqq 2$ に対し，$\mathbf{E}\left[\int_0^T |f_t|^p dt\right] < \infty$ $(\forall T \geqq 0)$ をみたすとする．このとき
$$\mathbf{E}\left[\sup_{t \leqq T}\left|\int_0^t f_s dB_s^\alpha - \int_0^t f_s^n dB_s^\alpha\right|^p\right] \to 0 \quad (n \to \infty) \quad (\forall T \geqq 0)$$
をみたす $\{f_t^n\}_{t \geq 0} \in \mathcal{L}_0$ が存在することを示せ．

4.8. $\{B_t\}_{t \geq 0}$ を 1 次元ブラウン運動とし，$T > 0$ とする．
  (a) $(T-t)B_t = \int_0^t (T-s) dB_s - \int_0^t B_s ds$ となることを示せ．
  (b) $B_T^3 = \int_0^T f_t dB_t$ をみたす $\{f_t\}_{t \geq 0} \in \mathcal{L}^2$ を求めよ．

第5章 ◇ 確率微分方程式 (I)

本章では，確率積分を用いて確率微分方程式を導入し，その解の存在と一意性について考察する．さらに，指数写像を利用した解の構成を行い，これから導かれるランダムなニュートン方程式としての確率微分方程式の側面とそこから導出される解の性質について紹介する．

この章を通じて $(\Omega, \mathcal{F}, \mathbf{P}, \{\mathcal{F}_t\}_{t \geqq 0})$ をフィルターつき確率空間とし，$\mathcal{N} \subset \mathcal{F}_0$ が成り立つと仮定する．さらに，$\{B_t = (B_t^1, \ldots, B_t^d)\}_{t \geqq 0}$ を d 次元 $(\mathcal{F}_t)$-ブラウン運動とする．本章では，$(\mathcal{F}_t)$-発展的可測などの "$(\mathcal{F}_t)$-" という表記は略し，簡単に発展的可測などと表す．また本章以降 **P**-a.s. を省略し，簡単に $X = Y$ と表す．

$n \times m$ 行列の全体を $\mathbb{R}^{n \times m}$ と表し，$A \in \mathbb{R}^{n \times m}$ の転置行列を $A^\dagger$ と表す．行列 $A = (A_j^i)_{\substack{1 \leqq i \leqq n \\ 1 \leqq j \leqq m}} \in \mathbb{R}^{n \times m}$ のノルム $\|A\|$ を

$$\|A\|^2 = \sum_{i=1}^n \sum_{j=1}^m (A_j^i)^2$$

と定義する．n 次元ユークリッド空間 $\mathbb{R}^n$ を $\mathbb{R}^{n \times 1}$ と同一視し，$\mathbb{R}^n$ の元はすべて縦ベクトルとして行列計算を行う．ただし，表記の簡略化のため，縦ベクトルであることを明記するときを除き，$x \in \mathbb{R}^n$ の成分表示は † を略し $x = (x^1, \ldots, x^n)$ と表す．

5.1 確率微分方程式の解

本節を通じ，関数

5.1 確率微分方程式の解

$$\sigma = (\sigma_\alpha^i)_{\substack{1 \leq i \leq N \\ 1 \leq \alpha \leq d}} : [0, \infty) \times \mathbb{R}^N \to \mathbb{R}^{N \times d},$$

$$b = (b^1, \ldots, b^N)^\dagger : [0, \infty) \times \mathbb{R}^N \to \mathbb{R}^N$$

は,ともに,任意の $T > 0$ に対し,$[0, T] \times \mathbb{R}^N$ 上で $\mathcal{B}([0, T]) \times \mathcal{B}(\mathbb{R}^N)$-可測であると仮定する.

注意 5.1 この仮定のもと,$\mathbb{R}^N$-値確率過程 $\{Y_t\}_{t \geq 0}$ が発展的可測であれば,$\{\sigma_\alpha^i(t, Y_t)\}_{t \geq 0}, \{b^i(t, Y_t)\}_{t \geq 0}$ も発展的可測となる.

定義 5.2 $\xi : \Omega \to \mathbb{R}^N$ は $\mathcal{F}_0$-可測であるとする.$\mathbb{R}^N$-値確率過程 $\{X_t\}_{t \geq 0}$ が**確率微分方程式** (stochastic differential equation)

$$dX_t = \sigma(t, X_t)dB_t + b(t, X_t)dt, \quad X_0 = \xi \tag{5.1}$$

の**解** (solution) であるとは次がみたされることをいう:

(i) $\{X_t\}_{t \geq 0}$ は連続かつ発展的可測である.
(ii) $\{\sigma_\alpha^k(t, X_t)\}_{t \geq 0} \in \mathcal{L}_{\text{loc}}^2, \{b^k(t, X_t)\}_{t \geq 0} \in \mathcal{L}_{\text{loc}}^1$ ($\alpha = 1, \ldots, d, k = 1, \ldots, N$) である.
(iii) 次が成り立つ:

$$X_t = \xi + \int_0^t \sigma(s, X_s)dB_s + \int_0^t b(s, X_s)ds \quad (\forall t \geq 0). \tag{5.2}$$

ただし,この行列表現は,$X_t = (X_t^1, \ldots, X_t^N)$ の成分ごとに次が成り立つことを意味している:

$$X_t^i = \xi^i + \sum_{\alpha=1}^d \int_0^t \sigma_\alpha^i(s, X_s)dB_s^\alpha + \int_0^t b^i(s, X_s)ds \quad (t \geq 0, i = 1 \ldots, N).$$

上の成分表示とあわせれば,(5.1) はより詳しく

$$\begin{pmatrix} dX_t^1 \\ \vdots \\ dX_t^N \end{pmatrix} = \begin{pmatrix} \sigma_1^1(t, X_t) & \ldots & \sigma_d^1(t, X_t) \\ \vdots & \ddots & \vdots \\ \sigma_1^N(t, X_t) & \ldots & \sigma_d^N(t, X_t) \end{pmatrix} \begin{pmatrix} dB_t^1 \\ \vdots \\ dB_t^d \end{pmatrix} + \begin{pmatrix} b^1(t, X_t) \\ \vdots \\ b^N(t, X_t) \end{pmatrix} dt$$

と表すこともできる．また，$\sigma_\alpha(t,x) = (\sigma^1_\alpha(t,x),\ldots,\sigma^N_\alpha(t,x))^\dagger$ とおき，確率微分方程式 (5.1) を次のようにも表記する．

$$dX_t = \sum_{\alpha=1}^{d} \sigma_\alpha(t, X_t) dB_t^\alpha + b(t, X_t) dt, \quad X_0 = \xi. \tag{5.3}$$

定理 5.3 $|\xi| \in L^2(\mathbf{P})$ であり，各 $T > 0$ に対し，$K_T < \infty$ が存在し

$$\|\sigma(t,x) - \sigma(t,y)\| + |b(t,x) - b(t,y)| \leqq K_T |x-y|, \tag{5.4}$$

$$\|\sigma(t,x)\| + |b(t,x)| \leqq K_T(1+|x|) \quad (\forall x,y \in \mathbb{R}^N, t \in [0,T]) \tag{5.5}$$

が成り立つとする．このとき，確率微分方程式 (5.1) の解 $\{X_t\}_{t\geqq 0} \in \mathcal{L}^2$ が存在する．さらに，次の意味で解は一意的である: $\{X_t\}_{t\geqq 0}, \{X'_t\}_{t\geqq 0} \in \mathcal{L}^2$ がともに解であれば

$$\mathbf{P}(X_t = X'_t, \forall t \geqq 0) = 1 \tag{5.6}$$

となる．

注意 5.4 (i) 条件 (5.4) はリプシッツ条件，(5.5) は線形増大条件と呼ばれている．
(ii) 以下の証明で見るように，任意のフィルターつき確率空間 $(\Omega, \mathcal{F}, \mathbf{P}, \{\mathcal{F}_t\}_{t\geqq 0})$ とその上の $(\mathcal{F}_t)$-ブラウン運動に対して，上の一意性は成り立つ．このような性質を確率微分方程式の解の**道ごとの一意性** (pathwise uniqueness) と呼んでいる．より一般の確率微分方程式を含め，[3, 14] を参照されたい．
(iii) リプシッツ条件もしくは線形増大条件がみたされないときは，解の一意性が成り立たないこと，もしくは解が存在しないことがある．章末の演習問題でこのような例を挙げる．

証明のために補題を用意する．

補題 5.5 σ, b は (5.4), (5.5) をみたすとし，$|\xi| \in L^2(\mathbf{P})$ が成り立つと仮定する．連続かつ発展的可測な $\mathbb{R}^N$-値確率過程 $\{\eta_t\}_{t\geqq 0}$ に対し，連続かつ発展的可測な $\mathbb{R}^N$-値確率過程 $\{\Phi_t(\eta) = (\Phi^1_t(\eta), \ldots, \Phi^N_t(\eta))\}_{t\geqq 0}$ を

$$\Phi^i_t(\eta) = \xi + \sum_{\alpha=1}^{d} \int_0^t \sigma^i_\alpha(s, \eta_s) dB^\alpha_s + \int_0^t b^i(s, \eta_s) ds \quad (t \geqq 0, \ i = 1, \ldots, N)$$

5.1 確率微分方程式の解

により定義する．このとき，連続な $\{Y_t\}_{t\geq 0}, \{Z_t\}_{t\geq 0} \in \mathcal{L}^2$ と $T > 0$ に対し，次が成り立つ:

$$\mathbf{E}\left[\sup_{t\leq T} |\Phi_t(Y)|^2\right] \leq 3\mathbf{E}[|\xi|^2] + 3(4+T)K_T^2 \mathbf{E}\left[\int_0^T (1+|Y_s|)^2 ds\right], \quad (5.7)$$

$$\mathbf{E}\left[\sup_{t\leq T} |\Phi_t(Y) - \Phi_t(Z)|^2\right] \leq 2(4+T)K_T^2 \mathbf{E}\left[\int_0^T |Y_s - Z_s|^2 ds\right]. \quad (5.8)$$

証明 注意5.1により，$\{\sigma_\alpha^i(t, Y_t)\}_{t\geq 0}, \{b^i(t, Y_t)\}_{t\geq 0}$ は発展的可測である．さらに，(5.5) により，

$$|\sigma_\alpha^i(t, Y_t)| + |b^i(t, Y_t)| \leq K_T(1 + |Y_t|)$$

となるから，仮定より $\{\sigma_\alpha^i(t, Y_t)\}_{t\geq 0}, \{b^i(t, Y_t)\}_{t\geq 0} \in \mathcal{L}^2$ となる．

不等式 $(a+b+c)^2 \leq 3(a^2+b^2+c^2)$ $(a, b, c \geq 0)$ と $p=2$ に対するドゥーブの不等式 (定理2.9) により

$$\mathbf{E}\left[\sup_{t\leq T} |\Phi_t(Y)|^2\right] \leq 3\mathbf{E}[|\xi|^2] + 12\mathbf{E}\left[\sum_{i=1}^N \left(\sum_{\alpha=1}^d \int_0^T \sigma_\alpha^i(s, Y_s) dB_s^\alpha\right)^2\right]$$
$$+ 3\mathbf{E}\left[\sum_{i=1}^N \left(\int_0^T |b^i(s, Y_s)| ds\right)^2\right]$$

を得る．これに，伊藤積分の等長性 (4.12) およびヘルダーの不等式を用いれば

$$\mathbf{E}\left[\sup_{t\leq T} |\Phi_t(Y)|^2\right] \leq 3\mathbf{E}[|\xi|^2] + 12 \sum_{i=1}^N \mathbf{E}\left[\sum_{\alpha=1}^d \int_0^T |\sigma_\alpha^i(s, Y_s)|^2 ds\right]$$
$$+ 3T \sum_{i=1}^N \mathbf{E}\left[\int_0^T |b^i(s, Y_s)|^2 ds\right]$$
$$= 3\mathbf{E}[|\xi|^2] + 3(4+T)\mathbf{E}\left[\int_0^T \{\|\sigma(s, Y_s)\|^2 + |b(s, Y_s)|^2\} ds\right]$$

となる．これに仮定 (5.5) を代入すれば，(5.7) が従う．

不等式 $(a+b)^2 \leqq 2(a^2+b^2)$ $(a,b \geqq 0)$, $p=2$ に対するドゥーブの不等式, 伊藤積分の等長性 (4.12), およびヘルダーの不等式により

$$\mathbf{E}\Big[\sup_{t \leqq T} |\Phi_t(Y) - \Phi_t(Z)|^2\Big]$$

$$\leqq 8\mathbf{E}\Big[\sum_{i=1}^N \Big(\sum_{\alpha=1}^d \int_0^T \{\sigma_\alpha^i(s,Y_s) - \sigma_\alpha^i(s,Z_s)\}dB_s^\alpha\Big)^2\Big]$$

$$+ 2\mathbf{E}\Big[\sum_{i=1}^N \Big(\int_0^T |b^i(s,Y_s) - b^i(s,Z_s)|ds\Big)^2\Big]$$

$$\leqq 8\mathbf{E}\Big[\sum_{i=1}^N \sum_{\alpha=1}^d \int_0^T \{\sigma_\alpha^i(s,Y_s) - \sigma_\alpha^i(s,Z_s)\}^2 ds\Big]$$

$$+ 2T\mathbf{E}\Big[\sum_{i=1}^N \int_0^T |b^i(s,Y_s) - b^i(s,Z_s)|^2 ds\Big]$$

$$= 2(4+T)\mathbf{E}\Big[\int_0^T \{\|\sigma(s,Y_s) - \sigma(s,Z_s)\|^2 + |b(s,Y_s) - b(s,Z_s)|^2\}ds\Big]$$

を得る. これに仮定 (5.4) を代入すれば, (5.8) が従う. ∎

定理 5.3 の証明 まず解の存在を示す. $\Phi_t(\eta)$ を補題 5.5 の通りとし,

$$X_t^{(0)} = \xi, \quad X_t^{(n)} = \Phi_t(X^{(n-1)}) \quad (t \geq 0, n = 1, 2, \dots)$$

と定義する. 補題 5.5 により, $\{X_t^{(n)}\}_{t \geqq 0} \in \mathcal{L}^2$ $(n=0,1,\dots)$ であり, さらに

$$\mathbf{E}\Big[\sup_{t \leqq T} |X_t^{(n+1)} - X_t^{(n)}|^2\Big] \leqq 2(4+T)K_T^2 \int_0^T \mathbf{E}[|X_s^{(n)} - X_s^{(n-1)}|^2]ds$$

$$(n = 1, 2, \dots)$$

が成り立つ. また, 補題 5.5 と同様の議論により,

$$\mathbf{E}\Big[\sup_{t \leqq T} |X_t^{(1)} - X_t^{(0)}|^2\Big] \leqq 2(4+T)TK_T^2 \mathbf{E}[(1+|\xi|)^2]$$

5.1 確率微分方程式の解

が示される.これらより,

$$\mathbf{E}\Big[\sup_{t \leqq T} |X_t^{(n+1)} - X_t^{(n)}|^2\Big] \leqq \frac{\{2T(4+T)K_T^2\}^{n+1}}{n!} \mathbf{E}[(1+|\xi|)^2]$$

を得る.よって,ミンコフスキーの不等式により,

$$\limsup_{n,m \to \infty} \Big\|\sup_{t \leqq T} |X_t^{(n)} - X_t^{(m)}|\Big\|_2 \leqq \limsup_{n,m \to \infty} \Big\|\sum_{k=n \wedge m}^{n \vee m - 1} \sup_{t \leqq T} |X_t^{(k+1)} - X_t^{(k)}|\Big\|_2$$

$$\leqq \limsup_{n,m \to \infty} \sum_{k=n \wedge m}^{n \vee m - 1} \sqrt{\frac{\{2T(4+T)K_T^2\}^{k+1}}{k!} \mathbf{E}[(1+|\xi|)^2]} = 0 \quad (\forall T > 0)$$

となる.したがって

$$\lim_{n \to \infty} \Big\|\sup_{t \leqq T} |X_t^{(n)} - \widehat{X}_t|\Big\|_2 = 0 \quad (\forall T > 0)$$

となる確率過程 $\{\widehat{X}_t\}_{t \geqq 0}$ が存在する.定理 1.25 を用い,部分列 $\{X_t^{(n_j)}\}_{t \geqq 0}$ と零集合 A を,$\omega \notin A$ ならば $\sup_{t \leqq T} |X_t^{(n)}(\omega) - \widehat{X}_t(\omega)|^2 \to 0 \ (\forall T > 0)$ となるように選び,

$$X_t(\omega) = \begin{cases} \lim_{j \to \infty} X_t^{(n_j)}(\omega) & (\omega \notin A) \\ \xi & (\omega \in A) \end{cases}$$

と定義する.$\{X_t\}_{t \geqq 0}$ は連続かつ発展的可測な $\mathbb{R}^N$-値確率過程であり,

$$\lim_{n \to \infty} \mathbf{E}\Big[\sup_{t \leqq T} |X_t^{(n)} - X_t|^2\Big] = 0 \quad (\forall T > 0) \tag{5.9}$$

をみたす.よって,$\{X_t\}_{t \geqq 0} \in \mathcal{L}^2$ である.また,これと (5.8) により,

$$\lim_{n \to \infty} \Big\|\sup_{t \leqq T} |\Phi_t(X^{(n-1)}) - \Phi_t(X)|^2\Big\|_2 = 0 \quad (\forall T > 0)$$

となる.ふたたび (5.9) とあわせると,これは $X_t = \Phi_t(X)$, **P**-a.s.$(\forall t \geqq 0)$ となること,すなわち,$\{X_t\}_{t \geqq 0}$ が確率微分方程式 (5.1) の解であることを導く.

つぎに一意性を示す．$\{X(t)\}_{t\in[0,\infty)}, \{X'(t)\}_{t\in[0,\infty)} \in \mathcal{L}^2$ はともに (5.1) をみたすとする．(5.8) により

$$\mathbf{E}\left[\sup_{t \leq T}|X_t - X'_t|^2\right] \leqq 2(4+T)K_T^2\left[\int_0^T |X_t - X'_t|^2 dt\right] \quad (\forall T > 0)$$

となる．これにグロンウォールの不等式 (定理 A.7) を適用すれば

$$\mathbf{E}\left[\sup_{t \leq T}|X_t - X'_t|^2\right] = 0 \quad (\forall T > 0)$$

を得る．したがって一意性が示された． ∎

解の一意性は，次のような局所化されたリプシッツ条件，線形増大条件の下でも成立する．

定理 5.6 各 $T, R > 0$ に対し，$K_{T,R}$ が存在し

$$\|\sigma(t,x) - \sigma(t,y)\| + |b(t,x) - b(t,y)| \leqq K_{T,R}|x-y|, \tag{5.10}$$

$$\|\sigma(t,x)\| + |b(t,x)| \leqq K_{T,R}(1 + |x|) \quad (\forall t \leq T, x, y \in B(R)) \tag{5.11}$$

が成り立つとする．ただし，$B(R) = \{x \in \mathbb{R}^N \,|\, |x| < R\}$ である．このとき，確率微分方程式 (5.1) の解は存在しても高々一つである．

証明 $\{X_t\}_{t \geqq 0}, \{Y_t\}_{t \geqq 0}$ を (5.1) の解とする．

$$\tau_n = \inf\left\{t \geqq 0 \,\Big|\, \sup_{s \leq t}|X_s| \vee |Y_s| \geqq n\right\}$$

と定義する．命題 4.10 により，

$$X^i_{t \wedge \tau_n} - Y^i_{t \wedge \tau_n} = \sum_{\alpha=1}^d \int_0^t \left(\sigma^i_\alpha(s, X_s) - \sigma^i_\alpha(s, Y_s)\right)\mathbf{1}_{[0,\tau_n)}(s)dB_s^\alpha$$

$$+ \int_0^t \left(b^i(s, X_s) - b^i(s, Y_s)\right)\mathbf{1}_{[0,\tau_n)}(s)ds$$

が成り立つ．(5.11) により，確率過程 $\{(\sigma_\alpha^i(t,X_t) - \sigma_\alpha^i(t,Y_t))\mathbf{1}_{[0,\tau_n)}(t)\}_{t\geqq 0}$, $\{(b^i(t,X_t) - b(t,Y_t))\mathbf{1}_{[0,\tau_n)}(t)\}_{t\geqq 0}$ はともに $\mathcal{L}^2$ に属する．よって，補題 5.5 の証明と同様の議論により，

$$\mathbf{E}\left[\sup_{t\leqq T} |X_{t\wedge\tau_n} - Y_{t\wedge\tau_n}|^2\right]$$
$$\leqq 2(4+T)K_{T,R}^2 \mathbf{E}\left[\int_0^T |X_t - Y_t|^2 \mathbf{1}_{[0,\tau_n)}(t)dt\right]$$
$$\leqq 2(4+T)K_{T,R}^2 \mathbf{E}\left[\int_0^T |X_{t\wedge\tau_n} - Y_{t\wedge\tau_n}|^2 dt\right] \quad (\forall T \geqq 0)$$

となる．これとグロンウォールの不等式により，

$$\mathbf{E}\left[\sup_{t\leqq T} |X_{t\wedge\tau_n} - Y_{t\wedge\tau_n}|^2\right] = 0 \quad (\forall T \geqq 0)$$

が従う．よって，$X_t = Y_t$ ($\forall t \in [0,\tau_n)$), $\mathbf{P}$-a.s. となり，$n \to \infty$ として求める一意性を得る． ∎

局所リプシッツ条件に線形増大条件が付加されると，次に述べるように，解の存在と一意性が示される．

定理 5.7 各 $T, R > 0$ に対し，$K_T, K_{T,R}$ が存在し，(5.5) と (5.10) が成り立つと仮定する．このとき，確率微分方程式 (5.1) の解が存在し，一意的である．

証明 定理 5.6 により一意性が従うので，解の存在のみを示す．

$$0 \leqq \varphi \leqq 1, \varphi(u) = 1 \ (u \leqq 1), \varphi(u) = 0 \ (u \geqq 2)$$

をみたす $\varphi \in C^\infty(\mathbb{R})$ をとり，

$$\sigma_\alpha^{n,i}(t,x) = \sigma_\alpha^i(t,x)\varphi(|x|-n), \quad b^{n,i}(t,x) = b^i(t,x)\varphi(|x|-n)$$
$$(t \geqq 0, x \in \mathbb{R}^N, n = 1, 2, \dots)$$

と定義する．$\sigma^{(n)} = (\sigma^{n,i}_\alpha)_{\substack{1 \leq i \leq N \\ 1 \leq \alpha \leq d}}, b^{(n)} = (b^{n,1}, \ldots, b^{n,N})^\dagger$ はリプシッツ条件
(5.4) と線形増大条件 (5.5) をみたすので，定理 5.3 により，確率微分方程式

$$dX_t^{(n)} = \sigma^{(n)}(t, X_t^{(n)}) dB_t + b^{(n)}(t, X_t^{(n)}) dt, \quad X_0^{(n)} = \xi$$

の解 $\{X_t^{(n)} = (X_t^{(n),1}, \ldots, X_t^{(n),N})\}_{t \geq 0}$ が一意的に存在する．

$$\tau_n = \inf\{t \geq 0 \mid \sup_{s \leq t} |X_s^{(n)}| \geq n\}$$

とおく．$0 < s \leq \tau_n$ ならば $|X_s^{(n)}| \leq n$ であり，$|x| \leq n$ ならば $\sigma^{(n)}(t,x) = \sigma(t,x), b^{(n)}(t,x) = b(t,x)$ であるから，命題 4.10 により，$n, m = 1, 2, \ldots$ に対し，

$$X_{t \wedge \tau_n \wedge \tau_m}^{(n),i} = \xi + \sum_{\alpha=1}^d \int_0^{t \wedge \tau_n \wedge \tau_m} \sigma_\alpha^i(s, X_s^{(n)}) dB_s^\alpha$$
$$+ \int_0^{t \wedge \tau_n \wedge \tau_m} b^i(s, X_s^{(n)}) ds, \quad \mathbf{P}\text{-a.s.} \quad (5.12)$$

が成り立つ．補題 5.5 と同様の方法により，

$$\mathbf{E}\left[\sup_{s \leq t} |X_{s \wedge \tau_n \wedge \tau_m}^{(n)} - X_{s \wedge \tau_n \wedge \tau_m}^{(m)}|^2\right]$$
$$\leq 2(4+T) K_{T, n \vee m}^2 \int_0^t \mathbf{E}[|X_{s \wedge \tau_n \wedge \tau_m}^{(n)} - X_{s \wedge \tau_n \wedge \tau_m}^{(m)}|^2] ds \quad (\forall t \in [0, T])$$

を得る．これとグロンウォールの不等式により

$$\mathbf{E}\left[\sup_{t \leq T} |X_{t \wedge \tau_n \wedge \tau_m}^{(n)} - X_{t \wedge \tau_n \wedge \tau_m}^{(m)}|^2\right] = 0 \quad (\forall T > 0)$$

が得られる．したがって $A \in \mathcal{N}$ が存在し，$\omega \notin A$ ならば $X_{t \wedge \tau_n}^{(m)}(\omega) = X_{t \wedge \tau_n}^{(n)}(\omega)$ ($\forall t \geq 0, m \geq n$) が成り立つ．この A を用いて，

$$X_t(\omega) = \begin{cases} X_{t \wedge \tau_n}^{(n)}(\omega) & (\omega \notin A), \\ \xi(\omega) & (\omega \in A) \end{cases}$$

と定義する．このとき (5.12) により

$$X_{t\wedge\tau_n}^i = \xi + \sum_{\alpha=1}^d \int_0^{t\wedge\tau_n} \sigma_\alpha^i(s, X_s) dB_s^\alpha + \int_0^{t\wedge\tau_n} b^i(s, X_s) ds \qquad (5.13)$$

$$(i = 1, \ldots, N, \ n = 1, 2, \ldots), \quad \mathbf{P}\text{-a.s.}$$

が成り立つ．これと補題 5.5 と同様の議論により

$$\mathbf{E}\left[\sup_{t\leq T} |X_{t\wedge\tau_n}|^2\right] \leq 3\mathbf{E}[\xi^2] + 3(4+T)K_T^2 \mathbf{E}\left[\int_0^T (1+|X_{s\wedge\tau_n}|)^2 ds\right] \quad (\forall T \geq 0)$$

を得る．グロンウォールの不等式を適用すれば

$$C_T \stackrel{\text{def}}{=} \sup_{n=1,2,\ldots} \mathbf{E}\left[\sup_{t\leq T} |X_{t\wedge\tau_n}|^2\right] < \infty$$

が従う．$\tau = \sup_{n=1,2,\ldots} \tau_n$ とおく．$\tau_n > 0$, すなわち，$|\xi| < n$ ならば，$\mathbf{P}$-a.s. に $X_{t\wedge\tau_n} = X_{t\wedge\tau_n}^{(n)}$ となるから,

$$\mathbf{P}(\tau \leq T) \leq \mathbf{P}(\tau_n \leq T) \leq \mathbf{P}(|\xi| \geq n) + n^{-2}\mathbf{E}\left[\sup_{t\leq T} |X_{t\wedge\tau_n}|^2\right]$$

$$\leq \mathbf{P}(|\xi| \geq n) + n^{-2} C_T \quad (n = 1, 2, \ldots)$$

となる．$n \to \infty, T \to \infty$ とすれば，$\tau = \infty$, $\mathbf{P}$-a.s. となる．$\tau_n \leq \tau_{n+1}$ ($n = 1, 2, \ldots$), $\mathbf{P}$-a.s. であることに注意して，(5.13) で $n \to \infty$ とすれば，$\{X_t\}_{t\geq 0}$ が確率微分方程式 (5.1) の解であることが示される． ■

線形増大条件のもと，次のような解の可積分性が得られる．

定理 5.8 $p \geq 2$, $|\xi| \in L^p(\mathbf{P})$ とする．さらに各 $T > 0$ に対し K_T が存在し，(5.5) が成り立つと仮定する．このとき，p, T, K_T, ξ にのみ依存する定数 C_1 と p, T, K_T にのみ依存する定数 C_2 が存在し，確率微分方程式 (5.1) の解 $\{X_t\}_{t\geq 0}$ に対し，次が成り立つ:

$$\mathbf{E}\left[\sup_{s\leq t} |X_s|^p\right] \leq C_1 e^{C_2 t} \quad (\forall t \leq T). \qquad (5.14)$$

証明 $\{X_t\}_{t\geqq 0}$ を確率微分方程式 (5.1) の解とする.

$$\tau_n = \inf\left\{t \geqq 0 \,\middle|\, \sup_{s\leqq t}|X_s| \geqq n\right\} \quad (n = 1, 2, \ldots)$$

とおく. 補題 2.13 により $\sup_{s\leqq \tau_n}|X_s| \leqq n \vee |\xi|$, **P**-a.s. $(n = 1, 2, \ldots)$ である.

$T > 0$ とする. 命題 4.10 と注意 4.29 により, 任意の $t \leqq T$ に対し,

$$\mathbf{E}\left[\sup_{s\leqq t}|X_{s\wedge\tau_n}|^p\right] \leqq 3^p\bigg\{\mathbf{E}[|\xi|^p] + C_p T^{\frac{p}{2}-1}\mathbf{E}\left[\int_0^t \|\sigma(s, X_{s\wedge\tau_n})\|^p ds\right]$$
$$+ T^{p-1}\mathbf{E}\left[\int_0^t |b(s, X_{s\wedge\tau_n})|^p ds\right]\bigg\}$$
$$\leqq 3^p\mathbf{E}[|\xi|^p] + 6^p K_T^p T^{\frac{p}{2}-1}(C_p + T^{\frac{p}{2}})\mathbf{E}\left[\int_0^t (1 + |X_{s\wedge\tau_n}|^p)ds\right]$$

が成り立つ. ただし $C_p = N^p A_p$ である. グロンウォールの不等式により, n によらない定数 C_1, C_2 が存在し,

$$\mathbf{E}\left[\sup_{s\leqq t}|X_{s\wedge\tau_n}|^p\right] \leqq C_1 e^{C_2 t} \quad (\forall t \leqq T, n = 1, 2, \ldots)$$

となる. $n \to \infty$ として (5.14) を得る. ∎

5.2 指数写像による近似

$V_k = (V_k^1, \ldots, V_k^N)^\dagger \in C_b^\infty(\mathbb{R}^N; \mathbb{R}^N)$ $(k = 0, \ldots, d)$ とする. ただし, $C_b^\infty(\mathbb{R}^N; \mathbb{R}^N)$ はすべての偏導関数が有界となる $\mathbb{R}^N$ に値をとる無限回連続的微分可能な有界関数の全体とする. この節ではストラトノビッチ積分を用いる (5.3) 型の確率微分方程式

$$dX_t = \sum_{\alpha=1}^d V_\alpha(X_t) \circ dB_t^\alpha + V_0(X_t)dt, \quad X_0 = x \tag{5.15}$$

について考察する．ただし $x \in \mathbb{R}^N$ である．ストラトノビッチ積分の定義に基づいて書き改めれば，この方程式は

$$dX_t = \sum_{\alpha=1}^{d} V_\alpha(X_t) dB_t^\alpha + \widetilde{V}_0(X_t) dt, \quad X_0 = x$$

となる．ただし $W_1, W_2 \in C_b^\infty(\mathbb{R}^N; \mathbb{R}^N)$ に対し $W_1[W_2] \in C_b^\infty(\mathbb{R}^N; \mathbb{R}^N)$ を

$$(W_1[W_2])^i = \sum_{j=1}^{N} W_1^j \frac{\partial W_2^i}{\partial x^j} \quad (i = 1, \ldots, N)$$

とおき，

$$\widetilde{V}_0 = \frac{1}{2} \sum_{\alpha=1}^{d} V_\alpha[V_\alpha] + V_0 \tag{5.16}$$

と定義した．定理 5.3 より (5.15) は一意的な解を持つ．この解を，出発点 $x \in \mathbb{R}^N$ を強調するために，$\{X_t^x\}_{t \geq 0}$ と表す．

$\xi = (\xi^0, \ldots, \xi^d)^\dagger \in \mathbb{R}^{d+1}$ に対し，

$$V_\xi(x) = \sum_{k=0}^{d} \xi^k V_k(x)$$

とおき，指数写像 $\mathfrak{e}_0(\cdot, \cdot; \xi) : \mathbb{R} \times \mathbb{R}^N \to \mathbb{R}^N$ を常微分方程式

$$\frac{d}{dt} \mathfrak{e}_0(t, x; \xi) = V_\xi(\mathfrak{e}_0(t, x; \xi)), \quad \mathfrak{e}_0(0, x; \xi) = x$$

により定義する．これは，$\mathbb{R}^N$ 上のベクトル場 V_ξ に沿う時刻 0 に x を通る曲線を定める．$\mathfrak{e}_0$ を用いて C^∞ 写像 $\mathfrak{e} : \mathbb{R}^N \times \mathbb{R}^{d+1} \to \mathbb{R}^N$ を

$$\mathfrak{e}(x; \xi) = \mathfrak{e}_0(1, x; \xi) \tag{5.17}$$

とおく．$\mathfrak{e}_0$ を定める常微分方程式の解の一意性により $\mathfrak{e}_0(ts, x; \xi) = \mathfrak{e}_0(s, x; t\xi)$ ($\forall t \geq 0$) が成り立つから，$\mathfrak{e}_0(t, x; \xi) = \mathfrak{e}(x; t\xi)$ である．

$n = 1, 2, \ldots$ と $m = 0, 1, \ldots$ に対し,

$$T_{n,m} = m2^{-n}, \quad \xi_t^{n,m} = \left(t \wedge T_{n,m+1} - t \wedge T_{n,m}, B_{t \wedge T_{n,m+1}} - B_{t \wedge T_{n,m}}\right)^\dagger$$

とおき,

$$X_0^{(n),x} = x, \quad X_t^{(n),x} = \mathfrak{e}(X_{T_{n,m}}^{(n),x}, \xi_t^{n,m}) \quad (t \in [T_{n,m}, T_{n,m+1}]) \tag{5.18}$$

と定義する. $\omega \in \Omega$ ごとに写像 $[0, \infty) \times \mathbb{R}^N \ni (t, x) \mapsto X_t^{(n),x}(\omega) \in \mathbb{R}^N$ は $C^{0,\infty}$-級である.

定理 3.11 により, $p > 1$ に対し定数 K_p が存在し, $T > 0, n = 1, 2, \ldots, m = 0, 1, \ldots$ に対し, 次が成り立つ:

$$\mathbf{E}\left[\sup_{t \leq T} |\xi_t^{n,m}|^p\right] \leq K_p (T \wedge T_{n,m+1} - T \wedge T_{n,m})^{\frac{p}{2}}. \tag{5.19}$$

本節の最初の目的は次のような指数写像による確率微分方程式の解の近似が成り立つことを見ることである.

定理 5.9 $T > 0, p \geq 2$ に対し, 次が成り立つ:

$$\lim_{n \to \infty} \sup_{x \in \mathbb{R}^N} \mathbf{E}\left[\sup_{t \leq T} |X_t^{(n),x} - X_t^x|^p\right] = 0. \tag{5.20}$$

証明 テーラー展開により

$$\begin{aligned}\mathfrak{e}(x; \xi) &= x + \int_0^1 V_\xi(\mathfrak{e}_0(t, x; \xi)) dt \\ &= x + V_\xi(x) + \frac{1}{2} V_\xi[V_\xi](x) + \frac{1}{2} \int_0^1 (1-t)^2 V_\xi[V_\xi[V_\xi]](\mathfrak{e}_0(t, x; \xi)) dt \end{aligned} \tag{5.21}$$

となる. これにより, 定数 C_1 と $\mathbb{R}^N$-値関数 $R(x; \xi)$ が存在し,

$$\mathfrak{e}(x;\xi) = x + \sum_{j=0}^{d} \xi^j V_j(x) + \frac{1}{2} \sum_{\alpha,\beta=1}^{d} \xi^\alpha \xi^\beta V_\beta[V_\alpha](x) + R(x;\xi),$$

$$|\mathfrak{e}(x;\xi) - x| \leqq C_1 |\xi|, \quad |R(x;\xi)| \leqq C_1 \{|\xi^0||\xi| + |\xi|^3\} \tag{5.22}$$

$$(\forall x \in \mathbb{R}^N, \xi \in \mathbb{R}^{d+1})$$

が成り立つ．これと $X_t^{(n),x}$ の定義により，$t \in [T_{n,m}, T_{n,m+1}]$ ならば，

$$X_t^{(n),x} = X_{T_{n,m}}^{(n),x} + \sum_{j=0}^{d} V_j(X_{T_{n,m}}^{(n),x}) \xi_t^{n,m,j}$$

$$+ \frac{1}{2} \sum_{\alpha,\beta=1}^{d} V_\beta[V_\alpha](X_{T_{n,m}}^{(n),x}) \xi_t^{n,m,\alpha} \xi_t^{n,m,\beta} + R(X_{T_{n,m}}^{(n),x}; \xi_t^{n,m})$$

が従う．ただし，$\xi_t^{n,m} = (\xi_t^{n,m,0}, \ldots, \xi_t^{n,m,d})$ という成分表示を利用した．伊藤の公式により，

$$\xi_t^{n,m,\alpha} \xi_t^{n,m,\beta} = \int_{T_{n,m} \wedge t}^{T_{n,m+1} \wedge t} \{\xi_s^{n,m,\alpha} dB_s^\beta + \xi_s^{n,m,\beta} dB_s^\alpha\}$$

$$+ \delta_{\alpha\beta} (T_{n,m+1} \wedge t - T_{n,m} \wedge t) \quad (\alpha, \beta = 1, \ldots, d)$$

が成り立つので，$[0] = 0, [s] = \max\{j \in \mathbb{Z} \mid j < s\}, [s]_n = [2^n s] 2^{-n}$ とおいて確率積分を用いて書きなおせば次を得る：

$$X_t^{(n),x} = x + \sum_{\alpha=1}^{d} \int_0^t V_\alpha(X_{[s]_n}^{(n),x}) dB_s^\alpha + \int_0^t \widetilde{V}_0(X_{[s]_n}^{(n),x}) ds$$

$$+ \frac{1}{2} \sum_{1 \leqq \alpha \neq \beta \leqq d} \int_0^t V_\beta[V_\alpha](X_{[s]_n}^{(n),x}) \{\xi_s^{n,[2^n s],\alpha} dB_s^\beta + \xi_s^{n,[2^n s],\beta} dB_s^\alpha\}$$

$$+ \sum_{m=0}^{[2^n t]} R(X_{T_{n,m}}^{(n),x}; \xi_t^{n,m}). \tag{5.23}$$

まず，(5.23) の右辺第 4 項が 0 に L^p-収束することを示す．定理 3.11 により任意の $p \geqq 1$ に対し $\sup_{t \leqq T} |B_t| \in L^p(\mathbf{P})$ となる．また $\{B_t\}_{t \geqq 0}$ の連続性により

$$\sup_{t \leq T} |\xi_t^{n,[2^n t]}(\omega)| \to 0 \ (\forall \omega \in \Omega) \text{ である．よって優収束定理により}$$

$$\lim_{n \to \infty} \mathbf{E}\left[\sup_{t \leq T} |\xi_t^{n,[2^n t]}|^p\right] = 0 \quad (\forall p \geqq 1) \tag{5.24}$$

が成り立つ．これとモーメント不等式 (定理 4.27 および注意 4.29) により

$$\sup_{x \in \mathbb{R}^N} \mathbf{E}\left[\sup_{t \leq T}\left|\int_0^t V_\beta[V_\alpha](X_{[s]_n}^{(n),x})\xi_s^{n,[2^n s],\alpha}dB_s^\beta\right|^p\right]$$

$$\leqq A_p N^p T^{\frac{p}{2}} \sup_{x \in \mathbb{R}^N} |V_\beta[V_\alpha](x)|^p \mathbf{E}\left[\sup_{s \leq T} |\xi_s^{n,[2^n s]}|^p\right] \to 0 \quad (n \to \infty)$$

となる．ただし，A_p は定理 4.27 で用いた定数である．同様に

$$\lim_{n \to \infty} \sup_{x \in \mathbb{R}^N} \mathbf{E}\left[\sup_{t \leq T}\left|\int_0^t V_\beta[V_\alpha](X_{[s]_n}^{(n),x})\xi_s^{n,[2^n s],\beta}dB_s^\alpha\right|^p\right] = 0$$

となる．したがって，(5.23) の第 4 項は 0 に L^p-収束する．

つぎに (5.23) の第 5 項が 0 に L^p-収束することを示す．(5.19) と (5.22) により，

$$\limsup_{n \to \infty} \sup_{x \in \mathbb{R}^N} \left\|\sup_{t \leq T}\left|\sum_{m=0}^{[2^n t]} R(X_{T_{n,m}}^{(n),x}; \xi_t^{n,m})\right|\right\|_p$$

$$\leqq \limsup_{n \to \infty} \sup_{x \in \mathbb{R}^N} \left\|\sum_{m=0}^{[2^n T]} \sup_{t \leq T} |R(X_{T_{n,m}}^{(n),x}; \xi_t^{n,m})|\right\|_p$$

$$\leqq C_1 \limsup_{n \to \infty} \sum_{m=0}^{[2^n T]} \left\|\sup_{t \leq T}\{2^{-n}|\xi_t^{n,m}| + |\xi_t^{n,m}|^3\}\right\|_p$$

$$\leqq C_1\{K_p^{\frac{1}{p}} + K_{3p}^{\frac{1}{p}}\} \limsup_{n \to \infty} \sum_{m=0}^{[2^n T]} 2^{-\frac{3n}{2}} = 0$$

となる．

最後に，(5.23) の第 2, 3 項について調べる．C_2 を

$$|W(x) - W(y)| \leqq C_2 |x - y| \quad (\forall x, y \in \mathbb{R}^N, W \in \{V_1, \ldots, V_d, \widetilde{V}_0\})$$

をみたす定数とする．(5.21) の第 1 の等式から，$C_3 = \sup_{x \in \mathbb{R}^N} \sup_{|\eta|=1} |V_\eta(x)|$ とおけば，$|\mathfrak{e}(x;\xi) - x| \leqq C_3|\xi|$ となることと注意 4.29, (5.22) および (5.24) により，

$$\sup_{x \in \mathbb{R}^N} \mathbf{E}\left[\sup_{t \leqq T}\left|\int_0^t V_\alpha(X_{[s]_n}^{(n),x})dB_s^\alpha - \int_0^t V_\alpha(X_s^{(n),x})dB_s^\alpha\right|^p\right]$$

$$\leqq A_p N^p \sup_{x \in \mathbb{R}^N} \mathbf{E}\left[\left(\int_0^T |V_\alpha(X_{[s]_n}^{(n),x}) - V_\alpha(X_s^{(n),x})|^2 ds\right)^{\frac{p}{2}}\right]$$

$$\leqq A_p N^p C_2^p \sup_{x \in \mathbb{R}^N} \mathbf{E}\left[\left(\int_0^T |X_{[s]_n}^{(n),x} - X_s^{(n),x}|^2 ds\right)^{\frac{p}{2}}\right]$$

$$\leqq A_p N^p C_2^p C_3^p T^{\frac{p}{2}} \mathbf{E}\left[\sup_{t \leqq T}|\xi_t^{n,[2^n t]}|^p\right] \to 0 \quad (n \to \infty)$$

となる．同様に，ヘルダーの不等式とリプシッツ連続性により，

$$\lim_{n \to \infty} \sup_{x \in \mathbb{R}^N} \mathbf{E}\left[\sup_{t \leqq T}\left|\int_0^t \widetilde{V}_0(X_{[s]_n}^{(n),x})ds - \int_0^t \widetilde{V}_0(X_s^{(n),x})ds\right|^p\right] = 0$$

となる．

以上の考察により (5.23) は，

$$\lim_{n \to \infty} \sup_{x \in \mathbb{R}^N} \mathbf{E}\left[\sup_{t \leqq T}|R_t^{(n),x}|^p\right] = 0 \quad (\forall p \geqq 2)$$

となる $\mathbb{R}^N$-値確率変数 $R_t^{(n),x}$ を用いて

$$X_t^{(n),x} = x + \sum_{\alpha=1}^d \int_0^t V_\alpha(X_s^{(n),x})dB_s^\alpha + \int_0^t \widetilde{V}_0(X_s^{(n),x})ds + R_t^{(n),x} \quad (5.25)$$

と書き直せる．補題 5.5 と同様の議論 ($p \geqq 2$ に対するモーメント不等式を利用する) により，$\sup_{x \in \mathbb{R}^N} \mathbf{E}[\sup_{t \leqq T}|R_t^{(n),x}|^p]$ から定まり，$x \in \mathbb{R}^N$ には依存しない，$\lim_{n \to \infty} a_n = 0$ となる正数列 $\{a_n\}_{n=1}^\infty$ と定数 C_4 が存在し

$$\mathbf{E}\left[\sup_{s \leqq t}|X_s^{(n),x} - X_s^x|^p\right] \leqq a_n + C_4 \mathbf{E}\left[\int_0^t \sup_{s \leqq u}|X_s^{(n),x} - X_s^x|^p du\right] \quad (t \leqq T)$$

が成立することが示される．グロンウォールの不等式により，これから (5.20) が従う． ∎

5.3　微分同相写像

本節では，確率微分方程式の解が初期値に関する関数として微分同相写像となることを示す．

$\mathbb{Z}_+ = \{0, 1, 2, \ldots\}$ とする．多重指標 $\boldsymbol{k} = (k_1, \ldots, k_N) \in (\mathbb{Z}_+)^N$ に対し，

$$|\boldsymbol{k}| = \sum_{i=1}^{N} k_i, \quad \partial^{\boldsymbol{k}} = \left(\frac{\partial}{\partial x^1}\right)^{k_1} \cdots \left(\frac{\partial}{\partial x^N}\right)^{k_N}$$

と定義する．変数 x に関する微分であることを強調するときは $\partial_x^{\boldsymbol{k}}$ と添え字をつけて表す．$\boldsymbol{k}, \boldsymbol{h} \in (\mathbb{Z}_+)^N$ が $h_i \leq k_i$ ($\forall i = 1, \ldots, N$) をみたすとき，$\boldsymbol{h} \leq \boldsymbol{k}$ と表し，$\boldsymbol{h} \leq \boldsymbol{k}$ かつ $|\boldsymbol{h}| < |\boldsymbol{k}|$ が成り立つとき，$\boldsymbol{h} < \boldsymbol{k}$ と表す．

$f = (f^1, \ldots, f^n)^\dagger \in C^\infty(\mathbb{R}^N; \mathbb{R}^n)$ に対し，

$$\partial^{\boldsymbol{k}} f = \begin{pmatrix} \partial^{\boldsymbol{k}} f^1 \\ \vdots \\ \partial^{\boldsymbol{k}} f^n \end{pmatrix}, \quad \partial f = (\partial^{e_1} f, \ldots, \partial^{e_N} f) = \left(\frac{\partial f^i}{\partial x^j}\right)_{\substack{1 \leq i \leq n \\ 1 \leq j \leq N}}$$

と定義する．ただし $e_i = (\delta_{ij})_{1 \leq j \leq N}$ である．前節と同様に，$V_0, \ldots, V_d \in C_b^\infty(\mathbb{R}^N; \mathbb{R}^N)$ とする．$\{X_t^x\}_{t \in [0, \infty)}$ を確率微分方程式 (5.15) の解とし，$X_t^{(n), x}$ を (5.18) で定義する．

定理 5.10　確率変数 $\widehat{X} : \Omega \ni \omega \to \widehat{X}(\cdot, *, \omega) \in C^{0, \infty}([0, \infty) \times \mathbb{R}^N; \mathbb{R}^N)$ が存在し，任意の $T > 0, R > 0, p \geq 2, \boldsymbol{k} \in (\mathbb{Z}_+)^N$ に対し，次が成り立つ：

$$\lim_{n \to \infty} \mathbf{E}\left[\sup_{t \leq T} \sup_{|x| \leq R} |\partial_x^{\boldsymbol{k}} X_t^{(n), x} - \partial_x^{\boldsymbol{k}} \widehat{X}(t, x)|^p\right] = 0. \quad (5.26)$$

とくに各 $x \in \mathbb{R}^N$ に対して

5.3 微分同相写像

$$\widehat{X}(t,x) = X_t^x \quad (\forall t \geqq 0) \tag{5.27}$$

となる．さらに，$\iota: \mathbb{R}^N \to \mathbb{R}^N$ を $\iota(x) = x \ (x \in \mathbb{R}^N)$ と定義すれば，次が成り立つ：

$$\sup_{x \in \mathbb{R}^N} \mathbf{E}\left[\sup_{t \leqq T} |\partial_x^{\boldsymbol{k}} \widehat{X}(t,x) - \partial^{\boldsymbol{k}} \iota(x)|^p\right] < \infty. \tag{5.28}$$

この定理は適切な修正，すなわち $\widehat{X}(t,x)$ をとれば，**P**-a.s. に写像 $x \mapsto X_t^x$ は C^∞-級であるとしてよいことを示している．定理の証明のためにいくつかの補題を準備する．

補題 5.11 $\mathfrak{e}(x;\xi)$ を (5.17) により定義する．このとき，任意の $\boldsymbol{k} \in (\mathbb{Z}_+)^N$ に対し，定数 C_1, C_2 が存在し，次が成り立つ：

$$\sup_{x \in \mathbb{R}^N} |\partial_x^{\boldsymbol{k}} \mathfrak{e}(x;\xi) - \partial^{\boldsymbol{k}} \iota(x) - \partial^{\boldsymbol{k}} V_\xi(x)| \leqq C_1 |\xi|^2 e^{C_2 |\xi|} \quad (\forall \xi \in \mathbb{R}^{d+1}). \tag{5.29}$$

注意 5.12 $|\boldsymbol{k}| = 1$，すなわち，$\boldsymbol{k} = e_i = (\delta_{ij})_{1 \leqq j \leqq N}$ ならば，$\partial^{\boldsymbol{k}} \iota = (\delta_{ij})_{1 \leqq j \leqq N}^\dagger$ であり，$|\boldsymbol{k}| \geqq 2$ ならば，$\partial^{\boldsymbol{k}} \iota = 0$ である．

証明 定義により

$$\mathfrak{e}_0(t,x;\xi) = x + \int_0^t V_\xi(\mathfrak{e}_0(s,x;\xi)) ds \tag{5.30}$$

であるから，

$$\mathfrak{e}(x;\xi) = x + V_\xi(x) + \int_0^1 (1-t) V_\xi[V_\xi](\mathfrak{e}_0(t,x;\xi)) dt \tag{5.31}$$

となる．よって，$|\boldsymbol{k}| = 0$ のとき (5.29) は $C_2 = 0$ として成立する．

$|\boldsymbol{k}| = 1$ とする．(5.30) の両辺に $\partial_x^{\boldsymbol{k}}$ を作用させると

$$\partial_x^{\boldsymbol{k}} \mathfrak{e}_0(t,x;\xi) = \partial^{\boldsymbol{k}} \iota(x) + \int_0^t \partial V_\xi(\mathfrak{e}_0(s,x;\xi)) \partial_x^{\boldsymbol{k}} \mathfrak{e}_0(s,x;\xi) ds$$

となる. $|\partial^{\boldsymbol{k}}\iota(x)|=1$ であるから,これより定数 A_1 が存在し

$$|\partial_x^{\boldsymbol{k}}\mathfrak{e}_0(t,x;\xi)| \leqq 1 + A_1|\xi|\int_0^t |\partial_x^{\boldsymbol{k}}\mathfrak{e}_0(s,x;\xi)|ds \quad (\forall t \geqq 0, x \in \mathbb{R}^N, \xi \in \mathbb{R}^{d+1})$$

が成り立つ. グロンウォールの不等式により,

$$\sup_{t\leqq 1}\sup_{x\in\mathbb{R}^N} |\partial_x^{\boldsymbol{k}}\mathfrak{e}_0(t,x;\xi)| \leqq e^{A_1|\xi|} \quad (\forall \xi \in \mathbb{R}^{d+1})$$

を得る. (5.31) に $\partial_x^{\boldsymbol{k}}$ を作用させ, その後この不等式を代入すれば, (5.29) が $|\boldsymbol{k}|=1$ のときに成り立つことがいえる.

$n \geqq 2$ とする. $|\boldsymbol{k}| \leqq n-1$ のとき (5.29) が成り立つと仮定し, $|\boldsymbol{k}| = n$ とする. $|a|^m \leqq m!e^{|a|}$ ($a \in \mathbb{R}, m=1,2,\dots$) であることに注意すれば, 帰納法の仮定により, 定数 A_2, A_3 が存在し, 任意の $|\boldsymbol{h}| \leqq n-1$ なる $\boldsymbol{h} \in (\mathbb{Z}_+)^N$ に対し, 次が成り立つ:

$$\sup_{x\in\mathbb{R}^N} |\partial_x^{\boldsymbol{h}}\mathfrak{e}(x;\xi)| \leqq A_2 e^{A_3|\xi|} \quad (\forall \xi \in \mathbb{R}^{d+1}). \tag{5.32}$$

連鎖定理により, 任意の $f \in C^\infty(\mathbb{R}^N;\mathbb{R}), g \in C^\infty(\mathbb{R}^N;\mathbb{R}^N)$ に対し,

$$\partial_x^{\boldsymbol{k}}[f(g)] = \partial f(g)\partial_x^{\boldsymbol{k}}g + \sum_{2\leqq|\boldsymbol{h}|,\boldsymbol{h}<\boldsymbol{k}} \partial_x^{\boldsymbol{h}}f(g)\Phi_{\boldsymbol{h}}^{\boldsymbol{k}}[g] \tag{5.33}$$

と表現できる. ただし $\Phi_{\boldsymbol{h}}^{\boldsymbol{k}}[g]$ は $\{\partial_x^{\boldsymbol{r}}g \mid 1 \leqq |\boldsymbol{r}| \leqq |\boldsymbol{h}|\}$ の多項式であり, その係数は f,g には依存しない. この表示と (5.32) と不等式 $|\xi| \leqq e^{|\xi|}$ により, 定数 A_4, A_5, A_6 が存在し,

$$|\partial_x^{\boldsymbol{k}}[V_\xi(\mathfrak{e}_0(s,x;\xi))]| \leqq A_4|\xi||\partial_x^{\boldsymbol{k}}\mathfrak{e}_0(s,x;\xi)| + A_5 e^{A_6|\xi|}$$

$$(\forall s \leqq 1, x \in \mathbb{R}^N, \xi \in \mathbb{R}^{d+1})$$

が成り立つ. $\partial_x^{\boldsymbol{k}}$ を (5.30) に作用させ, これを代入すれば

$$|\partial_x^{\boldsymbol{k}}\mathfrak{e}_0(t,x;\xi)| \leqq A_5 e^{A_6|\xi|} + A_4|\xi|\int_0^t |\partial_x^{\boldsymbol{k}}\mathfrak{e}_0(s,x;\xi)|ds$$

5.3 微分同相写像

$$(\forall t \in [0,1], x \in \mathbb{R}^N, \xi \in \mathbb{R}^{d+1})$$

が従う．グロンウォールの不等式により，

$$\sup_{t \leqq 1} \sup_{x \in \mathbb{R}^N} |\partial_x^{\boldsymbol{k}} \mathfrak{e}_0(t,x;\xi)| \leqq A_5 e^{(A_4+A_6)|\xi|} \quad (\forall \xi \in \mathbb{R}^{d+1})$$

となる．(5.31) に $\partial_x^{\boldsymbol{k}}$ を作用させ，その後 (5.32) とこの式を代入すれば，(5.29) が $|\boldsymbol{k}| = n$ のときに成り立つことがいえる． ∎

補題 5.13 任意の $T > 0, p \geqq 2, \boldsymbol{k} \in (\mathbb{Z}_+)^N$ に対し，次が成り立つ:

$$\sup_{n=1,2,\dots} \sup_{x \in \mathbb{R}^N} \mathbf{E}\left[\sup_{t \leqq T} |\partial_x^{\boldsymbol{k}} X_t^{(n),x} - \partial^{\boldsymbol{k}}\iota(x)|^p\right] < \infty. \tag{5.34}$$

とくに，$|\boldsymbol{k}| \geqq 1$ なる $\boldsymbol{k} \in (\mathbb{Z}_+)^N$ に対し，次が成立する．

$$\sup_{n=1,2,\dots} \sup_{|x| \leqq R} \mathbf{E}\left[\sup_{t \leqq T} |X_t^{(n),x}|^p\right] < \infty \quad (\forall R > 0),$$

$$\sup_{n=1,2,\dots} \sup_{x \in \mathbb{R}^N} \mathbf{E}\left[\sup_{t \leqq T} |\partial_x^{\boldsymbol{k}} X_t^{(n),x}|^p\right] < \infty.$$

証明 $|\boldsymbol{k}| = 0$ とき，主張は (5.25) から従う．

つぎに $|\boldsymbol{k}| = 1$ のときに示す．$t \in [T_{n,m}, T_{n,m+1}]$ とする．補題 5.11 により，t, x, n, m に依存しない定数 C_1, C_2 を用いて

$$|R_t^{n,m,x}| \leqq C_1 |\xi_t^{n,m}|^2 e^{C_2 |\xi_t^{n,m}|} \tag{5.35}$$

と評価される $\mathbb{R}^{N \times N}$-値確率変数 $R_t^{n,m,x}$ を使って

$$\partial_x^{\boldsymbol{k}} X_t^{(n),x} = \partial \mathfrak{e}(X_{T_{n,m}}^{(n),x}, \xi_t^{n,m}) \partial_x^{\boldsymbol{k}} X_{T_{n,m}}^{(n),x} \tag{5.36}$$

$$= \{\partial \iota(X_{T_{n,m}}^{(n),x}) + \partial V_{\xi_t^{n,m}}(X_{T_{n,m}}^{(n),x})\} \partial_x^{\boldsymbol{k}} X_{T_{n,m}}^{(n),x} + R_t^{n,m,x} \partial_x^{\boldsymbol{k}} X_{T_{n,m}}^{(n),x} \tag{5.37}$$

と表現できる．

まず，

$$\sup_{t \leqq T} |\partial_x^{\boldsymbol{k}} X_t^{(n),x}| \in \bigcap_{p \geqq 2} L^p(\mathbf{P}) \tag{5.38}$$

となることを示す．補題 5.11 と (5.36) により，定数 C_3, C_4 が存在し，

$$|\partial_x^{\boldsymbol{k}} X_t^{(n),x}| \leqq C_3 \exp\left(C_4 \sup_{s \leqq T} |B_s|\right) |\partial_x^{\boldsymbol{k}} X_{[t]_n}^{(n),x}|$$

$$\leqq \left\{C_3 \exp\left(C_4 \sup_{s \leqq T} |B_s|\right)\right\}^{[2^n t]} \partial^{\boldsymbol{k}} \mathfrak{e}(x; \xi_{2^{-n}}^{n,0})$$

となる．定理 3.11 により $\mathbf{E}[\exp(r \sup_{t \leqq T} |B_t|)] < \infty \ (\forall r > 0)$ であるから，(5.38) を得る．

(5.34) を見るために，(5.37) を m について帰納的に用いて，

$$\partial_x^{\boldsymbol{k}} X_t^{(n),x} = \partial^{\boldsymbol{k}} \iota(x) + \sum_{\alpha=1}^d \int_0^t \partial V_\alpha(X_{[s]_n}^{(n),x}) \partial_x^{\boldsymbol{k}} X_{[s]_n}^{(n),x} dB_s^\alpha$$

$$+ \int_0^t \partial V_0(X_{[s]_n}^{(n),x}) \partial_x^{\boldsymbol{k}} X_{[s]_n}^{(n),x} ds + \sum_{m=0}^{[2^n t]-1} R_{T_{n,m+1}}^{n,m,x} \partial_x^{\boldsymbol{k}} X_{T_{n,m}}^{(n),x}$$

$$+ R_t^{n,[2^n t],x} \partial_x^\beta X_{[t]_n}^{(n),x} \quad (5.39)$$

と表現する．以下，この各項を評価する．

まず，モーメント不等式 (定理 4.27) とヘルダーの不等式により，定数 C_5, C_6 が存在し，すべての $t \leqq T, x \in \mathbb{R}^N$ に対し，

$$\mathbf{E}\left[\sup_{s \leqq t} \left|\int_0^s \partial V_\alpha(X_{[u]_n}^{(n),x}) \partial_x^{\boldsymbol{k}} X_{[u]_n}^{(n),x} dB_u^\alpha\right|^p\right] \leqq C_5 \int_0^t \mathbf{E}[|\partial_x^{\boldsymbol{k}} X_{[s]_n}^{(n),x}|^p] ds$$

$$\mathbf{E}\left[\sup_{s \leqq t} \left|\int_0^s \partial V_0(X_n(X_{[u]_n}^{(n),x}) \partial_x^{\boldsymbol{k}} X_{[u]_n}^{(n),x} du\right|^p\right] \leqq C_6 \int_0^t \mathbf{E}[|\partial_x^{\boldsymbol{k}} X_{[s]_n}^{(n),x}|^p] ds$$

$$(5.40)$$

が成り立つ．さらに，(5.35) により，

$$\left|\sum_{m=0}^{[2^n t]-1} R_{T_{n,m+1}}^{n,m,x} \partial_x^\beta X_{T_{n,m}}^{(n),x} + R_t^{n,[2^n t],x} \partial_x^{\boldsymbol{k}} X_{T_{n,[2^n t]}}^{(n),x}\right|$$

$$\leqq C_1 \sum_{m=0}^{[2^n t]} \sup_{s \leqq t} \{|\xi_s^{n,m}|^2 e^{C_2|\xi_s^{n,m}|}\} |\partial_x^{\boldsymbol{k}} X_{T_{n,m}}^{(n),x}| \quad (\forall t \leqq T, x \in \mathbb{R}^N)$$

5.3 微分同相写像

となる．$\sup_{s\leq t}\{|\xi_s^{n,m}|^2 e^{C_2|\xi_s^{n,m}|}\}$ と $|\partial_x^{\boldsymbol{k}} X_{T_{n,m}}^{(n),x}|$ は独立であるから，(5.19) により，

$$\left\|\sup_{s\leq t}\left|\sum_{m=0}^{[2^n s]-1} R_{T_{n,m+1}}^{n,m,x}\partial_x^{\boldsymbol{k}} X_{T_{n,m}}^{(n),x} + R_s^{n,[2^n s],x}\partial_x^{\boldsymbol{k}} X_{[s]_n}^{(n),x}\right|\right\|_p$$

$$\leq C_1 \sum_{m=0}^{[2^n t]} \left\|\sup_{s\leq t}\{|\xi_s^{n,m}|^2 e^{C_2|\xi_s^{n,m}|}\}\right\|_p \|\partial_x^{\boldsymbol{k}} X_{T_{n,m}}^{(n),x}\|_p$$

$$\leq C_1 \sum_{m=0}^{[2^n t]} \left\|\sup_{s\leq t}|\xi_s^{n,m}|^2\right\|_{2p} \left\|\sup_{s\leq t}e^{C_2|\xi_s^{n,m}|}\right\|_{2p} \|\partial_x^{\boldsymbol{k}} X_{T_{n,m}}^{(n),x}\|_p$$

$$\leq C_1 K_{4p}^{\frac{1}{2p}} \left\|\exp\left(2C_2 \sup_{s\leq t}|B_s|\right)\right\|_{2p} \int_0^t \|\partial_x^{\boldsymbol{k}} X_{[s]_n}^{(n),x}\|_p ds$$

となる．この評価式と (5.40) を (5.39) に代入すれば，定数 C_7 が存在し，すべての $t\leq T, x\in\mathbb{R}^N, n=1,2,\ldots$ に対し，

$$\mathbf{E}\left[\sup_{s\leq t}|\partial_x^{\boldsymbol{k}} X_s^{(n),x} - \partial^{\boldsymbol{k}}\iota(x)|^p\right] \leq C_7 \int_0^t \mathbf{E}[|\partial_x^{\boldsymbol{k}} X_{[s]_n}^{(n),x}|^p]ds$$

$$\leq C_7 2^p T + C_7 2^p \int_0^t \mathbf{E}\left[\sup_{s\leq u}|\partial_x^{\boldsymbol{k}} X_s^{(n),x} - \partial^{\boldsymbol{k}}\iota(x)|^p\right]du$$

が成り立つ．よって，グロンウォールの不等式により，(5.34) が $|\boldsymbol{k}|=1$ のときに成り立つ．

$\boldsymbol{k}\in(\mathbb{Z}_+)^N$ は $|\boldsymbol{k}|\geq 2$ をみたすとする．(5.33) と補題 5.11 により $t\in[T_{n,m},T_{n,m+1}]$ ならば

$$\partial_x^{\boldsymbol{k}} X_t^{(n),x} = \partial\mathfrak{e}(X_{T_{n,m}}^{(n),x};\xi_t^{n,m})\partial_x^{\boldsymbol{k}} X_{T_{n,m}}^{(n),x}$$

$$+ \sum_{2\leq|\boldsymbol{h}|,\boldsymbol{h}<\boldsymbol{k}} \partial_x^{\boldsymbol{h}}\mathfrak{e}(X_{T_{n,m}}^{(n),x};\xi_t^{n,m})\Phi_{\boldsymbol{h}}^{\boldsymbol{k}}[X_{T_{n,m}}^{(n),x}]$$

$$= \partial_x^{\boldsymbol{k}} X_{T_{n,m}}^{(n),x} + \partial V_{\xi_t^{n,m}}(X_{T_{n,m}}^{(n),x})\partial_x^{\boldsymbol{k}} X_{T_{n,m}}^{(n),x}$$

$$+ \sum_{2\leq|\boldsymbol{h}|,\boldsymbol{h}<\boldsymbol{k}} \partial_x^{\boldsymbol{h}} V_{\xi_t^{n,m}}(X_{T_{n,m}}^{(n),x})\Phi_{\boldsymbol{h}}^{\boldsymbol{k}}[X_{T_{n,m}}^{(n),x}]$$

$$+ \hat{R}_t^{n,m,x} \partial_x^{\boldsymbol{k}} X_{T_{n,m}}^{(n),x} + \sum_{2 \leq |\boldsymbol{h}|, \boldsymbol{h} < \boldsymbol{k}} \hat{R}_t^{n,m,x,\boldsymbol{h}} \Phi_{\boldsymbol{h}}^{\boldsymbol{k}}[X_{T_{n,m}}^{(n),x}]$$

となる．ただし，t, x, n, m に依存しない定数 C_8, C_9 が存在し，

$$|\hat{R}_t^{n,m,x}| + |\hat{R}_t^{n,m,x,\boldsymbol{h}}| \leq C_8 |\xi_t^{n,m}|^2 e^{C_9 |\xi_t^{n,m}|}$$

が成り立つ．これを用いて

$$\partial_x^{\boldsymbol{k}} X_t^{(n),x} = \partial^{\boldsymbol{k}} \iota(x) + \sum_{\alpha=0}^{d} \int_0^t \partial V_\alpha(X_{[s)_n}^{(n),x}) \partial_x^{\boldsymbol{k}} X_{[s)_n}^{(n),x} dB_s^\alpha$$

$$+ \sum_{2 \leq |\boldsymbol{h}|, \boldsymbol{h} < \boldsymbol{k}} \sum_{\alpha=0}^{d} \int_0^t \partial_x^{\boldsymbol{h}} V_\alpha(X_{[s)_n}^{(n),x}) \Phi_{\boldsymbol{h}}^{\boldsymbol{k}}[X_{[s)_n}^{(n),x}] dB_s^\alpha$$

$$+ \sum_{m=0}^{[2^n t]-1} \left\{ \hat{R}_t^{n,m,x} \partial_x^{\boldsymbol{k}} X_{T_{n,m}}^{(n),x} + \sum_{2 \leq |\boldsymbol{h}|, \boldsymbol{h} < \boldsymbol{k}} \hat{R}_t^{n,m,x,\boldsymbol{h}} \Phi_{\boldsymbol{h}}^{\boldsymbol{k}}[X_{T_{n,m}}^{(n),x}] \right\}$$

$$+ \hat{R}_t^{n,[2^n t],x} \partial_x^{\boldsymbol{k}} X_{[t)_n}^{(n),x} + \sum_{2 \leq |\boldsymbol{h}|, \boldsymbol{h} < \boldsymbol{k}} \hat{R}_t^{n,[2^n t],x,\boldsymbol{h}} \Phi_{\boldsymbol{h}}^{\boldsymbol{k}}[X_{[t)_n}^{(n),x}]$$

と表現できる．ただし，$dB_s^0 = ds$ とおいて記号を簡略化した．この表現から，帰納法を用いて，$|\boldsymbol{k}|=1$ のときと同様の議論を繰り返せば，任意の $|\boldsymbol{k}| \geq 2$ なる $\boldsymbol{k} \in (\mathbb{Z}_+)^N$ に対して (5.34) が成り立つことが証明できる．詳細は演習問題とする．∎

定理の証明には，さらに次のようなソボレフの埋蔵定理の確率変数への拡張が必要となる．この補題の証明は A.5 節で与える．

補題 5.14 Y を $C^{0,\infty}([0,\infty) \times \mathbb{R}^N; \mathbb{R}^N)$-値確率変数とする．$Y(\omega)$ の $(t,x) \in [0,\infty) \times \mathbb{R}^N$ での値を $Y_t^x(\omega)$ と表し，Y_t^x を $\mathbb{R}^N$-値確率変数とみなす．$\ell_N = [\frac{N}{4}]+1, n > \ell_N$ とする．このとき，定数 $K_n > 0$ が存在し，任意の $R \geq 1, p \geq 2$ と $|\boldsymbol{k}| < n - 2\ell_N$ となる $\boldsymbol{k} \in (\mathbb{Z}_+)^N$ に対し，次が成り立つ．

5.3 微分同相写像

$$\left\| \sup_{t \leqq T} \sup_{|x| \leqq R} |\partial_x^{\boldsymbol{k}} Y_t^x| \right\|_{2p}^2$$
$$\leqq K_n R^N \sup_{|x| \leqq 2R} \left\| \sup_{t \leqq T} |Y_t^x| \right\|_{2p} \sum_{|\boldsymbol{h}| \leqq 2n} \sup_{|x| \leqq 2R} \left\| \sup_{t \leqq T} |\partial_x^{\boldsymbol{h}} Y_t^x| \right\|_{2p}. \tag{5.41}$$

定理 5.10 の証明 定理 5.9, 補題 5.13, 5.14 により

$$\left(\mathbf{E}\left[\sup_{t \leqq T} \sup_{|x| \leqq R} |\partial_x^{\boldsymbol{k}} X_t^{(n),x} - \partial_x^{\boldsymbol{k}} X_t^{(m),x}|^{2p} \right] \right)^{\frac{1}{p}}$$
$$\leqq K_n R^N \sup_{|x| \leqq 2R} \left\| \sup_{t \leqq T} |X_t^{(n),x} - X_t^{(m),x}| \right\|_{2p}$$
$$\times \sum_{|\boldsymbol{h}| \leqq 2n(\boldsymbol{k})} \sup_{|x| \leqq 2R} \left\| \sup_{t \leqq T} |\partial_x^{\boldsymbol{h}} X_t^{(n),x} - \partial_x^{\boldsymbol{h}} X_t^{(m),x}| \right\|_{2p}$$
$$\to 0 \quad (n, m \to \infty) \quad (\forall T, R > 0, \boldsymbol{k} \in (\mathbb{Z}_+)^N, p \geq 2)$$

が成り立つ.ただし, $n(\boldsymbol{k}) = 1 + |\boldsymbol{k}| + 2\ell_N$ である.これより,$\widehat{X}$ の存在と (5.26) の成立が従う.

(5.28) は, (5.26) と補題 5.13 から得られる. ∎

注意 5.15 定理 5.10 の証明と同様の議論により, 補題 5.13, 5.14 により

$$\mathbf{E}\left[\sup_{t \leqq T} \sup_{|x| \leqq R} |\partial_x^{\boldsymbol{k}} \widehat{X}(t,x) - \partial^{\boldsymbol{k}} \iota(x)|^p \right] < \infty \quad (\forall T, R > 0, p \geqq 1)$$

が成り立つことが示される.

以下, X_t^x と $\widehat{X}(t,x)$ を同一視する.したがって, $\omega \in \Omega$ ごとに $(t,x) \mapsto X_t^x(\omega)$ は $C^{0,\infty}$-級写像となっている.つぎに, 写像 $x \mapsto X_t^x(\omega)$ のヤコビ行列について調べる.以下では,$\mathbb{R}^N$-値確率変数 X_t^x の第 i 成分を $X_t^{x,i}$ と表す.

定理 5.16

$$J_t^x = \partial_x X_t^x = \left(\frac{\partial X_t^{x,i}}{\partial x^j}\right)_{1\leq i,j\leq N}$$

とおけば，各 $x \in \mathbb{R}^N$ に対し，$\{J_t^x\}_{t\geq 0}$ は次の確率微分方程式に従う：[1]

$$dJ_t^x = \sum_{\alpha=1}^d \partial V_\alpha(X_t^x)J_t^x \circ dB_t^\alpha + \partial V_0(X_t^x)J_t^x dt, \quad J_0^x = I. \tag{5.42}$$

ただし，I は N 次単位行列である．さらに次が成り立つ:

$$\det J_t^x > 0 \quad (\forall t \geq 0, x \in \mathbb{R}^N), \quad \textbf{P}\text{-a.s.} \tag{5.43}$$

$$\sup_{x\in\mathbb{R}^N} \textbf{E}\left[\sup_{t\leq T}\{\|J_t^x\|^p + \|(J_t^x)^{-1}\|^p\}\right] < \infty \quad (\forall T > 0, p \geq 2). \tag{5.44}$$

証明 (5.42) を示すには，ストラトノビッチ積分の定義より

$$dJ_t^x = \sum_{\alpha=1}^d \partial V_\alpha(X_t^x)J_t^x dB_t^\alpha + \partial V_0(X_t^x)J_t^x dt$$

$$+ \frac{1}{2}\sum_{\alpha=1}^d \{V_\alpha[\partial V_\alpha] + (\partial V_\alpha)^2\}(X_t^x)J_t^x dt \tag{5.45}$$

が成り立つことを示せばよい．ただし，$V_\alpha[\partial V_\alpha] = \left(V_\alpha\bigl(\frac{\partial V_\alpha^i}{\partial x^j}\bigr)\right)_{1\leq i,j\leq N}$ である．(5.21) を微分すれば

$$\partial_x \mathfrak{e}(x;\xi) = I + \partial V_\xi(x) + \frac{1}{2}\partial(V_\xi[V_\xi])(x)$$

---

[1] 定義 5.2 の記法に従えば $\{(X_t^x, J_t^x)\}_{t\geq 0}$ は次の確率微分方程式をみたす：

$$\begin{cases} dX_t = \displaystyle\sum_{\alpha=1}^d V_\alpha(X_t) \circ dB_t^\alpha + V_0(X_t)dt, \\ dJ_t = \displaystyle\sum_{\alpha=1}^d \partial V_\alpha(X_t)J_t \circ dB_t^\alpha + \partial V_0(X_t)J_t dt. \end{cases}$$

$$+ \int_0^1 (1-s)^2 \partial V_\xi[V_\xi[V_\xi]](\mathfrak{e}_0(s,x;\xi))\partial_x\mathfrak{e}_0(s,x;\xi)dt$$

となる．これより $t \in [T_{n,m}, T_{n,m+1}]$ ならば

$$\partial_x X_t^{(n),x} = \partial_x X_{T_{n,m}}^{(n),x} + \partial_x V_\xi(X_{T_{n,m}}^{(n),x})\partial_x X_{T_{n,m}}^{(n),x}$$
$$+ \frac{1}{2}\partial(V_\xi[V_\xi])(X_{T_{n,m}}^{(n),x})\partial_x X_{T_{n,m}}^{(n),x}$$
$$+ \int_0^1 (1-s)^2 \partial V_\xi[V_\xi[V_\xi]](\mathfrak{e}_0(s,X_{T_{n,m}}^{(n),x};\xi))\partial\mathfrak{e}_0(s,X_{T_{n,m}}^{(n),x};\xi)ds\,\partial_x X_{T_{n,m}}^{(n),x}$$

が成り立つ．これと

$$\partial(V_\xi[V_\xi])(x) = \sum_{j,k=0}^d \xi^j \xi^k \{V_j[\partial V_k] + (\partial V_k)(\partial V_j)\}$$

となることに注意して定理 5.9 の証明を繰り返せば (5.45) が得られる．

$\mathfrak{e}_0(t,x;\xi)$ の定義より,

$$\partial_x \mathfrak{e}_0(t,x;\xi) = I + \int_0^t \partial V_\xi(\mathfrak{e}_0(s,x;\xi))\partial_x\mathfrak{e}_0(s,x;\xi)ds$$

となる．これより, $\mathrm{div} V_\xi = \mathrm{tr}\partial V_\xi$ とおけば,

$$\det \partial_x \mathfrak{e}_0(t,x;\xi) = \exp\left(\int_0^t \mathrm{div} V_\xi(\mathfrak{e}_0(s,x;\xi))ds\right) \quad (t \geqq 0)$$

が従う (演習問題 5.6 参照)．よって, $X_t^{(n),x}$ の定義により, $t \in [T_{n,m}, T_{n,m+1}]$ ならば,

$$\det(\partial_x X_t^{(n),x}) = \det(\partial_x X_{T_{n,m}}^{(n),x}) \exp\left(\int_0^1 \mathrm{div} V_{\xi_t^{m,n}}(\mathfrak{e}_0(s,X_{T_{n,m}}^{(n),x};\xi_t^{m,n}))ds\right)$$

が成り立つ．これより, m についての帰納法により, $\det(\partial_x X_t^{(n),x}) > 0$ ($\forall t \geqq 0, x \in \mathbb{R}^N$) が従う.

$$\eta_t^{(n),x} = \log(\det \partial_x X_t^{(n),x})$$

と定義する．上の考察より，$t \in [T_{n,m}, T_{n,m+1}]$ に対して

$$\eta_t^{(n),x} = \eta_{T_{n,m}}^{(n),x} + \int_0^1 \mathrm{div} V_{\xi_t^{n,m}}(\mathfrak{e}_0(s, X_{T_{n,m}}^{(n),x}; \xi_t^{m,n}))ds$$

が成り立つ．$\widehat{V_k} \in C_b^\infty(\mathbb{R}^{N+1}; \mathbb{R}^{N+1})$ $(k = 0, \ldots, d)$ を

$$\widehat{V_k}\left(\begin{pmatrix} x \\ \eta \end{pmatrix}\right) = \begin{pmatrix} V_k(x) \\ \mathrm{div} V_k(x) \end{pmatrix} \quad (x \in \mathbb{R}^N, \eta \in \mathbb{R})$$

とおけば，対応する指数写像 $\widehat{\mathfrak{e}}_0(t, \widehat{x}; \xi)$ $(\widehat{x} = \binom{x}{\eta}, x \in \mathbb{R}^N, \eta \in \mathbb{R})$ は

$$\widehat{\mathfrak{e}}_0(t, \widehat{x}; \xi) = \begin{pmatrix} \mathfrak{e}_0(t, x, ; \xi) \\ \eta + \int_0^t \mathrm{div} V_\xi(\mathfrak{e}_0(s, x, ; \xi))ds \end{pmatrix}$$

となる．よって $\widehat{X}_t^{(n),\widehat{x}}$ を，指数写像 $\widehat{\mathfrak{e}}_0(t, \widehat{x}; \xi)$ を用いて $X_t^{(n),x}$ と同じ手順で構成し，その第 $N+1$ 成分を $y_t^{(n),x,\eta}$ とおけば，$\eta_t^{(n),x} = y_t^{(n),x,0}$ となる．定理 5.9, 5.10 により，必要ならば部分列をとれば，**P**-a.s. に，$\partial X_t^{(n),x}$ は J_t^x に収束し，さらに $\lim_{n \to \infty} \eta_t^{(n),x}$ は有限確定値として存在する．したがって

$$\det J_t^x = \lim_{n \to \infty} \det(\partial_x X_t^{(n),x}) = \exp\left(\lim_{n \to \infty} \eta_t^{(n),x}\right) > 0$$

となり，(5.43) が成り立つ．

$\xi \mapsto A(\xi) \in \mathbb{R}^{N \times N}$ が可逆であれば，$\frac{d}{d\xi}A^{-1} = -A^{-1}\frac{dA}{d\xi}A^{-1}$ となることに注意し，伊藤の公式を用いれば，

$$d(J_t^x)^{-1} = -\sum_{\alpha=1}^d (J_t^x)^{-1} \partial V_\alpha(X_t^x) \circ dB_t^\alpha - (J_t^x)^{-1} \partial V_0(X_t^x)dt$$

が成り立つ．これより，定理 5.8 と同様の議論により，(5.44) を得る． ∎

注意 5.17 上の証明では指数写像による近似という視点から，$\det J_t^x$ も指数写像のヤコビ行列式により近似されることを利用して，その正値性を導いた．

5.3 微分同相写像

(5.42) が得られれば伊藤の公式を利用して，x ごとに J_t^x の可逆性を次のように証明することができる．N 次正方行列値確率過程 $\{W_t^x\}_{t\geq 0}$ を確率微分方程式

$$dW_t^x = -\sum_{\alpha=1}^d W_t^x \partial V_\alpha(X_t^x) \circ dB_t^\alpha - W_t^x \partial V_0(X_t^x)dt, \quad W_0^x = I$$

の解とする．このとき，伊藤の公式により $d(W_t^x J_t^x) = 0$ となる．これより $W_t^x J_t^x = I$ となり，$J_0^x = I$ とあわせて $\det J_t^x > 0$, **P**-a.s. となる．ただし，除外集合は x に依存している．

定理 5.16 により，$x \mapsto X_t^x$ は $\mathbb{R}^N$ の局所微分同相写像となっている．$\mathrm{Diff}(\mathbb{R}^N)$ を $\mathbb{R}^N$ 上の微分同相写像の全体とし，$C^\infty(\mathbb{R}^N; \mathbb{R}^N)$ から誘導される位相を導入する: すなわち，

$$D(f,g) = \sum_{\boldsymbol{k}\in(\mathbb{Z}_+)^N} \sum_{n=1}^\infty \Big\{ \sup_{|x|\leq n} |\partial^{\boldsymbol{k}} f(x) - \partial^{\boldsymbol{k}} g(x)| \wedge 1$$
$$+ \sup_{|x|\leq n} |\partial^{\boldsymbol{k}} f^{-1}(x) - \partial^{\boldsymbol{k}} g^{-1}(x)| \wedge 1 \Big\} \quad (f,g \in \mathrm{Diff}(\mathbb{R}^N))$$

という距離から定まる位相を導入する．

定理 5.18　**P**-a.s. に $X_t^\bullet \in \mathrm{Diff}(\mathbb{R}^N)$ $(\forall t \geq 0)$ であり，写像 $[0,\infty) \ni t \mapsto X_t^\bullet \in \mathrm{Diff}(\mathbb{R}^N)$ は連続である．

証明　写像 $x \mapsto X_t^x$ が $\mathbb{R}^N$ 上の全単射であることを示せばよい．

$D_n = \{T_{n,m} \,|\, m = 0, 1, \ldots\}$, $\mathbb{Q}_2^+ = \bigcup_{n=0}^\infty D_n$ とおく．$t \in \mathbb{Q}_2^+$ とする．$B_s^{(t)} = B_t - B_{t-s}$ $(s \leq t)$ とおく．$-V_0$ を V_0 の代わりに用い，さらに $\{B_s^{(t)}\}_{s\in[0,t]}$ を $\{B(s)\}_{s\geq 0}$ の代わりに用いて構成される $X_s^{(n),x}, X_s^x$ をそれぞれ $\overline{X}_s^{t,(n),x}, \overline{X}_s^{t,x}$ と表す．指数写像が

$$\mathfrak{e}_0(t, \mathfrak{e}_0(t, x; -\xi); \xi) = \mathfrak{e}_0(t, \mathfrak{e}_0(t, x; \xi); -\xi) = x$$

を満たすので，$n \geq n(t) = \min\{n \,|\, 2^n t \in \mathbb{Z}_+\}$ ならば

$$X_t^{(n), \overline{X}_t^{t,(n),x}} = \overline{X}_t^{t,(n), X_t^{(n),x}} = x \quad (\forall x \in \mathbb{R}^N)$$

が成り立つ. 定理 5.9, 5.10 により, $n \to \infty$ とすれば,

$$X_t^{\overline{X}_t^{t,x}} = \overline{X}_t^{t,X_t^x} = x \quad (\forall x \in \mathbb{R}^N)$$

となる. これは $t \in \mathbb{Q}_2^+$ ならば, $x \mapsto X_t^x$ は全単射であることを示している.

一般の $t \in [0,\infty)$ に対し, $x \mapsto X_t^x$ は全単射となることをみるには, 写像

$$\mathbb{Q}_2^+ \times (\mathbb{Q}_2^+)^N \ni (t,x) \mapsto \overline{X}_t^{t,x} \in \mathbb{R}^N$$

が, $[0,\infty) \times \mathbb{R}^N$ に連続に拡張できることを示せばよい. これをコルモゴロフの連続性定理 (定理 A.9) を用いて証明する.

まず, V_0 の代わりに $-V_0$ を用いて作られる解を $\overline{X}_t^x$ と表す. $\{B_s^{(t)}\}_{s \leq t}$ がブラウン運動であることに注意すれば

$$\mathbf{E}[|\overline{X}_t^{t,x} - \overline{X}_t^{t,y}|^p] = \mathbf{E}[|\overline{X}_t^x - \overline{X}_t^y|^p] \quad (\forall p \geq 2, t \geq 0, x, y \in \mathbb{R}^N)$$

となる. $\overline{X}_t^x$ のヤコビ行列を $\overline{J}_t^x$ と表せば, 定理 5.10 により, 任意の $T > 0, p \geq 2$ に対し,

$$\mathbf{E}[|\overline{X}_t^x - \overline{X}_t^y|^p] \leq \mathbf{E}\left[\left\|\int_0^1 \overline{J}_t^{x+u(y-x)} du\right\|^p\right] |x-y|^p$$

$$\leq \sup_{z \in \mathbb{R}^N} \mathbf{E}\left[\sup_{s \leq T} \|J_s^z\|^p\right] |x-y|^p \quad (\forall t \leq T, x, y \in \mathbb{R}^N)$$

が成り立つ. したがって, $T > 0, p \geq 2$ に対し, 定数 C_1 が存在し,

$$\mathbf{E}[|\overline{X}_t^{t,x} - \overline{X}_t^{t,y}|^p] \leq C_1 |x-y|^p \quad (\forall t \in \mathbb{Q}_2^+ \cap [0,T], x, y \in \mathbb{R}^N) \quad (5.46)$$

となる.

$s \in \mathbb{Q}_2^+$, $s \leq t$ とする. $B_{(t-s)+u}^{(t)} - B_{(t-s)+v}^{(t)} = B_u^{(s)} - B_v^{(s)}$ となるので,

$$\overline{X}_t^{t,(n),x} = \overline{X}_s^{s,(n),\overline{X}_{t-s}^{t,(n),x}}$$

が成り立つ. 定理 5.10 により, $n \to \infty$ とすれば

$$\overline{X}_t^{t,x} = \overline{X}_s^{s,\overline{X}_{t-s}^{t,x}}$$

を得る．$X^{t,x}_{t-s}$ と $B^{(s)}_u - B^{(s)}_v$ との独立性に注意すれば，(5.46) により，

$$\mathbf{E}[|\overline{X}^{t,x}_t - \overline{X}^{s,x}_s|^p] = \mathbf{E}\bigl[\mathbf{E}[|\overline{X}^{s,y}_s - \overline{X}^{s,x}_s|^p]\bigr|_{y=\overline{X}^{t,x}_{t-s}}\bigr] \leqq C_1 \mathbf{E}[|\overline{X}^{t,x}_{t-s} - x|^p]$$

となる．したがって，モーメント不等式 (4.27) により，任意の $T>0, p \geqq 2$ に対し定数 C_2 が存在し

$$\mathbf{E}[|\overline{X}^{t,x}_t - \overline{X}^{s,x}_s|^p] \leqq C_2 |t-s|^{\frac{p}{2}} \quad (\forall s, t \in \mathbb{Q}^+_2 \cap [0,T], x \in \mathbb{R}^N)$$

が成り立つ．

上式を (5.46) とあわせれば，任意の $T>0, p \geqq 2$ に対し定数 C_3 が存在し

$$\mathbf{E}[|\overline{X}^{t,x}_t - \overline{X}^{s,y}_s|^p] \leqq C_3\{|t-s|^{\frac{p}{2}} + |x-y|^p\} \quad (\forall s, t \in \mathbb{Q}^+_2 \cap [0,T], x, y \in \mathbb{R}^N)$$

が成り立つ．よって，コルモゴロフの連続性定理 (定理 A.9) により，写像 $\mathbb{Q}^+_2 \times \mathbb{R}^N \ni (t,x) \mapsto \overline{X}^{t,x}_t$ は連続に拡張できる． ∎

5.4 微分同相写像の応用

本節では，確率微分方程式の導く微分同相写像のふたつの応用を紹介する．$\mathcal{W}^N$ を，3.4 節と同様に，$[0,\infty)$ 上で定義された $\mathbb{R}^N$-値連続関数の全体とする．$\mathcal{W}^N$ は，(3.17) で与えられる広義一様収束位相を定める距離関数を持っている．確率過程 $\{X^x_t\}_{t \geqq 0}$ を連続写像 $t \mapsto X^x_t$ から得られる $\mathcal{W}^N$-値確率変数とみなすときは $X^x_\bullet$ と表す．

定理 5.19（強マルコフ性 (strong Markov property)） σ を有限な停止時刻とし，$F: \mathcal{W}^N \to \mathbb{R}$ を有界なボレル可測関数とする．このとき，$\mathbf{P}$-a.s. に次が成り立つ．

$$\mathbf{E}[F(X^x_{\sigma+\bullet})|\mathcal{F}_\sigma] = \mathbf{E}[F(X^y_\bullet)]\bigr|_{y=X^x_\sigma}. \tag{5.47}$$

注意 5.20 任意の定数停止時刻 $\sigma \equiv t$ に対して (5.47) が成り立つとき，マルコフ性 (Markov property) を持つという．

証明 $f \in C_b((\mathbb{R}^N)^n), 0 < t_1 < \cdots < t_n$ がとれ, $F(w) = f(w(t_1), \ldots, w(t_n))$ ($w \in \mathcal{W}^N$) と表現できると仮定してよい (定理 3.16 の証明を参照せよ).

$\sigma_m = ([2^m \sigma] + 1)2^{-m}$ とおく. σ_m は停止時刻であり, $\sigma_m \searrow \sigma$ となる. 定理 3.14 により, $\{B_t^{(\sigma_m)} = B_{\sigma_m + t} - B_{\sigma_m}\}_{t \geq 0}$ は, $\mathcal{F}_{\sigma_m}$ と独立な $(\mathcal{F}_{\sigma_m + t})$-ブラウン運動である. $\{B_t^{(\sigma_m)}\}_{t \geq 0}$ を用いて (5.18) の手順で構成される $X_t^{(n),x}$ を $\widehat{X}_t^{(n),m,x}$ と表す. $X_t^{(n),x}$ の構成方法より,

$$X_{\sigma_m + \bullet}^{(n),x} = \widehat{X}_\bullet^{(n),m,X_{\sigma_m}^{(n),x}}$$

が成り立つ. さらに, $\{B_t^{(\sigma_m)}\}_{t \geq 0}$ がブラウン運動であることから,

$$\mathbf{E}[F(\widehat{X}_\bullet^{(n),m,y})] = \mathbf{E}[F(X_\bullet^{(n),y})] \quad (y \in \mathbb{R}^N)$$

が得られる.

$A \in \mathcal{F}_\sigma \subset \mathcal{F}_{\sigma_m}$ とする. $\{B_t^{(\sigma_m)}\}_{t \geq 0}$ の $\mathcal{F}_{\sigma_m}$ との独立性により, $\widehat{X}_\bullet^{(n),m,y}$ は $\mathcal{F}_{\sigma_m}$ と独立となる. よって

$$\mathbf{E}[F(X_{\sigma_m + \bullet}^{(n),x}); A] = \mathbf{E}[\mathbf{E}[F(\widehat{X}_\bullet^{(n),m,X_{\sigma_m}^{(n),x}})|\mathcal{F}_{\sigma_m}]; A]$$

$$= \mathbf{E}[\mathbf{E}[F(\widehat{X}_\bullet^{(n),m,y})]|_{y = X_{\sigma_m}^{(n),x}}; A]$$

$$= \mathbf{E}[\mathbf{E}[F(X_\bullet^{(n),y})]|_{y = X_{\sigma_m}^{(n),x}}; A]$$

となる. ただし, ボレル可測関数 $G : \mathcal{W}^N \times \mathbb{R}^N \to \mathbb{R}$ に対し,

$$\mathbf{E}[G(B_\bullet^{(\sigma_m)}, X_{\sigma_m}^{(n),x})|\mathcal{F}_{\sigma_m}] = \mathbf{E}[G(B_\bullet^{(\sigma_m)}, y)]|_{y = X_{\sigma_m}^{(n),x}} \tag{5.48}$$

となることを用いた (この等式の証明は演習問題とする).

$m \to \infty, n \to \infty$ とすれば, 有界収束定理と定理 5.10 により,

$$\mathbf{E}[F(X_{\sigma + \bullet}^x); A] = \mathbf{E}[\mathbf{E}[F(X_\bullet^y)]|_{y = X_\sigma^x}; A]$$

となり, (5.47) を得る. ∎

5.4 微分同相写像の応用

確率微分方程式の定める微分同相写像の族を用いると確率微分方程式 (5.15) の解を $V_0 = 0$ の場合の解から構成できる．以下では，$V = (V^1, \ldots, V^N)^\dagger \in C^\infty(\mathbb{R}^N; \mathbb{R}^N)$ を，$\mathbb{R}^N$ 上の C^∞-ベクトル場 $\sum_{k=1}^N V^k(x)\left(\frac{\partial}{\partial x^k}\right)_x$ $(x \in \mathbb{R}^N)$ と同一視する．微分同相写像 $f : \mathbb{R}^N \to \mathbb{R}^N$ の $x \in \mathbb{R}^N$ での微分 $f_x^* : T_x \mathbb{R}^N \to T_{f(x)} \mathbb{R}^N$ ($T_x \mathbb{R}^N$ は $\mathbb{R}^N$ の点 x における接空間) を用いて新しいベクトル場 $(f^{-1})^* V$ を

$$(f^{-1})^* V(x) = (f^*)_x^{-1} V(f(x)) = ((\partial f)^{-1}(x)) V(f(x)) \quad (x \in \mathbb{R}^N)$$

により定義する．以下，$V_0, \ldots, V_d$ はこれまでの条件に加え，さらにコンパクトな台を持つ，すなわち，$R > 0$ が存在し，次をみたすと仮定する:

$$V_\alpha(x) = 0 \quad (\forall \alpha = 1, \ldots, d, |x| \geqq R).$$

$\{Y_t^x\}_{t \geqq 0}$ を確率微分方程式

$$dY_t^x = \sum_{\alpha=1}^d V_\alpha(Y_t^x) \circ dB_t^\alpha, \quad Y_0^x = x$$

の解とし，この確率微分方程式から定まる微分同相写像を $Y_t^\bullet$ と表す．

$$\frac{dZ}{dt}(t) = ((Y_t^\bullet)^{-1})^* V_0(Z(t)), \quad Z(0) = x$$

の解を $\{Z(t, x)\}_{t \geqq 0}$ とする．仮定により $Y_t^x = x$ ($|x| \geqq R$) が成り立つので，注意 5.15 により，**P**-a.s. に，$((Y_t^\bullet)^{-1})^* V_0 \in C_b^\infty(\mathbb{R}^N; \mathbb{R}^N)$ となる．したがって，**P**-a.s. に，$Z(t, x)$ は $t \in (-\infty, \infty)$ で一意的に存在する．

定理 5.21 $\{Y_t^{Z(t,x)}\}_{t \geqq 0}$ は確率微分方程式 (5.15) の解である．

証明 $x \in \mathbb{R}^N$ を固定する．$V_0 = 0$ として，(5.18) の手順で構成した確率過程を $\{Y_t^{(n),x}\}_{t \geqq 0}$ と表す．$\sup_{t \leqq T} |Z(t, x)| < \infty$, **P**-a.s. となるから，定理 5.10 により，

$$\lim_{n \to \infty} \sup_{t \leqq T} |Y_t^{(n), Z(t,x)} - Y_t^{Z(t,x)}| = 0 \quad (\forall T > 0), \quad \mathbf{P}\text{-a.s.} \tag{5.49}$$

が成り立つ.

(5.22) に述べた性質を満たす $R(x;\xi)$ を用いて, $t \in [T_{n,m}, T_{n,m+1}]$ ならば

$$Y_t^{(n),Z(t,x)} - Y_{T_{n,m}}^{(n),Z(T_{n,m},x)}$$

$$= \{Y_t^{(n),Z(t,x)} - Y_t^{(n),Z(T_{n,m},x)}\} + \{Y_t^{(n),Z(T_{n,m},x)} - Y_{T_{n,m}}^{(n),Z(T_{n,m},x)}\}$$

$$= \int_{T_{n,m}}^t \partial Y_t^{(n),Z(s,x)} \frac{dZ(s,x)}{ds} ds + \sum_{\alpha=1}^d V_\alpha(Y_{T_{n,m}}^{(n),Z(T_{n,m},x)})\xi_t^{n,m,\alpha}$$

$$+ \frac{1}{2}\sum_{\alpha,\beta=1}^d V_\beta[V_\alpha](Y_{T_{n,m}}^{(n),Z(T_{n,m},x)})\xi_t^{n,m,\alpha}\xi_t^{n,m,\beta} + R(Y_{T_{n,m}}^{(n),Z(T_{n,m},x)};\xi_t^{n,m})$$

と表すことができる. したがって

$$Y_t^{(n),Z(t,x)} = x + \int_0^t \partial Y_{t\wedge\{[s]_n+2^{-n}\}}^{(n),Z(s,x)} \frac{dZ(s,x)}{ds} ds$$

$$+ \sum_{\alpha=1}^d \int_0^t V_\alpha(Y_{[s]_n}^{(n),Z([s]_n,x)}) dB_s^\alpha + \frac{1}{2}\sum_{\alpha=1}^d \int_0^t V_\alpha[V_\alpha](Y_{[s]_n}^{(n),Z([s]_n,x)}) ds$$

$$+ \frac{1}{2}\sum_{1\leq\alpha\neq\beta\leq d} \int_0^t V_\beta[V_\alpha](Y_{[s]_n}^{(n),Z([s]_n,x)})\{\xi_s^{n,[2^ns),\alpha} dB_s^\beta + \xi_s^{n,[2^ns),\beta} dB_s^\alpha\}$$

$$+ \sum_{m=0}^{[2^nt)} R(Y_{T_{n,m}}^{(n)Z(T_{n,m},x)};\xi_t^{n,m})$$

を得る.

$$(\partial Y_s^{Z(s,x)})\frac{dZ(s,x)}{ds} = V_0(Y_s^{Z(s,x)})$$

が成り立つので, 定理 5.9 の証明と同様の議論と (5.49) により, $n \to \infty$ とすれば

$$Y_t^{Z(t,x)} = x + \sum_{\alpha=1}^d \int_0^t V_\alpha(Y_s^{Z(s,x)}) dB_s^\alpha + \int_0^t \widetilde{V}_0(Y_s^{Z(s,x)}) ds$$

となる. よって, $\{Y_t^{z(t,x)}\}_{t\geq 0}$ は確率微分方程式 (5.15) の解となる. ∎

演習問題

5.1. リプシッツ条件が満たされなければ，確率微分方程式の解の一意性が成り立たないことを示す次の例を確認せよ．

$a \leqq 0 \leqq b, k \in \mathbb{N}$ とする．$\varphi(x) = (x-a)^{2k+1} \ (x < a), = 0 \ (a \leqq x \leqq b), = (x-b)^{2k+1} \ (x > b)$ と定義する．$\{B_t\}_{t \geqq 0}$ を 1 次元ブラウン運動とし，$X_t = \varphi(X_t)$ とおく．このとき，$\{X_t\}_{t \geqq 0}$ は次の確率微分方程式の解であることを示せ．

$$dX_t = (2k+1)X_t^{\frac{2k}{2k+1}} dB_t + k(2k+1)X_t^{\frac{2k-1}{2k+1}} dt, \quad X_0 = 0.$$

5.2. 線形増大条件が満たされなければ，確率微分方程式の解が存在しないことを示す次の例を確認せよ．

$n \in \mathbb{N}$ とする．もし 1 次元確率微分方程式

$$dX_t = \frac{1}{n} X_t^{n+1} dB_t + \frac{n+1}{2n^2} X_t^{2n+1} dt, \quad X_0 = 1$$

の解 $\{X_t\}_{t \geqq 0}$ が存在するならば，

$$X_t = (1 - B_t)^{-\frac{1}{n}} \quad (t < \tau_1)$$

が成り立つことを証明せよ．ただし，$\tau_1 = \{t \geqq 0 | B_t = 1\}$ である．さらに，これより解は存在しないことを導け．

5.3. $A \in \mathbb{R}^{d \times d}$ とする．$\mathbb{R}^d$ 上の確率微分方程式

$$dX_t = dB_t + AX_t dt, \quad X_0 = x \quad \left(dX_t^\alpha = dB_t^\alpha + \sum_{\beta=1}^d A_\beta^\alpha X_t^\beta dt \right)$$

の解 $\{X_t^x\}_{t \geqq 0}$ を求めよ．さらに，$\{J_t^x\}_{t \geqq 0}$ も求めよ．

5.4. $d = N = 1$, $V \in C_b^\infty(\mathbb{R})$ とする. C^∞-級関数 $\varphi : \mathbb{R}^2 \ni (x, \xi) \mapsto \varphi(x, \xi) \in \mathbb{R}$ を微分方程式

$$\frac{\partial \varphi}{\partial \xi}(x, \xi) = V(\varphi(x, \xi)), \quad \varphi(x, 0) = x$$

により定義する.

(i) $X_t^x = \varphi(x, B_t)$ のみたすストラトノビッチ型の確率微分方程式を求めよ.

(ii) $J_t^x = \frac{\partial}{\partial x} X_t^x = \exp\bigl(\int_0^{B_t} V'(\varphi(x, \eta)) d\eta\bigr)$ が成り立つことを示せ.

5.5. 補題 5.13 の $|k| \geqq 2$ の場合の証明を完了せよ.

5.6. $C : [0, T] \to \mathbb{R}^{d \times d}$ は連続であるとする. $A : [0, T] \to \mathbb{R}^{d \times d}$ は C^1-級であり,

$$\frac{d}{dt} A(t) = C(t) A(t) \quad (t \leqq T)$$

をみたすと仮定する. このとき, 次が成り立つことを示せ.

$$\frac{d}{dt} \det A(t) = (\operatorname{tr} C(t)) \det A(t).$$

5.7. $V_\alpha = (V_\alpha^1, \ldots, V_\alpha^d) \in C_b^\infty(\mathbb{R}^d; \mathbb{R}^d)$ は

$$V_\alpha^\beta(x) = \delta_{\alpha\beta} - \frac{x_\alpha x_\beta}{|x|^2} \quad (\tfrac{1}{2} \leqq |x| \leqq 2)$$

をみたすとする. $\{X_t^x\}_{t \geqq 0}$ を確率微分方程式

$$dX_t = \sum_{\alpha=1}^d V_\alpha(X_t) \circ dB_t^\alpha, \quad X_0 = x$$

の解とする. 写像 $x \mapsto X_t^x$ を $S^{d-1} = \{x \in \mathbb{R}^d \mid |x| = 1\}$ に制限すれば, S^{d-1} 上の微分同相写像となることを示せ.

5.8. (5.48) を証明せよ.

第6章 ◇ 確率微分方程式 (II)

前章では与えられたフィルターつき確率空間 $(\Omega, \mathcal{F}, \mathbf{P}, \{\mathcal{F}_t\}_{t\geqq 0})$ 上の $(\mathcal{F}_t)$-ブラウン運動をもとに確率微分方程式の解を構成した．本章では，弱い解と呼ばれる，ブラウン運動と確率微分方程式の解の組を構成する方法について考察し，その応用として確率微分方程式の解を用いた 2 階線形偏微分方程式の解の表示について紹介する．

6.1 弱い解——マルチンゲール問題

確率微分方程式の弱い解の定義から始めよう．

定義 6.1 $x \in \mathbb{R}^N$ とする．フィルターつき確率空間 $(\Omega, \mathcal{F}, \mathbf{P}, \{\mathcal{F}_t\}_{t\geqq 0})$ および d 次元 $(\mathcal{F}_t)$-ブラウン運動 $\{B_t\}_{t\geqq 0}$ と $\mathbb{R}^N$-値確率過程 $\{X_t\}_{t\geqq 0}$ が存在し，$\xi = x$ として定義 5.2 の条件 (i)～(iii) をみたすとき，組 $\{\{B_t\}_{t\geqq 0}, \{X_t\}_{t\geqq 0}\}$ を確率微分方程式 (5.1) の $X_0 = x$ をみたす**弱い解** (weak solution) という．

注意 6.2 定義 5.2 の意味での解 $\{X_t\}_{t\geqq 0}$ を始めに与えられた $(\mathcal{F}_t)$-ブラウン運動 $\{B_t\}_{t\geqq 0}$ と組み合わせれば，弱い解 $\{\{B_t\}_{t\geqq 0}, \{X_t\}_{t\geqq 0}\}$ が得られる．

例 6.3 $d \geqq 2$ とする．$\{B_t\}_{t\geqq 0}$ を d 次元 $(\mathcal{F}_t)$-ブラウン運動とする．$x \neq 0$ に対し，$X_t = |x + B_t|$ とおく．定理 4.20 と同じ σ_r^x を用いると，伊藤の公式により，

$$X_t = |x| + \sum_{\alpha=1}^{d} \int_0^{t \wedge \sigma_r^x} \frac{x^\alpha + B_s^\alpha}{|x + B_s|} dB_s^\alpha + \int_0^{t \wedge \sigma_r^x} \frac{d-1}{2|x + B_s|} ds \quad (t \geqq 0) \qquad (6.1)$$

となる．定理 4.20(1b) により，**P**-a.s. に $X_t > 0$ $(\forall t \geqq 0)$ が成り立つ．したがって $\{\frac{x^\alpha + B_t^\alpha}{|x + B_t|}\}_{t\geqq 0} \in \mathcal{L}^2_{\mathrm{loc}}$ $(\alpha = 1, \ldots, d)$ である．よって

$$\widetilde{B}_t = \sum_{\alpha=1}^{d} \int_0^t \frac{x^\alpha + B_s^\alpha}{|x + B_s|} dB_s^\alpha$$

とおけば, 定理 4.17 により, $\{\widetilde{B}_t\}_{t \geq 0}$ は $(\mathcal{F}_t)$-ブラウン運動となる. $\sigma_r^x \to \infty$ $(r \to 0)$ である (定理 4.20) から, (6.1) により $\{\{\widetilde{B}_t\}_{t \geq 0}, \{X_t\}_{t \geq 0}\}$ は確率微分方程式

$$dX_t = dB_t + \frac{d-1}{2X_t} dt$$

の弱い解となることが従う. この $\{X_t\}_{t \geq 0}$ は **d 次元ベッセル過程** (Bessel process with dimension d) と呼ばれている.

$\mathbb{R}^N$ 上の微分作用素 $\mathcal{L}_t$ を

$$\mathcal{L}_t f(x) = \frac{1}{2} \sum_{\alpha=1}^{d} \sum_{i,j=1}^{N} \sigma_\alpha^i(t,x) \sigma_\alpha^j(t,x) \frac{\partial^2 f}{\partial x^i \partial x^j}(x) + \sum_{i=1}^{N} b^i(t,x) \frac{\partial f}{\partial x^i}(x)$$

と定義する.

定理 6.4　関数 $u : [0, \infty) \times \mathbb{R}^N \to \mathbb{R}$ は, 有界かつ $C^{1,2}$ 級であり, さらに

$$\frac{\partial u}{\partial t} = \mathcal{L}_t u, \quad u(0, \cdot) = f \qquad (6.2)$$

をみたすとする. $x \in \mathbb{R}^N$ に対し, $\{\{B_t^{(x)}\}_{t \geq 0}, \{X_t^{(x)}\}_{t \geq 0}\}$ を確率微分方程式 (5.1) の $X_0 = x$ なる弱い解とする. このとき, $u(t, x) = \mathbf{E}[f(X_t^{(x)})]$ が成り立つ. ただし, $\mathbf{E}$ は $\{\{B_t^{(x)}\}_{t \geq 0}, \{X_t^{(x)}\}_{t \geq 0}\}$ の実現されている確率空間での期待値を表す.

証明　$t \geq 0$ を固定する. $\tau_n = \inf\{s \geq 0 \mid \int_0^s \|\sigma(u, X_u^{(x)})\|^2 du + |X_s^{(x)}| \geq n\} \wedge t$ とおく. 伊藤の公式と (6.2) により,

$$u(t - s \wedge \tau_n, X_{s \wedge \tau_n}^{(x)}) = u(t, x) + \sum_{\alpha=1}^{d} \sum_{i=1}^{N} \int_0^{s \wedge \tau_n} \sigma_\alpha^i(u, X_u^{(x)}) \frac{\partial u}{\partial x^i}(t - u, X_u^{(x)}) dB_u^\alpha$$

となる．u が $C^{1,2}$-級であることに注意すれば，$\{u(t-s\wedge\tau_n, X^{(x)}_{s\wedge\tau_n})\}_{s\leq t}$ はマルチンゲールとなる．とくに，

$$\mathbf{E}[u(t-t\wedge\tau_n, X^{(x)}_{t\wedge\tau_n})] = u(t,x)$$

が成り立つ．u が有界であるから，$n\to\infty$ とすれば求める等式をえる． ∎

注意 6.5 $(\mathbb{R}^N, \mathcal{B}(\mathbb{R}^N))$ 上の確率測度 $P_t(x,A)$ を $P_t(x,A) = \mathbf{P}(X^{(x)}_t \in A)$ ($A \in \mathcal{B}(\mathbb{R}^N)$) と定義する．定理は偏微分方程式 (6.2) の解が $u(t,x) = \int_{\mathbb{R}^N} f(y)P_t(x,dy)$ により与えらることを示している．

1930年代にコルモゴロフ (A. Kolmogorov) は，偏微分方程式 (6.2) の解 $P_t(x,dy)$ (基本解と呼ばれる) を用いて，拡散過程と呼ばれる確率過程 $\{X^{(x)}_t\}_{t\geq 0}$ を解析的に構成することに成功した．伊藤清は，1940年代に確率微分方程式から出発し，確率論的手法で拡散過程を構成することに成功した．上の定理は伊藤が見出した手法による基本解の実現となっている．

3.4節と同様に，$[0,\infty)$ 上の $\mathbb{R}^N$-値連続関数の全体を $\mathcal{W}^N$ と表す．$\mathcal{W}^N$ は広義一様収束位相を持つ位相空間である．確率微分方程式 (5.1) の弱い解 $\{\{B_t\}_{t\geq 0}, \{X_t\}_{t\geq 0}\}$ が，$\omega\in\Omega$ ごとに定める連続写像 $t\mapsto X_t(\omega)$ を，前章と同様に $X_\bullet$ と表す．

定義 6.6 フィルターつき確率空間 $(\Omega^{(j)}, \mathcal{F}^{(j)}, \mathbf{P}^{(j)}, \{\mathcal{F}^{(j)}_t\}_{t\geq 0})$ 上で定義された弱い解 $\{\{B^{(j)}_t\}_{t\geq 0}, \{X^{(j)}_t\}_{t\geq 0}\}$ ($j=1,2$) に対し，$\mathbf{P}^{(1)}\circ(X^{(1)}_\bullet)^{-1} = \mathbf{P}^{(2)}\circ(X^{(2)}_\bullet)^{-1}$ が成り立つとき，弱いの解は一意的であるという．

命題 6.7 $\sigma(t,x), b(t,x)$ はリプシッツ条件 (5.4) と線形増大条件 (5.5) をみたすとする．このとき，弱い解は一意的である．

証明 $\{\{B^{(j)}_t\}_{t\geq 0}, \{X^{(j)}_t\}_{t\geq 0}\}$ ($j=1,2$) を弱い解とする．定理5.3の構成法より，各 $\{B^{(j)}_t\}_{t\geq 0}$ を用いて定める解の近似列が $(\mathcal{W}^N, \mathcal{B}(\mathcal{W}^N))$ 上に誘導する確率測度は一致している．(5.6) の意味での一意性に注意すれば，この一致は極限にも伝搬する．すなわち，弱い解の一意性が従う．詳細は演習問題とする． ∎

注意 6.8 (i) 道ごとの一意性が成り立てば，弱い解の一意性が従う．詳しくは [14] を参照されたい．

(ii) 弱い解が一意であっても (5.6) の意味での一意性はいえない．たとえば $d = N = 1$ とし

$$dX_t = \text{sgn}(X_t)dB_t, \quad X_0 = 0$$

という確率微分方程式を考える．ただし $\text{sgn}(x) = \begin{cases} 1 & (x \geq 0) \\ -1 & (x < 0) \end{cases}$ である．

$\{\{B_t\}_{t \geq 0}, \{X_t\}_{t \geq 0}\}$ を弱い解とする．伊藤の公式により，$f \in C_0^\infty(\mathbb{R})$ に対し

$$f(X_t) - f(X_0) - \frac{1}{2}\int_0^t f''(X_s)ds = \int_0^t \text{sgn}(X_s)f'(X_s)dB_s$$

が成り立つ．$\{f(X_t) - f(X(0)) - \int_0^t \frac{1}{2}f''(X(s))ds\}_{t \geq 0}$ はマルチンゲールとなり，定理 3.12 により，$\{X_t\}_{t \geq 0}$ はブラウン運動である．よって弱い解は一意である．

$\{X_t\}_{t \geq 0}$ がブラウン運動であるから

$$\mathbf{E}\left[\int_0^\infty \mathbf{1}_{\{0\}}(X_t)dt\right] = \int_0^\infty \mathbf{P}(X_t = 0)dt = 0$$

である．これより $\mathbf{E}\left[\int_0^\infty |\text{sgn}(-X_t) + \text{sgn}(X_t)|^2 dt\right] = 0$ となる．よって，

$$d(-X_t) = -\text{sgn}(X_t)dB_t = \text{sgn}(-X_t)dB_t$$

が成り立ち，$\{-X_t\}_{t \geq 0}$ もまた上の確率微分方程式の解となる．よって，(5.6) の意味での一意性は成り立たない．

弱い解に関連して**マルチンゲール問題** (martingale problem) と呼ばれる汎用性の高い手法が，1960 年代末にストルックとヴァラダン (Stroock-Varadhan) により導入された．これについて概説する．以下，σ, b は t に依存しない有界ボレル可測関数，すなわち，$\sigma = (\sigma_\alpha^i)_{\substack{1 \leq i \leq N \\ 1 \leq \alpha \leq d}} : \mathbb{R}^N \to \mathbb{R}^{d \times N}, b = (b^1, \ldots, b^N)^\dagger : \mathbb{R}^N \to \mathbb{R}^N$ であり，有界かつボレル可測であると仮定する．また，$\theta_t : \mathcal{W}^N \to \mathbb{R}^N$ を，写像 $w : [0, \infty) \to \mathbb{R}^N$ の時刻 t における値，すなわち，$\theta_t(w) = w(t)$ $(w \in \mathcal{W}^N)$ と定義する．

定義 6.9　$x \in \mathbb{R}^N$ とする．$(\mathcal{W}^N, \mathcal{B}(\mathcal{W}^N))$ 上の確率測度 $\mathbf{Q}$ が x を出発するマルチンゲール問題の解であるとは，次の2条件がみたされることをいう．
(i) $\mathbf{Q}(\theta_0 = x) = 1$.
(ii) 任意の $f \in C_0^\infty(\mathbb{R}^N)$ に対し，$M_t^f = f(\theta_t) - f(\theta_0) - \int_0^t \mathcal{L}f(\theta_s)ds$ とおけば，$\{M_t^f\}_{t \geq 0}$ は，$\mathbf{Q}$ のもと，$(\mathcal{H}_t)$-マルチンゲールである．ただし，$\mathcal{L}$ は

$$\mathcal{L}f(y) = \frac{1}{2}\sum_{\alpha=1}^d \sum_{i,j=1}^N \sigma_\alpha^i(y)\sigma_\alpha^j(y)\frac{\partial^2 f}{\partial x^i \partial x^j}(y) + \sum_{i=1}^N b^i(y)\frac{\partial f}{\partial x^i}(y) \quad (y \in \mathbb{R}^N)$$

で与えられる偏微分作用素であり，$\mathcal{H}_t = \sigma(\bigcup_{s \leq t} \mathcal{F}^{\theta_s})$ である．

$x \in \mathbb{R}^N$ とし，$\{\{B_t\}_{t \geq 0}, \{X_t\}_{t \geq 0}\}$ を $(\Omega, \mathcal{F}, \mathbf{P}, \{\mathcal{F}_t\}_{t \geq 0})$ 上で実現された，$X_0 = x$ なる確率微分方程式

$$dX_t = \sigma(X_t)dB_t + b(X_t)dt \tag{6.3}$$

の弱い解とする．$\widehat{M}_t^f = f(X_t) - f(X_0) - \int_0^t \mathcal{L}f(X_s)ds$ とおけば，伊藤の公式により，

$$\widehat{M}_t^f = \sum_{\alpha=1}^d \sum_{i=1}^N \int_0^t \sigma_\alpha^i(X_s)\frac{\partial f}{\partial x^i}(X_s)dB_s^\alpha$$

となる．したがって，$\{\widehat{M}_t^f\}_{t \geq 0}$ は $(\mathcal{F}_t)$-マルチンゲールである．すなわち，$\mathbf{P} \circ X_\bullet^{-1}$ は，x を出発するマルチンゲール問題の解となる．次のことが知られている ([14] 参照)．

定理 6.10　$x \in \mathbb{R}^N$ とする．
(1) $X_0 = x$ なる確率微分方程式 (6.3) の弱い解が存在するための必要十分条件は，x を出発するマルチンゲール問題の解が存在することである．
(2) $X_0 = x$ なる確率微分方程式 (6.3) の弱い解が一意的であることと，x を出発するマルチンゲール問題の解が一意的であることは同値である．

マルチンゲール問題の解の存在と一意性については以下のようなことが知られている ([16] 参照).

定理 6.11

(1) もし $\sigma\sigma^\dagger : \mathbb{R}^N \to \mathbb{R}^{N\times N}, b : \mathbb{R}^N \to \mathbb{R}^N$ がともに連続であれば, $x \in \mathbb{R}^N$ を出発するマルチンゲール問題の解が存在する.

(2) もし $\sigma\sigma^\dagger : \mathbb{R}^N \to \mathbb{R}^{N\times N}$ が連続で, 任意の $y \in \mathbb{R}^N$ に対し, $\sigma(y)\sigma^\dagger(y)$ が正定値であれば, すなわち, $\langle \xi, \sigma(y)\sigma(y)^\dagger \xi \rangle > 0 \ (\forall \xi \in \mathbb{R}^N, \neq 0)$ であれば, $x \in \mathbb{R}^N$ を出発するマルチンゲール問題の解が存在し一意的である.

注意 6.12 マルチンゲール問題の解の存在と一意性, したがって, 弱い解の存在と一意性から, 確率過程 $\{X_t^x\}_{t\geq 0}$ の強マルコフ性 (定理 5.19 参照) が従う. この事実は確率解析において非常に重要であるが, 証明には正則条件つき確率と呼ばれる条件つき確率の精密化が必要であり, 本書では証明は紹介しない. [12, 16] を参照されたい.

6.2 ギルサノフの定理

弱い解の考察においては, 次に述べる確率測度の変換公式が有効である.

定理 6.13 (ギルサノフの定理) $T > 0$ とする. $(\Omega, \mathcal{F}, \mathbf{P}, \{\mathcal{F}_t\}_{t\leq T})$ をフィルターつき確率空間とし, $\{B_t = (B_t^1, \ldots, B_t^d)\}_{t\leq T}$ を d 次元 $(\mathcal{F}_t)$-ブラウン運動とする. $(\mathcal{F}_t)$-発展的可測な $\mathbb{R}^d$ 値確率過程 $a = \{a_t = (a_t^1, \ldots, a_t^d)\}_{t\leq T}$ は

$$\liminf_{\varepsilon\downarrow 0} \varepsilon \log \mathbf{E}\left[\exp\left(\frac{1-\varepsilon}{2}\int_0^T |a_t|^2 dt\right)\right] < \infty \qquad (6.4)$$

をみたすと仮定する.

$$M_t^a = \sum_{\alpha=1}^d \int_0^t a_s^\alpha dB_s^\alpha, \quad e_t^a = \exp\left(M_t^a - \frac{1}{2}\int_0^t |a_s|^2 ds\right) \quad (t \leq T)$$

とおく. このとき $\{e_t^a\}_{t\leq T}$ は $(\mathcal{F}_t)$-マルチンゲールである. さらに, $\widehat{B}_t = B_t - \int_0^t a_s ds$ とおけば,

6.2 ギルサノフの定理

$$\widehat{\mathbf{P}}(A) = \mathbf{E}[e_T^a ; A] \quad (A \in \mathcal{F}_T)$$

で定義される $\mathcal{F}_T$ 上の確率測度 $\widehat{\mathbf{P}}$ の下,$\{\widehat{B}_t\}_{t \leq T}$ は d 次元 $(\mathcal{F}_t)$-ブラウン運動となる.

注意 6.14 仮定 (6.4) がみたされれば,次が成り立つ.

$$\mathbf{E}\left[\exp\left(\frac{1-\varepsilon}{2}\int_0^T |a_t|^2 dt\right)\right] < \infty \quad (\forall \varepsilon > 0). \tag{6.5}$$

また,(6.4) が成り立つための十分条件の一つは次のノビコフ (**Novikov**) の条件である.

$$\mathbf{E}\left[\exp\left(\frac{1}{2}\int_0^T |a_t|^2 dt\right)\right] < \infty.$$

例 6.15 定理 3.11 により,d 次元ブラウン運動は

$$\mathbf{E}\left[\exp\left(\frac{(1-\varepsilon)\max_{t \leq T}|B_t|^2}{2T}\right)\right] \leq e\varepsilon^{-\frac{d}{2}} \quad (0 < \varepsilon < 1, T > 0) \tag{6.6}$$

をみたす.したがって,$T \leq 1$ ならば,

$$\varepsilon \log \mathbf{E}\left[\exp\left(\frac{(1-\varepsilon)\int_0^T |B_t|^2 dt}{2}\right)\right] \leq -\frac{d}{2}\varepsilon \log \varepsilon$$

が成り立つ.よって,$T \leq 1$ に対し,$a_t = B_t$ として,(6.4) が成立する.

定理の証明のために補題を準備する.

補題 6.16 $\{a_t^\alpha\}_{t \leq T} \in \mathcal{L}_0$ $(\alpha = 1, \ldots, d)$ ならば,$\{e_t^a\}_{t \leq T}$ は $(\mathcal{F}_t)$-マルチンゲールであり,さらに次の評価式が成り立つ.

$$\mathbf{E}[(e_T^a)^p] \leq \exp\left(\frac{p(p-1)T}{2}\sup_{t \leq T, \omega \in \Omega}|a_t(\omega)|^2\right) \quad (\forall p \geq 1). \tag{6.7}$$

証明 前半は定理 3.10 で示した.不等式 (6.7) は

$$(e_T^a)^p = e_T^{pa}\exp\left(\frac{p(p-1)}{2}\int_0^T |a_t|^2 ds\right)$$

という表示より従う. ∎

補題 6.17 $\{a_t\}_{t \leq T}$ は $\sup_{t \leq T, \omega \in \Omega} |a_t(\omega)| < \infty$ をみたすと仮定する．このとき，$\{e_t^a\}_{t \leq T}$ は $(\mathcal{F}_t)$-マルチンゲールである．

証明 $C = \sup_{\omega \in \Omega, t \leq T} |a_t(\omega)|$ とする．補題 4.5 により $\{\tilde{a}_t^{n,\alpha}\}_{t \leq T} \in \mathcal{L}_0$ ($\alpha = 1,\ldots,d, n = 1,2,\ldots$) が存在し，$\int_0^T |\tilde{a}_t^{n,\alpha} - a_t^\alpha|^2 dt \to 0$ in prob となる．$a_t^{n,\alpha} = (-C) \vee \tilde{a}_t^{n,\alpha} \wedge C$ とおけば，$a_t^{n,\alpha} \in \mathcal{L}_0$ であり，$a_t^{(n)} = (a_t^{n,1},\ldots,a_t^{n,d})$ は

$$\sup_{n=1,2,\ldots} \sup_{t \leq T, \omega \in \Omega} |a_t^{(n)}(\omega)| < \infty, \quad \int_0^T |a_t^{(n)} - a_t|^2 dt \to 0 \quad \text{in prob}$$

をみたす．このとき，補題 4.6 により，$\sup_{t \leq T} |e_t^{a^{(n)}} - e_t^a|$ は 0 に確率収束する．

さらに，(6.7) により，$\sup_{n=1,2,\ldots} \mathbf{E}[(e_t^{a^{(n)}})^2] < \infty$ となり，$e_t^{a^{(n)}}$ ($n=1,2,\ldots$) は一様可積分である．したがって $e_t^{a^{(n)}}$ は e_t^a に L^1 収束する．補題 6.16 により $\{e_t^{a^{(n)}}\}_{t \leq T}$ は $(\mathcal{F}_t)$-マルチンゲールであるから $\{e_t^a\}_{t \leq T}$ も $(\mathcal{F}_t)$-マルチンゲールとなる．■

補題 6.18 (6.4) が成り立てば，$\mathbf{E}[e_T^{(1-\varepsilon)a}] = 1$ ($0 < \forall \varepsilon < 1$) が成り立つ．

証明 $a_t^{n,\alpha} = (-n) \vee \{a_t^\alpha \wedge n\}, a_t^{(n)} = (a_t^{n,1},\ldots,a_t^{n,d})$ とおく．必要ならば部分列を採ることで **P**-a.s. に次が成り立つと仮定する．

$$\lim_{n \to \infty} \int_0^T |a_t^{(n)} - a_t|^2 dt = 0, \quad \lim_{n \to \infty} \sum_{\alpha=1}^d \int_0^T a_t^{n,\alpha} dB_t^\alpha = \sum_{\alpha=1}^d \int_0^T a_t^\alpha dB_t^\alpha.$$

$\varepsilon > 0$ に対し，$p(1-\varepsilon^2) < 1$ をみたす $p > 1$ をとる．$|a_t^{(n)}| \leq |a_t|$ であるから，補題 6.17 とヘルダーの不等式により，

$$\mathbf{E}[(e_T^{(1-\varepsilon)a^{(n)}})^p] = \mathbf{E}\left[(e_T^{a^{(n)}})^{p(1-\varepsilon)} \exp\left(\frac{p}{2}\{(1-\varepsilon) - (1-\varepsilon)^2\} \int_0^T |a_t^{(n)}|^2 dt\right)\right]$$

$$\leq (\mathbf{E}[e_T^{a^{(n)}}])^{p(1-\varepsilon)} \left(\mathbf{E}\left[\exp\left(\frac{1}{2} \frac{p\varepsilon(1-\varepsilon)}{1-p(1-\varepsilon)} \int_0^T |a_t^{(n)}|^2 dt\right)\right]\right)^{1-p(1-\varepsilon)}$$

$$= \left(\mathbf{E}\left[\exp\left(\frac{1}{2} \times \frac{p\varepsilon(1-\varepsilon)}{1-p(1-\varepsilon)} \int_0^T |a_t|^2 dt\right)\right]\right)^{1-p(1-\varepsilon)}$$

が成り立つ．$\frac{p\varepsilon(1-\varepsilon)}{1-p(1-\varepsilon)} < 1$ であるから，(6.5) により $\{e_T^{(1-\varepsilon)a^{(n)}}\}_{n=1}^\infty$ は一様可積分である．また補題 6.17 により $\mathbf{E}[e_T^{(1-\varepsilon)a^{(n)}}] = 1$ であるから，$n \to \infty$ として，$\mathbf{E}[e_T^{(1-\varepsilon)a}] = 1$ を得る． ∎

定理 6.13 の証明 まず，$\{e_t^a\}_{t \leqq T}$ が $(\mathcal{F}_t)$-マルチンゲールとなることを証明するためには，$\mathbf{E}[e_T^a] \geqq 1$ となることを示せばよいことを見る．伊藤の公式により，

$$e_t^a = 1 + \sum_{\alpha=1}^d \int_0^t e_s^a a_s^\alpha dB_s^\alpha \quad (t \leqq T)$$

と表現できる．命題 4.10 により，停止時刻

$$\tau_n = \inf\left\{t \geqq 0 \,\bigg|\, \int_0^t (e_s^a)^2 |a_s|^2 ds \geqq n\right\} \quad (n = 1, 2, \ldots)$$

とおけば，各 n に対し，$\{e_{t \wedge \tau_n}^a\}_{t \leqq T}$ は $(\mathcal{F}_t)$-マルチンゲールとなる．条件つき期待値に対するファトウの補題 (命題 1.35) により，$s < t$ に対し，

$$e_s^a = \lim_{n \to \infty} e_{s \wedge \tau_n}^a = \lim_{n \to \infty} \mathbf{E}[e_{t \wedge \tau_n}^a | \mathcal{F}_s] \geqq \mathbf{E}[e_t^a | \mathcal{F}_s]$$

が成り立つ．すなわち，$\{e_s^a\}_{t \leqq T}$ は $(\mathcal{F}_t)$-優マルチンゲールである．よって，

$$1 = \mathbf{E}[e_0^a] \geqq \mathbf{E}[e_s^a] \geqq \mathbf{E}[\mathbf{E}[e_t^a|\mathcal{F}_s]] = \mathbf{E}[e_t^a] \geqq \mathbf{E}[e_T^a]$$

が従う．これより，$\mathbf{E}[e_T^a] \geqq 1$ ならば，$\{e_t^a\}_{t \leqq T}$ は $(\mathcal{F}_t)$-マルチンゲールとなる．

つぎに $\mathbf{E}[e_T^a] \geqq 1$ となることを示し，$\{e_t^a\}_{t \leqq T}$ がマルチンゲールであることの証明を完了する．$K > 0$ に対し，$A_K = \{\int_0^T |a(s)|^2 ds \leqq K\}$ とおく．$0 < \varepsilon < 1$ に対し，補題 6.18 とヘルダーの不等式により

$$1 = \mathbf{E}[e_T^{(1-\varepsilon)a}] = \mathbf{E}\left[(e_T^a)^{1-\varepsilon} \exp\left(\frac{\varepsilon(1-\varepsilon)}{2} \int_0^T |a_t|^2 dt\right)\right]$$

$$\leq (\mathbf{E}[e_T^a])^{1-\varepsilon} \left(\mathbf{E}\left[\exp\left(\frac{1-\varepsilon}{2} \int_0^T |a_t|^2 dt \right); A_K \right] \right)^{\varepsilon}$$

$$+ (\mathbf{E}[e_T^a; \Omega \setminus A_K])^{1-\varepsilon} \left(\mathbf{E}\left[\exp\left(\frac{1-\varepsilon}{2} \int_0^T |a_t|^2 dt \right) \right] \right)^{\varepsilon}$$

$$\leq (\mathbf{E}[e_T^a])^{1-\varepsilon} e^{\frac{K}{2}\varepsilon} + (\mathbf{E}[e_T^a; \Omega \setminus A_K])^{1-\varepsilon} \left(\mathbf{E}\left[\exp\left(\frac{1-\varepsilon}{2} \int_0^T |a_t|^2 dt \right) \right] \right)^{\varepsilon}$$

となる．$\varepsilon \downarrow 0$ としたときの下極限を比較すれば

$$1 \leq \mathbf{E}[e_T^a] + \mathbf{E}[e_T^a; \Omega \setminus A_K] \exp\left(\liminf_{\varepsilon \downarrow 0} \varepsilon \log\left(\mathbf{E}\left[\exp\left(\frac{1-\varepsilon}{2} \int_0^T |a_t|^2 dt \right) \right] \right) \right)$$

を得る．$K \to \infty$ とすれば，(6.4) により，$\mathbf{E}[e_T^a] \geq 1$ が従う．

最後に $\widehat{\mathbf{P}}$ の下 $\{\widehat{B}_t\}_{t \leq T}$ が d 次元 $(\mathcal{F}_t)$-ブラウン運動となることを証明する．$\lambda \in \mathbb{R}^d$ に対し，$M_t^\lambda = e^{i\langle \lambda, \widehat{B}_t \rangle + \frac{1}{2}t|\lambda|^2}$ とおく．もし，すべての $\lambda \in \mathbb{R}^d$ に対し，$\{M_t^\lambda\}_{t \geq 0}$ が $\widehat{\mathbf{P}}$ のもと $(\mathcal{F}_t)$-マルチンゲールであれば，

$$\mathbf{E}_{\widehat{\mathbf{P}}}[e^{i\langle \lambda, \widehat{B}_t - \widehat{B}_s \rangle} | \mathcal{F}_s] = e^{-\frac{1}{2}(t-s)|\lambda|^2}$$

となり，定理 3.12 の証明と同様にして，$\widehat{\mathbf{P}}$ の下 $\{\widehat{B}_t\}_{t \leq T}$ が d 次元 $(\mathcal{F}_t)$-ブラウン運動となる．ただし，$\mathbf{E}_{\widehat{\mathbf{P}}}$ は $\widehat{\mathbf{P}}$ に関する期待値を表す．

$\{M_t^\lambda\}_{t \geq 0}$ が $\widehat{\mathbf{P}}$ のもと $(\mathcal{F}_t)$-マルチンゲールとなることを示す．停止時刻 τ_n $(n = 1, 2, \dots)$ を

$$\tau_n = \inf\left\{ t > 0 \ \Big|\ \sup_{s \in [0,t]} \left\{ |M_s^\lambda e_s^a| + \int_0^s |a_u|^2 du \right\} \geq n \right\} \wedge T$$

と定義する．補題 2.13 により

$$\sup_{s \in [0, \tau_n]} \left\{ |M_s^\lambda e_s^a| + \int_0^s |a_u|^2 du \right\} \leq n \quad \mathbf{P}\text{-a.s.}$$

となる．伊藤の公式により

$$d(M_t^\lambda e_t^a) = i M_t^\lambda e_t^a \langle \lambda, dB_t \rangle + M_t^\lambda e_t^a \langle a_t, dB_t \rangle$$

となるから，$\{M^\lambda_{t\wedge\tau_n}e^a_{t\wedge\tau_n}\}_{t\leq T}$ は $\mathbf{P}$ のもと $(\mathcal{F}_t)$-マルチンゲールである．ただし，$\{u_t = (u^1_t, \ldots, u^d_t)\}_{t\geq 0}$ に対し $\langle u_t, dB_t\rangle = \sum_{\alpha=1}^d u^\alpha_t dB^\alpha_t$ とする．

$s \leqq t \leqq T$ とし，$A \in \mathcal{F}_s$ とする．$A \cap \{\tau_n > s\} \in \mathcal{F}_{\tau_n \wedge s}$ であるから，ドゥーブの任意抽出定理(定理2.15)により，

$$\mathbf{E}_{\widehat{\mathbf{P}}}[M^\lambda_{t\wedge\tau_n}; A \cap \{\tau_n > s\}] = \mathbf{E}[M^\lambda_{t\wedge\tau_n}e^a_T; A \cap \{\tau_n > s\}]$$
$$= \mathbf{E}[M^\lambda_{t\wedge\tau_n}\mathbf{E}[e^a_T|\mathcal{F}_{t\wedge\tau_n}]; A \cap \{\tau_n > s\}] = \mathbf{E}[M^\lambda_{t\wedge\tau_n}e^a_{t\wedge\tau_n}; A \cap \{\tau_n > s\}]$$
$$= \mathbf{E}[M^\lambda_{s\wedge\tau_n}e^a_{s\wedge\tau_n}; A \cap \{\tau_n > s\}] = \mathbf{E}_{\widehat{\mathbf{P}}}[M^\lambda_{s\wedge\tau_n}; A \cap \{\tau_n > s\}]$$

となる．$n \to \infty$ とすれば，有界収束定理より，

$$\mathbf{E}_{\widehat{\mathbf{P}}}[M^\lambda_t; A] = \mathbf{E}_{\widehat{\mathbf{P}}}[M^\lambda_s; A]$$

を得る．すなわち，$\{M^\lambda_t\}_{t\leq T}$ は $\widehat{\mathbf{P}}$ のもと $(\mathcal{F}_t)$-マルチンゲールとなる． ∎

次は，定理6.13から直ちに従う．

定理6.19 $\{\{\beta_t\}_{t\leq T}, \{\xi_t\}_{t\leq T}\}$ を確率微分方程式(5.1)の弱い解[1]とする．可測関数 $A: [0,\infty) \times \mathbb{R}^N \to \mathbb{R}^N$ に対し，$\{a_t = A(t, \xi_t)\}_{t\leq T}$ は定理6.13の条件をみたすと仮定する．このとき，確率微分方程式

$$dX_t = \sigma(t, X_t)dB_t + \{b(t, X_t) + \sigma(t, X_t)A(t, X_t)\}dt, \quad X_0 = \xi \qquad (6.8)$$

は弱い解を持つ．

証明 定理6.13により，$(\Omega, \mathcal{F}_T, \widehat{\mathbf{P}})$ 上の $\{\{\beta_t - \int_0^t a_s ds\}_{t\leq T}, \{\xi_t\}_{t\leq T}\}$ が(6.8)の弱い解となる． ∎

6.3 熱方程式

弱い解による偏微分方程式の解の表示については既に定理6.4において見た．前章で調べた微分同相性を用いればより強い結果が得られる．

---
[1] パラメータ t を考える区間を $[0,\infty)$ から $[0,T]$ に変えている．

5.2 節と同様に，$V_0, \ldots, V_d \in C_b^\infty(\mathbb{R}^N; \mathbb{R}^N)$ をとる．$\{B_t\}_{t \geq 0}$ をフィルターつき確率空間 $(\Omega, \mathcal{F}, \mathbf{P}, \{\mathcal{F}_t\}_{t \geq 0})$ 上の d 次元 $(\mathcal{F}_t)$-ブラウン運動とし，$V_0, \ldots, V_d$ が定めるストラトノビッチ型確率微分方程式 (5.15) の解 $\{X_t^x\}_{t \geq 0}$ について考察する．5.3 節でみたように，$x \mapsto X_t^x$ は $\mathbb{R}^N$ 上の微分同相写像となっている．$V = (V^1, \ldots, V^N) \in C_b^\infty(\mathbb{R}^N; \mathbb{R}^N)$ をベクトル場 $\sum_{i=1}^N V^i \frac{\partial}{\partial x^i}$ と同一視し，2 階の微分作用素

$$\mathcal{L} = \frac{1}{2} \sum_{\alpha=1}^d V_\alpha^2 + V_0$$

を定義する．

任意の $\boldsymbol{k} \in (\mathbb{Z}_+)^N$ に対し，$m \in \mathbb{Z}_+$ が存在し，

$$\sup_{x \in \mathbb{R}^N} \frac{|\partial_x^{\boldsymbol{k}} f(x)|}{(1 + |x|)^m} < \infty$$

をみたす $f \in C^\infty(\mathbb{R}^N; \mathbb{R}^n)$ の全体を $C_{\nearrow}^\infty(\mathbb{R}^N; \mathbb{R}^n)$ と表し，$C_{\nearrow}^\infty(\mathbb{R}^N; \mathbb{R}^1)$ は簡単に $C_{\nearrow}^\infty(\mathbb{R}^N)$ と表す．$f \in C_{\nearrow}^\infty(\mathbb{R}^N)$ ならば，定理 5.10 より，$\mathbf{E}[|f(X_t^x)|] < \infty$ であり，

$$P_t f(x) = \mathbf{E}[f(X_t^x)] \quad (t \geq 0, x \in \mathbb{R}^N)$$

を定義できる．

定理 6.20 $f \in C_{\nearrow}^\infty(\mathbb{R}^N)$ とし，$u(t, x) = P_t f(x)$ $(t \geq 0, x \in \mathbb{R}^N)$ とおく．
(1) $u \in C^\infty([0, \infty) \times \mathbb{R}^N)$ であり，$n \in \mathbb{Z}_+, \boldsymbol{k} \in (\mathbb{Z}_+)^N$ に対し，$m \in \mathbb{Z}_+$ が存在し，次が成り立つ:

$$\sup_{t \in [0,T]} \sup_{x \in \mathbb{R}^N} \frac{|\partial_t^n \partial_x^{\boldsymbol{k}} u(t, x)|}{(1 + |x|)^m} < \infty \quad (\forall T > 0). \tag{6.9}$$

ただし，$\partial_t^n = \frac{\partial^n}{\partial t^n}$ とする．とくに $\partial_t^n u(t, \cdot) \in C_{\nearrow}^\infty(\mathbb{R}^N)$ である．
(2) $P_0 f = f$ であり，さらに任意の $t, s \geq 0, x \in \mathbb{R}^N$ に対し，$P_s(P_t f)(x) = P_{s+t} f(x)$ が成り立つ．

(3) u は次の偏微分方程式 (熱方程式) をみたす.
$$\frac{\partial u}{\partial t} = \mathcal{L}u, \quad u(0,x) = f(x). \tag{6.10}$$

(4) $v(t,x) \in C^\infty([0,\infty) \times \mathbb{R}^N)$ が熱方程式 (6.10) の解であり,さらに条件 (6.9) をみたせば,$v = u$ となる.

証明 (1) 伊藤の公式より,$\{f(X_t^x) - f(x) - \int_0^t \mathcal{L}f(X_s^x)ds\}_{t \geq 0}$ は $(\mathcal{F}_t)$-マルチンゲールである.したがって,
$$u(t,x) = f(x) + \int_0^t \mathbf{E}[\mathcal{L}f(X_s^x)]ds$$
となる.これより帰納法により
$$u(t,x) = \sum_{j=0}^{n-1} \frac{t^j}{j!} \mathcal{L}^j f(x) + \int_0^t ds_1 \int_0^{s_1} \cdots \int_0^{s_{n-1}} ds_n \mathbf{E}[\mathcal{L}^n f(X_{s_n}^x)] \tag{6.11}$$
となる.注意 5.15 により,各 $T, R > 0, n' \in \mathbb{N}$ に対し,十分大きな $p > 1$ をとり,$\sum_{|\boldsymbol{k}| \leq n'} \sup_{t \leq T} \sup_{|x| \leq R+1} |\partial_x^{\boldsymbol{k}} X_t^x|^p$ を優関数として微分と積分の順序交換に関するルベーグの優収束定理を適用すれば,u は $[0,T] \times \{x \in \mathbb{R}^N \mid |x| < R\}$ 上で $C^{n+n'}$-級関数となり,$|\boldsymbol{k}| \leq n'$ ならば
$$\partial_t^n \partial_x^{\boldsymbol{k}} u(t,x) = \mathbf{E}[\partial_x^{\boldsymbol{k}}[(\mathcal{L}^n f)(X_t^x)]]$$
が成り立つ.T, R, n, n' の任意性より,$u \in C^\infty([0,\infty) \times \mathbb{R}^N)$ である.さらに不等式
$$\left\| \sup_{t \leq T} |\partial_x^{\boldsymbol{k}} X_t^x| \right\|_p \leq \sup_{y \in \mathbb{R}^N} \left\| \sup_{t \leq T} |\partial_y^{\boldsymbol{k}} X_t^y - \partial^{\boldsymbol{k}} \iota(y)| \right\|_p + |\partial^{\boldsymbol{k}} \iota(x)|$$
と (5.28) をあわせて上式に代入すれば,(6.9) が得られる.

(2) $X_0^x = x$ であるから $P_0 f = f$ となる.マルコフ性 (定理 5.19) より,
$$\mathbf{E}[f(X_{t+s}^x)] = \mathbf{E}[\mathbf{E}[f(X_{t+s}^x)|\mathcal{F}_s]] = \mathbf{E}[\mathbf{E}[f(X_t^y)]|_{y=X_s^x}]$$

となる. これと (1) をあわせれば, 等式 $P_{s+t}f = P_s(P_t f)$ が成り立つことが従う.

(3) (6.11) により
$$\frac{\partial}{\partial t}P_t f = P_t(\mathcal{L}f) \tag{6.12}$$
が成り立つ. (1) より $P_t f \in C_b^\infty(\mathbb{R}^N)$ である. また (2) より
$$P_s(P_{t-s}f) = P_t f$$
が成り立つ. (5.28), (6.9) に注意して両辺に $\frac{\partial}{\partial s}$ を作用させれば, (6.12) により
$$P_s(\mathcal{L}(P_{t-s}f)) = P_s(P_{t-s}(\mathcal{L}f))$$
となる. $s = 0$ とすれば, $\mathcal{L}(P_t f) = P_t(\mathcal{L}f)$ である. これを (6.12) に代入すれば, (6.10) を得る.

(4) 定理 6.4 の証明を繰り返せばよい. 読者自ら確かめられたい. ∎

注意 6.21 上の証明により, $f \in C_b^\infty(\mathbb{R}^N)$ であれば, (6.9) の m は 0 ととれる.

この定理は, 次のようなベクトルポテンシャルとスカラーポテンシャルの両方を持つ熱方程式に拡張することができる. $\Theta = (\Theta_1, \ldots, \Theta_N)^\dagger \in C_b^\infty(\mathbb{R}^N; \mathbb{R}^N), U \in C_b^\infty(\mathbb{R}^N)$ とし, $\sup_{x \in \mathbb{R}^N} U(x) < \infty$ が成り立つと仮定する.

$$e_t^{\Theta,U,x} = \exp\left(\mathrm{i}\sum_{k=1}^N \int_0^t \Theta_k(X_s^x) \circ dX_s^{x,k} + \int_0^t U(X_s^x)ds\right)$$

と定める. ただし, $X_t^x = (X_t^{x,1}, \ldots, X_t^{x,N})$ である. ストラトノビッチ積分の定義により,

$$\sum_{k=1}^N \Theta_k(X_t^x) \circ dX_t^{x,k} = \sum_{\alpha=1}^d \langle \Theta, V_\alpha \rangle(X_t^x) dB_t^\alpha$$
$$+ \left(\langle \Theta, \widetilde{V}_0 \rangle(X_t^x) + \frac{1}{2}\sum_{\alpha=1}^d \langle V_\alpha \Theta, V_\alpha \rangle(X_t^x)\right)dt$$

と変形できる.ただし,$\langle \cdot, \cdot \rangle$ は $\mathbb{R}^N$ の内積であり,$\widetilde{V}_0$ は (5.16) により定義し,$V_\alpha \Theta = (V_\alpha \Theta_1, \ldots, V_\alpha \Theta_N)^\dagger$ とする.よって,$\{e_t^{\Theta, U, x}\}_{t \geqq 0}$ は確率微分方程式

$$de_t^{\Theta,U,x} = e_t^{\Theta,U,x}\Bigg[\mathrm{i}\sum_{\alpha=1}^d \langle \Theta, V_\alpha\rangle(X_t^x)dB_t^\alpha$$
$$+ \bigg\{U - \frac{1}{2}\sum_{\alpha=1}^d \langle \Theta, V_\alpha\rangle^2 + \mathrm{i}\Big(\langle \Theta, \widetilde{V}_0\rangle + \frac{1}{2}\sum_{\alpha=1}^d \langle V_\alpha \Theta, V_\alpha\rangle\Big)\bigg\}(X_t^x)dt\Bigg]$$

の解となる.$f \in C_\nearrow^\infty(\mathbb{R}^N)$ に対し,

$$P_t^{\Theta,U}f(x) = \mathbb{E}[f(X_t^x)e_t^{\Theta,U,x}] \quad (t \geqq 0, x \in \mathbb{R}^N)$$

とおく.さらに 2 階の偏微分微分作用素 $\mathcal{L}^{\Theta,U}$ を

$$\mathcal{L}^{\Theta,U}f = \mathcal{L}f + \mathrm{i}\sum_{\alpha=1}^d \langle \Theta, V_\alpha\rangle V_\alpha f + \bigg\{U - \frac{1}{2}\sum_{\alpha=1}^d \langle \Theta, V_\alpha\rangle^2$$
$$+ \mathrm{i}\Big(\langle \Theta, \widetilde{V}_0\rangle + \frac{1}{2}\sum_{\alpha=1}^d \langle V_\alpha \Theta, V_\alpha\rangle\Big)\bigg\}f \quad (f \in C_\nearrow^\infty(\mathbb{R}^N))$$

と定義する.

定理 6.22 (ファインマン-カッツ (Feynmann-Kac) の公式)

$f \in C_\nearrow^\infty(\mathbb{R}^N)$ とし,$u^{\Theta,U}(t,x) = P_t^{\Theta,U}f(x)$ $(t \geqq 0, x \in \mathbb{R}^N)$ とおく.
(1) $u^{\Theta,U} \in C^\infty([0,\infty) \times \mathbb{R}^N)$ であり,$n \in \mathbb{Z}_+, \boldsymbol{k} \in (\mathbb{Z}_+)^N$ に対し,$m \in \mathbb{Z}_+$ が存在し,次が成り立つ:

$$\sup_{t\in[0,T]}\sup_{x\in\mathbb{R}^N}\frac{|\partial_t^n \partial_x^{\boldsymbol{k}} u^{\Theta,U}(t,x)|}{(1+|x|)^m} < \infty \quad (\forall T > 0). \tag{6.13}$$

(2) $P_0^{\Theta,U}f = f$ であり,さらに $P_s^{\Theta,U}(P_t^{\Theta,U}f)(x) = P_{s+t}^{\Theta,U}f(x)$ $(\forall t, s \geqq 0, x \in \mathbb{R}^N)$ が成り立つ.
(3) 次の偏微分方程式が成立する:

$$\frac{\partial u^{\Theta,U}}{\partial t} = \mathcal{L}^{\Theta,U}u^{\Theta,U}, \quad u^{\Theta,U}(0,x) = f(x). \tag{6.14}$$

(4) $v(t,x) \in C^\infty([0,\infty) \times \mathbb{R}^N)$ が熱方程式 (6.14) の解であり,さらに条件 (6.13) をみたせば,$v = u^{\Theta,U}$ となる.

定理 6.20 と同様の議論で証明する.新たに必要となるのは,写像 $x \mapsto \sum_{\alpha=1}^d \int_0^t \Theta_\alpha(X_s^x) \circ dB_s^\alpha$ の滑らかさを示すことである.まずこの事実を示す.

補題 6.23 $g \in C_\nearrow^\infty(\mathbb{R}^N), 1 \leqq \alpha \leqq d$ とする.このとき **P**-a.s. に,任意の $T \geqq 0$ に対し,写像 $x \mapsto \int_0^T g(X_t^x) dB^\alpha(t)$ は滑らかである.さらに,任意の $\boldsymbol{k} \in (\mathbb{Z}_+)^N$ に対し,**P**-a.s. に

$$\partial_x^{\boldsymbol{k}} \int_0^T g(X_t^x) dB_t^\alpha = \int_0^T \partial_x^{\boldsymbol{k}}[g(X_t^x)] dB_t^\alpha \quad (\forall T > 0, x \in \mathbb{R}^N) \qquad (6.15)$$

が成り立つ.また,任意の $T > 0, p \geqq 2$ および $\boldsymbol{k} \in (\mathbb{Z}_+)^N$ に対し,$C \geqq 0$ と $m \in \mathbb{Z}_+$ が存在し,次が成り立つ.

$$\mathbf{E}\left[\sup_{t \leqq T}\left|\partial_x^{\boldsymbol{k}} \int_0^t g(X_s^x) dB_s^\alpha\right|^p\right] \leqq C(1+|x|)^m \quad (\forall x \in \mathbb{R}^N). \qquad (6.16)$$

証明 定理 5.9 の証明と同じ記号を用いる.$g \in C_\nearrow^\infty(\mathbb{R}^N)$ であるから,定数 C_0, m_0 が存在し次の評価が成り立つ.

$$|g(x) - g(y)| \leq C_0(1 + |x| + |y|)^{m_0} |x - y|.$$

これとモーメント不等式 (定理 4.27) と定理 5.9 により,

$$\lim_{n \to \infty} \sup_{|x| \leqq R} \mathbf{E}\left[\sup_{t \leqq T}\left|\int_0^t g(X_{[s]_n}^{(n),x}) dB_s^\alpha - \int_0^t g(X_s^x) dB_s^\alpha\right|^p\right] = 0 \qquad (6.17)$$

が任意の $T > 0, R > 0, p \geqq 2$ に対して成立する.

$$\int_0^t g(X_{[s]_n}^{(n),x}) dB_s^\alpha = \sum_{m=0}^\infty g(X_{T_{n,m}}^{(n),x})\{B_{T_{n,m+1} \wedge t}^\alpha - B_{T_{n,m} \wedge t}^\alpha\}$$

であるから,写像 $x \mapsto \int_0^t g(X_n([s]_n, x)) dB_s^\alpha$ は滑らかであり,

$$\partial_x^{\boldsymbol{k}} \int_0^t g(X_{[s]_n}^{(n),x}) dB_s^\alpha = \int_0^t \partial_x^{\boldsymbol{k}}[g(X_{[s]_n}^{(n),x})] dB_s^\alpha \qquad (6.18)$$

をみたす．さらに，$g \in C^\infty_{\nearrow}(\mathbb{R}^N)$ であることとモーメント不等式と定理 5.10 により，定数 C, m が存在して次が成り立つ．

$$\mathbf{E}\left[\sup_{t \leqq T}\left|\partial_x^{\boldsymbol{k}} \int_0^t g(X^{(n),x}_{[s]_n}) dB_s^\alpha\right|^p\right] \leqq C(1+|x|)^m \quad (\forall x \in \mathbb{R}^N, n = 1, 2, \dots). \tag{6.19}$$

(6.17) により，定理 5.10 の証明と同様に補題 5.14 を利用すれば，$x \mapsto \int_0^t g(X_s^x) dB_s^\alpha$ が滑らかであることと

$$\lim_{n \to \infty} \mathbf{E}\left[\sup_{t \leqq T} \sup_{|x| \leqq R}\left|\partial_x^{\boldsymbol{k}} \int_0^t g(X^{(n),x}_{[s]_n}) dB_s^\alpha - \partial_x^{\boldsymbol{k}} \int_0^t g(X_s^x) dB_s^\alpha\right|^p\right] = 0$$

となることが示される．よって，(6.18) において $n \to \infty$ とすれば，(6.15) が従い，(6.19) で $n \to \infty$ とすれば (6.16) が得られる．■

定理 6.22 の証明　伊藤の公式により

$$\left\{e_t^{\Theta,U,x} f(X_t^x) - f(x) - \int_0^t e_s^{\Theta,U,x} \mathcal{L}^{\Theta,U} f(X_s^x) ds\right\}_{t \geqq 0}$$

は $(\mathcal{F}_t)$-マルチンゲールとなる．したがって

$$P_t^{\Theta,U} f(x) = f(x) + \int_0^t P_s \mathcal{L}^{\Theta,U} f(x) ds$$

が成り立つ．補題 6.23 を用いて定理 6.20 の証明を繰り返せば主張を得る．■

例 6.24　$d = N = 2$，$V_1(x) = (1,0)^\dagger, V_2(x) = (0,1)^\dagger, V_0(x) = (0,0)^\dagger, \Theta_1(x) = -\frac{1}{2}x_2, \Theta_2(x) = \frac{1}{2}x_1, U(x) = -\frac{1}{2}|x|^2$ ($x \in \mathbb{R}^2$) とおく．このとき，2 次元ブラウン運動を $\{B_t\}_{t \geqq 0}$ を用いて $X_t^x = x + B_t$ と表現でき，さらに

$$e_t^{\Theta,U,x} = \exp\left(\frac{\mathrm{i}}{2}\int_0^t \{(x^1 + B_s^1)dB_s^2 - (x^2 + B_s^2)dB_s^1\} - \frac{1}{2}\int_0^t |x + B_s|^2 ds\right)$$

となる．また，$H_{\Theta,U} = \sum_{k=1}^2 \left(\frac{1}{\mathrm{i}}\frac{\partial}{\partial x^k} + \Theta_k\right)^2 + U$ で与えられる，一様な磁場中の調和振動子に対応するシュレディンガー作用素との間に，$\mathcal{L}^{\Theta,U} = -H_{\Theta,U}$ が成り立つ．

例 6.25 $d = N = 1, p \in \mathbb{R}, x \in \mathbb{R}$ とする．$\{B_t\}_{t \geq 0}$ を 1 次元ブラウン運動とし，$\{X_t^x\}_{t \geq 0}$ を確率微分方程式

$$dX_t = dB_t + pX_t dt, \quad X_0 = x$$

の解とする．この確率微分方程式は具体的に解け，$X_t^x = e^{pt}\{x + \int_0^t e^{-ps} dB_s\}$ となる．

$B_t^x = x + B_t$ とおけば，

$$dB_t^x = (dB_t^x - pB_t^x dt) + pB_t^x dt$$

という書き換えとギルサノフの定理 (定理 6.13) および例 6.15 により，$p^2 t < 1$ ならば，

$$\mathbf{E}\left[f(B_t^x) \exp\left(p\int_0^t B_s^x dB_s - \frac{p^2}{2}\int_0^t (B_s^x)^2 ds\right)\right] = \mathbf{E}[f(X_t^x)] \quad (f \in C_0^\infty(\mathbb{R}))$$

が成り立つ．$\int_0^t B_s^x dB_s = \frac{1}{2}(B_t^x)^2 - \frac{1}{2}x^2 - \frac{t}{2}$ であるから，$\Psi(f)(x) = f(x) e^{\frac{p}{2}x^2}$ $(x \in \mathbb{R})$ とおけば，

$$\mathbf{E}\left[\Psi(f)(B_t^x) \exp\left(-\frac{1}{2}\int_0^t \{p^2(B_s^x)^2 + p\} ds\right)\right] = e^{\frac{p}{2}x^2} \mathbf{E}[f(X_t^x)] \quad (6.20)$$

を得る．定理 6.22 により，左辺は微分作用素 $\mathcal{L}_0 = \frac{1}{2}\left(\frac{d}{dx}\right)^2 - \frac{1}{2}(p^2 x^2 + p)$ と，右辺は $\mathcal{L} = \frac{1}{2}\left(\frac{d}{dx}\right)^2 + px\frac{d}{dx}$ と対応している．(6.20) は，これら二つの作用素の間にある $\mathcal{L}_0(\Psi(f)) = \Psi(\mathcal{L}f)$ という関係式と対応している．

6.4 ディリクレ問題

$\sigma = \left(\sigma_\alpha^i(x)\right)_{\substack{1 \leq i \leq N \\ 1 \leq \alpha \leq d}} : \mathbb{R}^N \to \mathbb{R}^{N \times d}, b = (b^1, \ldots, b^N)^\dagger : \mathbb{R}^N \to \mathbb{R}^N$ は連続であるとし，$a^{ij} = \sum_{\alpha=1}^d \sigma_\alpha^i \sigma_\alpha^j$ とおく．$\mathbb{R}^N$ 上の微分作用素 $\mathcal{L}$ を次で定義する:

$$\mathcal{L}f(x) = \frac{1}{2}\sum_{i,j=1}^N a^{ij}(x) \frac{\partial^2 f}{\partial x^i \partial x^j}(x) + \sum_{i,j=1}^N b^i(x) \frac{\partial f}{\partial x^i}(x)$$

$$(f \in C^2(\mathbb{R}^N), x \in \mathbb{R}^N).$$

6.4 ディリクレ問題

D を $\mathbb{R}^N$ の開集合とし，∂D でその境界を表す．$f \in C(\partial D)$ に対し，

$$\begin{cases} \mathcal{L}u(x) = 0 & (\forall x \in D), \\ u(y) = f(y) & (\forall y \in \partial D) \end{cases} \tag{6.21}$$

をみたす $u \in C^2(D) \cap C(\overline{D})$ を求める問題を D における**ディリクレ問題** (Dirichlet problem) という．ただし，$\overline{D}$ は D の閉包を表す．本節の目的は，ファインマン-カッツの公式と同様にディリクレ問題の解も確率微分方程式の解を用いて表示できることを見ることである．

$x \in \mathbb{R}^N$ とし，$\{\{B_t^{(x)}\}_{t \geqq 0}, \{X_t^{(x)}\}_{t \geqq 0}\}$ を確率微分方程式

$$dX_t = \sigma(X_t)dB_t + b(X_t)dt, \quad X_0 = x$$

の弱い解とする．

$$d(z, \partial D) = \inf\{|z - y| \,|\, y \in \partial D\} \quad (z \in \mathbb{R}^N)$$

$$D_n = \left\{z \in D \,\middle|\, |z| < n, d(z, \partial D) > \frac{1}{n}\right\}$$

とおく．$x \in D$ とする．$D_1 \subset D_2 \subset \cdots, D = \bigcup_{n=1}^{\infty} D_n$ であるから，m を $x \in D_m$ となるように選び，$n \geqq m$ に対し，

$$\tau^{(x)} = \inf\{t \geqq 0 \,|\, X_t^{(x)} \notin D\}, \quad \tau_n^{(x)} = \inf\{t \geqq 0 \,|\, X_t^{(x)} \notin D_n\}$$

と定義する．

$$\tau_n^{(x)} = \inf\left\{t \geqq 0 \,\middle|\, \sup_{s \leqq t}\left(\frac{2}{\frac{1}{n} + d(X_s^{(x)}, \partial D)} \vee |X_s^{(x)}|\right) \geqq n\right\}$$

と表現できるから，補題 2.13 により，$\tau_n^{(x)}$ は停止時刻である．さらに $\tau_n^{(x)} \nearrow \tau^{(x)}$ であるから，$\tau^{(x)}$ もまた停止時刻となる．

定理 6.26 u を有界なディリクレ問題 (6.21) の解とする．$x \in D$ とし，$\mathbf{P}(\tau^{(x)} < \infty) = 1$ と仮定する．このとき，$u(x) = \mathbf{E}\left[f\left(X_{\tau^{(x)}}^{(x)}\right)\right]$ が成り立つ．

証明 $\overline{D_n}$ はコンパクトであるから，$\overline{D_n}$ 上で $u_n = u$ をみたす $u_n \in C_0^2(\mathbb{R}^N)$ が存在する．$\overline{D_n}$ 上では $u_n = u$ かつ $\mathcal{L}u_n = \mathcal{L}u = 0$ となることと伊藤の公式により，

$$u\Big(X_{t\wedge\tau_n^{(x)}}^{(x)}\Big) = u(x) + \sum_{i=1}^{N}\sum_{\alpha=1}^{d}\int_0^{t\wedge\tau_n^{(x)}} \sigma_\alpha^i\Big(X_{s\wedge\tau^{(x)}}^{(x)}\Big)\frac{\partial u_n}{\partial x^i}\Big(X_{s\wedge\tau^{(x)}}^{(x)}\Big)dB_s^{(x),\alpha}$$

を得る．ただし，$B_t^{(x)} = (B_t^{(x),1}, \ldots, B_t^{(x),d})$ である．$u_n \in C_0^2(\mathbb{R}^N)$ であるから，σ_α^i の連続性とあわせて，$\sigma_\alpha^i \frac{\partial u_n}{\partial x^i}$ は有界である．したがって，上式の第 2 項はマルチンゲールとなり，期待値をとれば

$$\mathbf{E}\Big[u\Big(X_{t\wedge\tau_n^{(x)}}^{(x)}\Big)\Big] = u(x)$$

である．u の有界性に注意して $t \to \infty, n \to \infty$ とすれば，

$$\mathbf{E}\Big[u\Big(X_{\tau^{(x)}}^{(x)}\Big)\Big] = u(x)$$

が従う．$X_{\tau^{(x)}}^{(x)} \in \partial D$ であるから，$u\Big(X_{\tau^{(x)}}^{(x)}\Big) = f\Big(X_{\tau^{(x)}}^{(x)}\Big)$ となり，主張を得る． ∎

定理で仮定した $\mathbf{P}(\tau^{(x)} < \infty) = 1$ という条件に関連した例を挙げる．

例 6.27 $N = d$ とし，$\sigma_\alpha^i(x) = \delta_{\alpha i}, b^i = 0$ $(i, \alpha = 1, \ldots, d)$ とする．このとき，$X_t^{(x)} = x + B_t^{(x)}$ となる．D が有界な開集合であれば，定理 4.19 により，$\mathbf{P}(\tau^{(x)} < \infty) = 1$ $(\forall x \in D)$ となる．

例 6.28 $N = 2, d = 1$ とし，$\sigma_1^1 = 1, \sigma_1^2 = 0, b^1 = b^2 = 0$ とする．$D = ((-1,1) \times [-1,1]) \cup (\mathbb{R} \times (1,\infty)) \cup (\mathbb{R} \times (-\infty,-1))$ とおく．このとき，$x = (x^1, x^2) \in \mathbb{R}^2$ に対し，$X_t^{(x)} = (x^1 + B_t^{(x)}, x^2)$ となる．定理 4.19 により，$(x^1, x^2) \in D$ に対し，

$$\mathbf{P}(\tau^{(x)} < \infty) = \begin{cases} 1 & (|x^1| \leq 1 \text{ のとき}), \\ 0 & (|x^1| > 1 \text{ のとき}) \end{cases}$$

となる．

例 6.29 $r > 0$ とし,$D = \{x \in \mathbb{R}^N \,|\, |x| < r\}$ とおく.定数 C が存在し
$$|\sigma_\alpha^i(x)|, |b^i(x)| \leqq C(r - |x|) \quad (i = 1, \ldots, N, \alpha = 1, \ldots, d, x \in D)$$
が成り立つと仮定する.このとき $\mathbf{P}(\tau^{(x)} < \infty) = 0 \ (\forall x \in D)$ が成り立つ.これは次のようにして示される.
$f(x) = \log(r^2 - |x|^2) \ (x \in D)$ とおく.
$$\frac{\partial f}{\partial x^i}(x) = -\frac{2x^i}{r^2 - |x|^2}, \quad \frac{\partial^2 f}{\partial x^i \partial x^j}(x) = -\frac{2\delta_{ij}}{r^2 - |x|^2} - \frac{4x^i x^j}{(r^2 - |x|^2)^2}$$
であるから,
$$\left|\frac{\partial f}{\partial x^i}(x)\right| \leqq \frac{2}{r - |x|}, \quad \left|\frac{\partial^2 f}{\partial x^i \partial x^j}(x)\right| \leqq \frac{6}{(r - |x|)^2}$$
が成り立つ.これより,仮定とあわせれば
$$\left|\sigma_\alpha^i \frac{\partial f}{\partial x^i}(x)\right| \leqq 2C, \quad |\mathcal{L}f(x)| \leqq 3dN^2 C^2 + 2NC$$
となる.$\tau_n^{(x)} = \inf\{t \,|\, r - |X_t^x| \leqq \frac{1}{n}\}$ とおけば,伊藤の公式とこの評価式により,d, N, C のみに依存した定数 C' が存在し,
$$\mathbf{E}[\{\log(r^2 - |X_{t \wedge \tau_n^{(x)}}^{(x)}|^2) - \log(r^2 - |x|^2)\}^2]$$
$$\leqq 2\mathbf{E}\left[\left(\sum_{i=1}^N \sum_{\alpha=1}^d \int_0^{t \wedge \tau_n^{(x)}} \sigma_\alpha^i(X_{s \wedge \tau_n^{(x)}}^{(x)}) \frac{\partial f}{\partial x^i}(X_{s \wedge \tau_n^{(x)}}^{(x)}) dB_s^\alpha\right)^2\right]$$
$$+ 2\mathbf{E}\left[\left(\int_0^{t \wedge \tau_n^{(x)}} \mathcal{L}f(X_{s \wedge \tau_n^{(x)}}^{(x)}) ds\right)^2\right]$$
$$\leqq C'(t + t^2) \quad (n = 1, 2, \ldots)$$
が成り立つ.$n \to \infty$ とすれば,ファトウの補題により,
$$\mathbf{E}[\{\log(r^2 - |X_{t \wedge \tau^{(x)}}^{(x)}|^2) - \log(r^2 - |x|^2)\}^2] \leqq C'(t + t^2) < \infty$$
となる.これより,$\log(r^2 - |X_{t \wedge \tau^{(x)}}^{(x)}|^2) > -\infty$,$\mathbf{P}$-a.s. となる.すなわち,$\mathbf{P}(\tau^{(x)} < t) = 0$ となる.$t \to \infty$ とすれば,$\mathbf{P}(\tau^{(x)} < \infty) = 0$ である.

演習問題

6.1. $\{\beta_t\}_{t\geq 0}$ を3次元ブラウン運動,$y \in \mathbb{R}^3, \neq 0$ とする.$Y_t = |y+\beta_t|^{-1}$ を利用して,$d = N = 1$ に対する確率微分方程式
$$dX_t = X_t^2 dB_t, \quad X_0 = x > 0$$
は弱い解をもつことを確かめよ.

6.2. 命題 6.7 の証明を完成せよ.

6.3. ノビコフの条件が成り立てば,(6.4) が成り立つことを確かめよ.

6.4. $\sigma = (\sigma_\alpha^i(x))_{\substack{1 \leq i \leq N \\ 1 \leq \alpha \leq d}} \in C^\infty(\mathbb{R}^N; \mathbb{R}^{N \times d}), b = (b^i)_{1 \leq i \leq N}^\dagger \in C^\infty(\mathbb{R}^N; \mathbb{R}^N),$ $f_1, \ldots, f_d \in C(\mathbb{R}^N)$ とし,$\widehat{b^i} = b^i - \sum_{\alpha=1}^d f_\alpha \sigma_\alpha^i, \widehat{b} = (\widehat{b^1}, \ldots, \widehat{b^N})$ とおく.さらに,$\varphi_n \in C_0^\infty(\mathbb{R}^N)$ は $|x| \leq n$ ならば $\varphi_n(x) = 1$ をみたすとし,$\sigma^{(n)} = \varphi_n \sigma, b^{(n)} = \varphi_n b$ とおく.$\{\{B_t\}_{t\geq 0}, \{Y_t\}_{t\geq 0}\}$ を確率微分方程式
$$dY_t = \sigma(Y_t)dB_t + \widehat{b}(Y_t)dt, \quad Y_0 = y$$
の弱い解とし,$\{X_t^{(n)}\}_{t\geq 0}$ を
$$dX_t = \sigma^{(n)}(X_t)dB_t + b^{(n)}(X_t)dt, \quad X_0 = y$$
の解とする.
$$M_t = \exp\left(\sum_{\alpha=1}^d \int_0^t f_\alpha(Y_s)dB_s^\alpha - \frac{1}{2}\sum_{\alpha=1}^d \int_0^t f_\alpha^2(Y_s)ds\right),$$
$\tau_n = \inf\{t \,|\, |X_t^{(n)}| \geq n\}, \tau = \lim_{n\to\infty} \tau_n$ とおく.このとき,$\mathbf{P}(\tau > T) = \mathbf{E}[M_T]$ となることを証明せよ.

6.5. $r > 0, f \in C_b^\infty(\mathbb{R})$ とする.
$$\frac{\partial u}{\partial t}(t,x) = \frac{1}{2}\frac{\partial^2 u}{\partial x^2}(t,x) - x\frac{\partial u}{\partial x}(t,x) - ru, \quad u(0,x) = f(x)$$
$$((t,x) \in [0,\infty) \times \mathbb{R})$$
の有界な解を具体的に求めよ.

6.6. $D, \mathcal{L}, \{X_t^{(x)}\}_{t \geq 0}, \tau^{(x)}$ を 6.4 節の通りとし,連続関数 $g \in C(\overline{D})$ は

$$\mathbf{E}\left[\int_0^{\tau^{(x)}} |g(X_t^{(x)})| dt\right] < \infty \quad (\forall x \in D)$$

をみたすと仮定する.このとき, $f \in C(\partial D)$ に対し

$$\mathcal{L}u(x) = g(x) \quad (x \in D), \quad u|_{\partial D} = f$$

をみたす有界な $u \in C^2(D) \cap C(\overline{D})$ は

$$u(x) = \mathbf{E}\left[f(X_{\tau^{(x)}}^x) - \int_0^{\tau^{(x)}} g(X_t^{(x)}) dt\right]$$

と表現できることを示せ.

6.7. $D \subset \mathbb{R}^d$ をコンパクト集合とする. $u \in C^2(D) \cap C(\overline{D})$ が D 上 $\Delta u = 0$ をみたすとする.ディリクレ問題の解の表示を用いて, $\max_{x \in \overline{D}} u(x) \leq \max_{x \in \partial D} u(x)$ となることを示せ.

6.8. $D = \{(x_i)_{1 \leq i \leq} \in \mathbb{R}^4 \,|\, x_1^2 + x_2^2 < 1, x_3^2 + x_4^2 < 1\}$, $D_0 = \{(x_i)_{1 \leq i \leq} \in \mathbb{R}^4 \,|\, x_1^2 + x_2^2 = 1, x_3^2 + x_4^2 = 1\}$ とおく.前問を利用して, $B = \{x \in \mathbb{R}^4 \,|\, |x| < 2\}$ の上で $\Delta u = 0$ をみたす $u \in C^2(B)$ に対し, $\max_{x \in \overline{D}} u(x) \leq \max_{x \in D_0} u(x)$ となることを示せ.

とくに, $f \in C(\partial D)$ が D_0 以外で最大値をとるならば, $\overline{D}$ を含む開集合 D' 上 $\Delta u = 0$ であり,さらに $u|_{\partial D} = f$ となる $u \in C^2(D')$ は存在しないことを確かめよ.

第 7 章 ◇ 経路空間での微積分学

確率微分方程式の解は，ブラウン運動の関数とみなすことができる．ブラウン運動の関数とみなし解析することは，連続関数の空間 (経路空間という) 上の解析学を展開することを意味している．本章では，経路空間上での簡単な変数変換の公式と部分積分の公式について紹介する．[1]

本章を通じて，$T > 0$ を固定し，$(\Omega, \mathcal{F}, \mathbf{P}, \{\mathcal{F}_t\}_{t \leq T})$ をフィルターつき確率空間とする．さらに，$\mathcal{N} \subset \mathcal{F}_0$，すなわち，すべての $\mathbf{P}$ に関する零集合が $\mathcal{F}_0$ に属すると仮定する．また，$\{B_t\}_{t \leq T}$ を d 次元 $(\mathcal{F}_t)$-ブラウン運動とする．

7.1 変数変換の公式

本節を通じて，$\gamma : [0, T] \to \mathbb{R}^{d \times d}$ は C^1-級であり，$\delta : [0, T] \to \mathbb{R}^{d \times d}$ は連続であるとする．さらに，

$$\gamma^\dagger(t) = -\gamma(t), \quad \delta^\dagger(t) = \delta(t) \quad (\forall t \leq T) \tag{7.1}$$

が成り立つと仮定する．ただし，$\gamma^\dagger(t) = (\gamma(t))^\dagger$ である．C^2-級関数 $A : [0, T] \to \mathbb{R}^{d \times d}$ を $d \times d$-行列値 2 階線形常微分方程式

$$\begin{cases} A''(t) - \gamma(t) A'(t) + (\delta(t) - \frac{1}{2}\gamma'(t)) A(t) = 0, \\ A(T) = I,\ A'(T) = \frac{1}{2}\gamma(T) \end{cases} \tag{7.2}$$

の一意的な解とする．ただし，A', A'' はそれぞれ A の 1 階微分，2 階微分であり，I は $d \times d$-単位行列を表す．この方程式は，$A(t) = (A_{ij}(t))_{1 \leq i,j \leq d}$ という

---
[1] 本章の内容は，マリアヴァン解析と呼ばれている，より抽象的な枠組みで一般的に論ずることが可能である．興味のある読者は [10] を参照されたい．

7.1 変数変換の公式

成分表示を用いて，次のように書くこともできる．

$$A''_{ij}(t) - \sum_{k=1}^{d} \gamma_{ik}(t) A'_{kj}(t) + \sum_{k=1}^{d} (\delta_{ik}(t) - \tfrac{1}{2}\gamma'_{ik}(t)) A_{kj}(t) = 0 \quad (1 \leqq i,j \leqq d).$$

まず，次の仮定を導入する．

(A.1)　$\det A(t) \neq 0$ ($\forall t \leqq T$) が成り立つ．

$\mathcal{W}_T^d$ で，$w(0)=0$ なる連続関数 $w:[0,T] \to \mathbb{R}^d$ の全体を表す．仮定 (A.1) のもと $A^{-1}(t) = (A(t))^{-1}$ と定義し，線形変換 $K_A, T_A : \mathcal{W}_T^d \to \mathcal{W}_T^d$ を

$$(K_A(w))(t) = -\int_0^t A'(s) A^{-1}(s) w(s) ds,$$

$$(T_A(w))(t) = -A(t) \int_0^t (A^{-1})'(s) w(s) ds \quad (w \in \mathcal{W}_T^d, t \leqq T)$$

と定義する．さらに仮定

(A.2)　$\mathbf{E}\left[\exp\left(\dfrac{1}{2}\int_0^T |A'(t) A^{-1}(t) B_t|^2 dt\right)\right] < \infty$ が成り立つ．

を導入する．次のような変数変換の公式が成り立つ．

定理 7.1　仮定 (A.1)，(A.2) が成り立つとする．このとき，有界連続関数 $f : \mathcal{W}_T^d \to \mathbb{R}$ に対し，次が成り立つ：

$$\mathbf{E}\left[f(B_\bullet) \exp\left(\frac{1}{2}\int_0^T \langle \gamma(t) B_t, dB_t \rangle + \frac{1}{2}\int_0^T \langle \delta(t) B_t, B_t \rangle dt\right)\right]$$
$$= \frac{1}{\sqrt{\det A(0)}} \mathbf{E}[f((\iota + T_A)(B_\bullet))], \tag{7.3}$$

$$\mathbf{E}\left[f((\iota + K_A)(B_\bullet)) \exp\left(\frac{1}{2}\int_0^T \langle \gamma(t) B_t, dB_t \rangle + \frac{1}{2}\int_0^T \langle \delta(t) B_t, B_t \rangle dt\right)\right]$$
$$= \frac{1}{\sqrt{\det A(0)}} \mathbf{E}[f(B_\bullet)]. \tag{7.4}$$

ただし, $\iota: \mathcal{W}_T^d \to \mathcal{W}_T^d$ は恒等写像であり, $B_\bullet$ は $\omega \in \Omega$ に対し連続関数 $t \mapsto B_t(\omega)$ を対応させる写像を表し, $\mathbb{R}^d$-値確率過程 $\{Y_t = (Y_t^1, \ldots, Y_t^d)\}_{t \leqq T}$ に対し, $\int_0^T \langle Y_t, dB_t \rangle = \sum_{\alpha=1}^d \int_0^T Y_t^\alpha dB_t^\alpha$ と定義する.

注意 7.2 (1) 仮定 (A.1) と $\det A(T) = 1$ により, $\det A(t) > 0$ ($\forall t \leqq T$) となる. よって, $\sqrt{\det A(0)} > 0$ である.
(2) 後述の補題 7.5 に注意すれば, 全単射な C^1-級写像 $\Phi: \mathbb{R}^d \to \mathbb{R}^d$ による変数変換 $x = \Phi(y)$ により得られる等式

$$\int_{\mathbb{R}^d} g(x) dx = \int_{\mathbb{R}^d} g(\Phi(y)) |\Delta_\Phi(y)| dy$$

と (7.4) は対応していることがわかる.
(3) このような常微分方程式の解を用いた $\mathcal{W}_T^d$ 上の変数変換とそれによる期待値の具体的な表示は, 1940 年代にカメロンとマルチンにより見つけられた.

証明のために, まず常微分方程式 (7.2) について考察する.

補題 7.3 仮定 (A.1) が成り立つと仮定する. $X(t) = A'(t) A^{-1}(t) (t \leq T)$ と定義する. このとき, 次が成り立つ:

$$X(t) - \int_t^T X^\dagger(s) X(s) ds = \frac{1}{2} \gamma(t) + \int_t^T \delta(s) ds \quad (t \leqq T), \tag{7.5}$$

$$\exp\left(-\frac{1}{2} \int_0^T \mathrm{tr} X(t) dt\right) = \sqrt{\det A(0)}. \tag{7.6}$$

証明 まず, (7.5) を示す. (7.2) により,

$$X'(t) = -X(t)^2 + \gamma(t) X(t) - (\delta(t) - \tfrac{1}{2} \gamma'(t)), \quad X(T) = \tfrac{1}{2} \gamma(T) \tag{7.7}$$

が成り立つ. これより, $S(t) = X(t) - \frac{1}{2} \gamma(t)$ とおけば,

$$\begin{aligned}
S'(t) &= X'(t) - \tfrac{1}{2} \gamma'(t) \\
&= -(S(t) + \tfrac{1}{2} \gamma(t))^2 + \gamma(t)(S(t) + \tfrac{1}{2} \gamma(t)) - (\delta(t) - \tfrac{1}{2} \gamma'(t)) - \tfrac{1}{2} \gamma'(t) \\
&= -S(t)^2 + \tfrac{1}{2} \{\gamma(t) S(t) - S(t) \gamma(t)\} - \delta(t) + \tfrac{1}{4} \gamma(t)^2
\end{aligned}$$

7.1 変数変換の公式

となる. $\gamma^\dagger(t) = -\gamma(t), \delta^\dagger(t) = \delta(t)$ であるから,両辺の転置をとれば,

$$(S^\dagger)'(t) = -S^\dagger(t)^2 + \tfrac{1}{2}\{\gamma(t)S^\dagger(t) - S^\dagger(t)\gamma(t)\} - \delta(t) + \tfrac{1}{4}\gamma(t)^2$$

が成り立つ. $S(T) = S^\dagger(T) = 0$ であるから,常微分方程式の解の一意性により,

$$S(t) = S^\dagger(t) \quad (\forall t \leqq T)$$

である. この等式に $S(t) = X(t) - \tfrac{1}{2}\gamma(t)$ を代入して整理すれば,

$$\gamma(t) = X(t) - X^\dagger(t)$$

を得る. これを (7.7) に代入して整理し,$X(T) = \tfrac{1}{2}\gamma(T)$ に注意して積分すれば (7.5) を得る.

つぎに (7.6) を示す. $A'(t) = X(t)A(t)$ となることから,

$$\frac{d}{dt}\det A(t) = (\mathrm{tr}X(t))\det A(t)$$

を得る (演習問題 5.6 参照). したがって,$\det A(T) = 1$ とあわせてこの常微分方程式を解けば

$$\det A(t) = \exp\left(-\int_t^T \mathrm{tr}X(s)ds\right) \quad (t \leqq T)$$

となる. これより,(7.6) が従う. ∎

注意 7.4 方程式 (7.7) は**リッカチ (Riccati) 方程式**と呼ばれている. 方程式 (7.2) と (7.7) をつなぐ変換 $X(t) = A'(t)A^{-1}(t)$ は**コール-ホップ (Cole-Hopf) 変換**と呼ばれており,バーガーズ方程式の研究などで重要な役割を果たしている.

つぎに写像 $K_A, T_A : \mathcal{W}_T^d \to \mathcal{W}_T^d$ について調べる.

補題 7.5 $(\iota + K_A) \circ (\iota + T_A) = (\iota + T_A) \circ (\iota + K_A) = \iota$ が成り立つ.

証明 部分積分の公式により

$$K_A(T_A(w))(t) = \int_0^t A'(s)\left(\int_0^s (A^{-1})'(u)w(u)du\right)ds$$

$$= A(t)\int_0^t (A^{-1})'(u)w(u)du - \int_0^t A(s)(A^{-1})'(s)w(s)ds$$

$$= -(T_A(w))(t) - (K_A(w))(t)$$

$$T_A(K_A(w))(t) = A(t)\int_0^t (A^{-1})'(s)\left(\int_0^s A'(u)A^{-1}(u)w(u)du\right)ds$$

$$= \int_0^t A'(s)A^{-1}(s)w(s)ds - A(t)\int_0^t A^{-1}(s)A'(s)A^{-1}(s)w(s)ds$$

$$= -(K_A(w))(t) - (T_A(w))(t) \quad (w \in \mathcal{W}_T^d)$$

となる．これより主張を得る． ∎

注意 7.6 伊藤の公式により

$$\int_0^t (A^{-1})'(s)B_s ds = (A^{-1})(t)B_t - \int_0^t A^{-1}(s)dB_s$$

となる．ただし，$\int_0^t A^{-1}(s)dB_s$ は次のように成分表示される：

$$\int_0^t A^{-1}(s)dB_s = \left(\sum_{\alpha=1}^d \int_0^t (A^{-1})_{1\alpha}(s)dB_s^\alpha, \ldots, \sum_{\alpha=1}^d \int_0^t (A^{-1})_{d\alpha}(s)dB_s^\alpha\right)^\dagger.$$

したがって，

$$((\iota + T_A)(B_\bullet))(t) = A(t)\int_0^t A^{-1}(s)dB_s$$

となる．

補題 7.7 $\kappa : [0,T] \to \mathbb{R}^{d\times d}$ は連続であり，さらに $\kappa^\dagger(t) = \kappa(t)$ ($\forall t \leq T$) をみたすとする．このとき，次が成り立つ．

$$\frac{1}{2}\int_0^T \langle \kappa(t)B_t, B_t\rangle dt = \int_0^T \left\langle \left(\int_t^T \kappa(s)ds\right)B_t, dB_t\right\rangle$$
$$+ \frac{1}{2}\int_0^t \mathrm{tr}\left(\int_t^T \kappa(s)ds\right)dt.$$

証明 伊藤の公式の簡単な応用例である．演習問題とする． ∎

7.1 変数変換の公式

定理 7.1 の証明 $X(t) = A'(t)A^{-1}(t)$ とおき，$f : \mathcal{W}_T^d \to \mathbb{R}$ は有界かつ連続であるとする．仮定 (A.2) により，ギルサノフの定理を適用すれば，

$$\mathbf{E}\bigg[f((\iota + K_A)(B_\bullet))\exp\bigg(\int_0^T \langle X(t)B_t, dB_t\rangle - \frac{1}{2}\int_0^T |X(t)B_t|^2 dt\bigg)\bigg]$$
$$= \mathbf{E}[f(B_\bullet)] \quad (7.8)$$

を得る．これと補題 7.5 により次が従う．

$$\mathbf{E}\bigg[f(B_\bullet)\exp\bigg(\int_0^T \langle X(t)B_t, dB_t\rangle - \frac{1}{2}\int_0^T |X(t)B_t|^2 dt\bigg)\bigg]$$
$$= \mathbf{E}[f((\iota + T_A)(B_\bullet))]. \quad (7.9)$$

$\kappa(t) = X(t)^\dagger X(t)$, $\kappa(t) = \delta(t)$ として補題 7.7 を用いることと補題 7.3 により，

$$\int_0^T \langle X(t)B_t, dB_t\rangle - \frac{1}{2}\int_0^T |X(t)B_t|^2 dt$$
$$= \int_0^T \bigg\langle \bigg(X(t) - \int_t^T X^\dagger(s)X(s)ds\bigg)B_t, dB_t\bigg\rangle$$
$$\qquad - \frac{1}{2}\int_0^T \mathrm{tr}\bigg(\int_t^T X^\dagger(s)X(s)ds\bigg)dt$$
$$= \int_0^T \bigg\langle \bigg(\frac{1}{2}\gamma(t) + \int_t^T \delta(s)ds\bigg)B_t, dB_t\bigg\rangle$$
$$\qquad - \frac{1}{2}\int_0^T \mathrm{tr}\bigg(\int_t^T X^\dagger(s)X(s)ds\bigg)dt$$
$$= \frac{1}{2}\int_0^T \langle \gamma(t)B_t, dB_t\rangle + \frac{1}{2}\int_0^T \langle \delta(t)B_t, B_t\rangle dt$$
$$\qquad - \frac{1}{2}\int_0^T \mathrm{tr}\bigg(\int_t^T \delta(s)ds\bigg)dt - \frac{1}{2}\int_0^T \mathrm{tr}\bigg(\int_t^T X^\dagger(s)X(s)ds\bigg)dt$$
$$= \frac{1}{2}\int_0^T \langle \gamma(t)B_t, dB_t\rangle + \frac{1}{2}\int_0^T \langle \delta(t)B_t, B_t\rangle dt - \frac{1}{2}\int_0^T \mathrm{tr} X(t) dt$$

$$= \frac{1}{2}\int_0^T \langle \gamma(t)B_t, dB_t\rangle + \frac{1}{2}\int_0^T \langle \delta(t)B_t, B_t\rangle dt + \log\Bigl(\sqrt{\det A(0)}\Bigr)$$

となる．これを (7.8)，(7.9) に代入すれば，(7.4)，(7.3) が従う． ∎

定理 7.1 を用いたふたつの例を挙げる．

例 7.8 $d = 1$ とする．このとき自動的に $\gamma(t) = 0$ である．$a > 0$ とし，$\delta(t) = -a^2$ $(t \leqq T)$ とおく．常微分方程式

$$A'' - a^2 A = 0, \quad A(T) = 1, A'(T) = 0$$

を解けば，$A(t) = \cosh(a(T-t))$ となる．よって仮定 (A.1) が成り立つ．

$$A'(t)A^{-1}(t) = -a\tanh(a(T-t))$$

であるから，(6.6) により，$aT\tanh(aT) < 1$ ならば仮定 (A.2) が成り立つ．

以上より，$aT\tanh(aT) < 1$ ならば，

$$\mathbf{E}\Bigl[f(B_\bullet)\exp\Bigl(-\frac{a^2}{2}\int_0^T B_t^2 dt\Bigr)\Bigr] = \frac{1}{\sqrt{\cosh(aT)}}\mathbf{E}[f((\iota + T_A)(B_\bullet))],$$

$$\mathbf{E}\Bigl[f((\iota + K_A)(B_\bullet))\exp\Bigl(-\frac{a^2}{2}\int_0^T B_t^2 dt\Bigr)\Bigr] = \frac{1}{\sqrt{\cosh(aT)}}\mathbf{E}[f(B_\bullet)]$$

が成り立つ．

例 7.9 $d = 2$ とする．$a \in \mathbb{R}, J = \begin{pmatrix} 0 & -1 \\ 1 & 0 \end{pmatrix}$ とし，$\gamma(t) = aJ, \delta(t) = 0$ $(t \leqq T)$ とする．

$$A''(t) - aJA'(t) = 0, \quad A(T) = I, A'(T) = \frac{a}{2}J$$

の解は，$A'(t)$，$A(t)$ と順に求まり，

$$A'(t) = \frac{a}{2}Je^{a(t-T)J}, \quad A(t) = \frac{1}{2}\{I + e^{a(t-T)J}\}$$

となる．ただし，行列 $C \in \mathbb{R}^{2\times 2}$ に対し，$e^C = \sum_{n=0}^\infty \frac{1}{n!}C^n$ と定義する．$\cos x, \sin x$ のマクローリン展開により $e^{xJ} = \begin{pmatrix} \cos x & -\sin x \\ \sin x & \cos x \end{pmatrix}$ $(x \in \mathbb{R})$ が成り立つから，

$$A'(t) = \frac{a}{2}\begin{pmatrix} -\sin(a(t-T)) & -\cos(a(t-T)) \\ \cos(a(t-T)) & -\sin(a(t-T)) \end{pmatrix}$$

$$A(t) = \frac{1}{2}\begin{pmatrix} 1+\cos(a(t-T)) & -\sin(a(t-T)) \\ \sin(a(t-T)) & 1+\cos(a(t-T)) \end{pmatrix}$$

$$= \cos\left(\frac{a(t-T)}{2}\right)\begin{pmatrix} \cos\left(\frac{a(t-T)}{2}\right) & -\sin\left(\frac{a(t-T)}{2}\right) \\ \sin\left(\frac{a(t-T)}{2}\right) & \cos\left(\frac{a(t-T)}{2}\right) \end{pmatrix}$$

となる.よって,$\det A(t) = \cos^2\left(\frac{a(t-T)}{2}\right)$ であり,$|a|T < \pi$ ならば仮定 (A.1) がみたされる.さらに,

$$A'(t)A^{-1}(t) = -\frac{a}{2}\tan\left(\frac{a(t-T)}{2}\right)I + \frac{a}{2}J,$$

$$|A'(t)A^{-1}(t)\xi|^2 = \frac{a^2}{4\cos^2\left(\frac{a(t-T)}{2}\right)}|\xi|^2 \quad (\forall \xi \in \mathbb{R}^2)$$

が成り立つので,(6.6) により,$\frac{|a|T}{2\left|\cos\left(\frac{aT}{2}\right)\right|} < 1$ ならば仮定 (A.2) がみたされる.

以上より,$\frac{|a|T}{2\cos\left(\frac{aT}{2}\right)} < 1$ ならば次が成り立つ:

$$\mathbf{E}\left[f(B_\bullet)\exp\left(\frac{a}{2}\int_0^T \langle JB_t, dB_t\rangle\right)\right] = \frac{1}{\cos\left(\frac{aT}{2}\right)}\mathbf{E}[f((\iota + T_A)(B_\bullet))],$$

$$\mathbf{E}\left[f((\iota + K_A)(B_\bullet))\exp\left(\frac{a}{2}\int_0^T \langle JB_t, dB_t\rangle\right)\right] = \frac{1}{\cos\left(\frac{aT}{2}\right)}\mathbf{E}[f(B_\bullet)].$$

上の積分に現れた $\frac{1}{2}\int_0^T \langle JB_t, dB_t\rangle$ は**レヴィの確率面積** (Lévy's stochastic area) と呼ばれており,$f \equiv 1$ に対応する等式

$$\mathbf{E}\left[\exp\left(\frac{a}{2}\int_0^T \langle JB_t, dB_t\rangle\right)\right] = \frac{1}{\cos\left(\frac{aT}{2}\right)}$$

は**レヴィの公式**と呼ばれている.

7.2 部分積分の公式

本節では,$V_0, \ldots, V_d \in C_0^\infty(\mathbb{R}^N; \mathbb{R}^N)$ とする.$\{X_t^x\}_{t\geqq 0}$ ($x \in \mathbb{R}^N$) を確率微分方程式

$$dX_t = \sum_{\alpha=1}^{d} V_\alpha(X_t) \circ dB_t^\alpha + V_0(X_t)dt, \quad X_0 = x$$

の解とする．5章でみたように，写像 $(t,x) \mapsto X_t^x$ は $C^{0,\infty}$-級関数である．以下，J_t^x を写像 $x \mapsto X_t^x$ のヤコビ行列とする：$J_t^x = \bigl(\frac{\partial X_t^{x,i}}{\partial x^j}\bigr)_{1 \leq i,j \leq N}$. 定理5.16 で見たように J_t^x は可逆である．$f \in C_b^1(\mathbb{R}^N)$ に対し，$\nabla f = \bigl(\frac{\partial f}{\partial x^1}, \ldots, \frac{\partial f}{\partial x^N}\bigr)$ とおく．本節の目的は次のような部分積分の公式を証明することである．

定理7.10 $T > 0, x \in \mathbb{R}^N$ とする．$\{u_t^\alpha\}_{t \geq 0} \in \mathcal{L}^2 \ (\alpha = 1, \ldots, d)$ とし，$u_t = (u_t^1, \ldots, u_t^d)$ とおく．$f \in C_b^1(\mathbb{R}^N), g \in C_b^\infty(\mathbb{R}^{d \times n})$ と $0 \leq t_1 < \cdots < t_n \leq T$ に対し，次が成り立つ．

$$\mathbf{E}\Bigl[\Bigl\langle \nabla f(X_T^x), \sum_{\alpha=1}^{d} J_T^x \int_0^T (J_t^x)^{-1} V_\alpha(X_t^x) u_t^\alpha dt \Bigr\rangle g((B_{t_1}, \ldots, B_{t_n}))\Bigr]$$

$$= \mathbf{E}\Bigl[f(X_T^x) \Bigl\{ g((B_{t_1}, \ldots, B_{t_n})) \int_0^T \langle u_t, dB_t \rangle$$

$$- \sum_{\substack{1 \leq \alpha \leq d \\ 1 \leq k \leq n}} \frac{\partial g}{\partial a_k^\alpha}((B_{t_1}, \ldots, B_{t_n})) \int_0^{t_k} u_s^\alpha ds \Bigr\}\Bigr]. \quad (7.10)$$

ただし，(i)$\mathbb{R}^N, \mathbb{R}^d$ の内積をともに $\langle \cdot, \cdot \rangle$ で表し，(ii)$(B_{t_1}, \ldots, B_{t_n})$ は縦ベクトル B_{t_i} を第 i 列とする $d \times n$-行列を表し，(iii)$\frac{\partial g}{\partial a_k^\alpha}(a)$ は $d \times n$-行列 $a = (a_k^\alpha)_{\substack{1 \leq \alpha \leq d \\ 1 \leq k \leq n}}$ の第 (α, k)- 成分 a_k^α に関する偏微分を表している．

証明 $\{u_t^\alpha\}_{t \geq 0} \in \mathcal{L}^2 \ (\alpha = 1, \ldots, d)$ は $\sup_{\alpha=1,\ldots,d} \sup_{t \geq 0, \omega \in \Omega} |u_t^\alpha(\omega)| < \infty$ をみたすと仮定してよい．

$\eta \in \mathbb{R}$ とする．$\mathbb{R}^N$-値確率過程 $\{\xi_t^{(x,\eta)}\}_{t \geq 0}$ を常微分方程式

$$\frac{d\varphi}{dt}(t) = \eta \sum_{\alpha=1}^{d} ((X_t^\bullet)^{-1})^* V_\alpha(\varphi(t)) u_t^\alpha, \quad \varphi(0) = x \quad (t \geq 0)$$

7.2 部分積分の公式

の解とする.ただし,ベクトル場 $(X_t^\bullet)^{-1})^*V_\alpha$ は定理 5.21 の前の段落で述べた通りに定義する.このとき,定理 5.21 と同様の議論により,$X_t^{(x,\eta)} = X_t^{\xi_t^{(x,\eta)}}$ は確率微分方程式

$$dX_t = \sum_{\alpha=1}^{d} V_\alpha(X_t) \circ (dB_t^\alpha + \eta u_t^\alpha dt) + V_0(X_t)dt, \quad X_0 = x \quad (7.11)$$

の解であることが示される (演習問題とする).

定義により

$$\xi_t^{(x,\eta)} = x + \eta \sum_{\alpha=1}^{d} \int_0^t ((X_s^\bullet)^{-1})^* V_\alpha(\xi_s^{(x,\eta)}) u_s^\alpha ds$$

が成り立つ.写像 $\eta \mapsto \xi_t^{(x,\eta)}$ は微分可能であり,上式を $\eta = 0$ において η で偏微分すると,$\xi_t^{(x,0)} = x$ であることと $((X_s^\bullet)^{-1})^* V_\alpha$ の定義により,

$$\frac{\partial}{\partial \eta}\Big|_{\eta=0} \xi_t^{(x,\eta)} = \sum_{\alpha=1}^{d} \int_0^t ((X_s^\bullet)^{-1})^* V_\alpha(\xi_s^{(x,0)}) u_s^\alpha ds$$

$$= \sum_{\alpha=1}^{d} \int_0^t (J_s^x)^{-1} V_\alpha(X_s^x) u_s^\alpha ds$$

となる.ただし,微分はすべて成分ごとに行っている.これより次が従う.

$$\frac{\partial}{\partial \eta}\Big|_{\eta=0} X_t^{(x,\eta)} = J_t^x \frac{\partial}{\partial \eta}\Big|_{\eta=0} \xi_t^{(x,\eta)} = \sum_{\alpha=1}^{d} J_t^x \int_0^t (J_s^x)^{-1} V_\alpha(X_s^x) u_s^\alpha ds. \quad (7.12)$$

確率微分方程式 (7.11) にギルサノフの定理 (定理 6.13) を適用することにより

$$\mathbf{E}\Big[f(X_T^{(x,\eta)}) g\Big(\Big(B_{t_1} + \eta \int_0^{t_1} u_t dt, \dots, B_{t_n} + \eta \int_0^{t_n} u_t dt\Big)\Big)\Big]$$

$$= \mathbf{E}\Big[f(X_T^x) g((B_{t_1}, \dots, B_{t_n}))$$

$$\times \exp\left(\eta \int_0^T \langle u_t, dB_t\rangle - \frac{\eta^2}{2}\sum_{\alpha=1}^d \int_0^T (u_t^\alpha)^2 dt\right)\Bigg]$$

を得る. この両辺を $\eta = 0$ において η で偏微分すると, 右辺は

$$\mathbf{E}\left[f(X_T^x)g((B_{t_1},\ldots,B_{t_n}))\int_0^T \langle u_t, dB_t\rangle\right]$$

となる. (7.12) を用いて左辺の偏微分を計算すると

$$\mathbf{E}\left[\left\langle \nabla f(X_T^x), \sum_{\alpha=1}^d J_T^x \int_0^T (J_t^x)^{-1} V_\alpha(X_t^x) u_t^\alpha dt \right\rangle g((B_{t_1},\ldots,B_{t_n}))\right]$$

$$+ \mathbf{E}\left[f(X_T^x) \sum_{\substack{1\leq \alpha \leq d \\ 1\leq k \leq n}} \frac{\partial g}{\partial a_k^\alpha}((B_{t_1},\ldots,B_{t_n})) \int_0^{t_k} u_s^\alpha ds\right]$$

に一致する. したがって, (7.10) が成り立つ. ∎

$\mathbb{R}^{N\times N}$-値確率変数 A_T^x を

$$A_T^x = \sum_{\alpha=1}^d \int_0^T \{(J_t^x)^{-1} V_\alpha(X_t^x)\} \otimes \{(J_t^x)^{-1} V_\alpha(X_t^x)\} dt$$

と定義する. ただし, $v = (v_1, \ldots, v_N)^\dagger \in \mathbb{R}^N$ に対し, $v \otimes v$ は (i,j)-成分が $v_i v_j$ となる $N \times N$-行列を表す.

系 7.11 定理 7.10 と同様の f, g と $\xi \in \mathbb{R}^N$ に対し, 次が成り立つ:

$$\mathbf{E}[\langle \nabla f(X_T^x), J_T^x A_T^x \xi\rangle g((B_{t_1},\ldots,B_{t_n}))]$$

$$= \mathbf{E}\bigg[f(X_T^x)\bigg\{g((B_{t_1},\ldots,B_{t_n})) \sum_{\alpha=1}^d \int_0^T \langle (J_t^x)^{-1} V_\alpha(X_t^x), \xi\rangle dB_t^\alpha$$

$$- \sum_{\substack{1\leq \alpha \leq d \\ 1\leq k \leq n}} \frac{\partial g}{\partial a_k^\alpha}((B_{t_1},\ldots,B_{t_n})) \int_0^{t_k} \langle (J_t^x)^{-1} V_\alpha(X_t^x), \xi\rangle ds\bigg\}\bigg].$$

証明 定理 7.10 において，$u_t^\alpha = \langle (J_t^x)^{-1} V_\alpha(X_t^x), \xi \rangle$ $(\alpha = 1, \ldots, d)$ とすればよい． ∎

系 7.12 $f \in C_b^1(\mathbb{R}^d)$ に対し，次が成り立つ．

$$\mathbf{E}\left[\frac{\partial f}{\partial x^\alpha}(B_T)\right] = \frac{1}{T}\mathbf{E}[f(B_T)B_t^\alpha] \quad (\alpha = 1, \ldots, d).$$

証明 $N = d$, $X_t^x = x + B_t^x$ とすれば，$J_T^x = I, A_T^x = TI$ である．$\mathbb{R}^d$ の標準的な正規直交基底 $\mathbf{e}_1, \ldots, \mathbf{e}_d$ に対し，$\xi = \mathbf{e}_\alpha$ として系 7.11 を適用すれば主張を得る． ∎

注意 7.13 (i) 系 7.12 の主張は，$B_T \sim N(0, TI)$ から直接証明できる．詳細は演習問題とする．
(ii) 系 7.12 の主張は f の微分に関する期待値が f に関する期待値に代わるという部分積分の公式となっている．系 7.11 はそのような部分積分の萌芽となる等式を与えている．

$\mathbf{e}_1, \ldots, \mathbf{e}_N$ を $\mathbb{R}^N$ の標準的な正規直交基底とする．もし $\det A_T^x \neq 0$ であり，$(A_T^x)^{-1}$ が十分よい可積分性を持てば，$g((B_{t_1}, \ldots, B_{t_n}))\xi$ の線形結合から得られる確率変数を $(A_T^x)^{-1} J_T^x \mathbf{e}_i$ に収束させることで，系 7.11 の左辺を

$$\mathbf{E}\left[\frac{\partial f}{\partial x^i}(X_T^x)\right]$$

に収束させることができる．この左辺の収束に伴う右辺の括弧で囲まれた項 $\{\cdots\}$ の挙動を見るには，$\frac{\partial g}{\partial a_k^\ell}$ という項が示唆するように，ソボレフ空間的な収束を議論する必要がある．この問題を厳密に解決するのが，マリアヴァン解析である．マリアヴァン解析を用いれば，右辺の収束も保証でき，系 7.11 の等式を

$$\mathbf{E}\left[\frac{\partial f}{\partial x^i}(X_T^x)\right] = \mathbf{E}[f(X_T^x)\Phi_i]$$

という形に変形ができる．すなわち，系 7.12 と同様の部分積分の公式が得られる．

マリアヴァン解析は，1970 年代半ばにフランス人研究者ポール・マリアヴァンにより創始され，1980 年代に日本の研究者により経路空間上の超関数理論として整備された．マリアヴァン解析については [10] を参照されたい．

定理 7.10 を用いれば，伊藤の表現定理 (定理 4.22) に現れる被積分関数を具体的に求めることが可能となる．以下，$\{\overline{\mathcal{F}}_t^B\}_{t \geqq 0}$ をブラウン運動に付随するフィルトレーション ((3.10) 参照) とする.

定理 7.14 $f \in C_b^\infty(\mathbb{R}^N)$ とする.

$$h_t^\alpha = \mathbf{E}[\langle \nabla f(X_T^x), J_T^x(J_t^x)^{-1}V_\alpha(X_t^x)\rangle|\overline{\mathcal{F}}_t^B]$$

とおく．このとき,

$$f(X_T^x) = \mathbf{E}[f(X_T^x)] + \sum_{\alpha=1}^d \int_0^T h_t^\alpha dB_t^\alpha$$

が成り立つ.

証明 伊藤の表現定理 (定理 4.22) により

$$f(X_T^x) = \mathbf{E}[f(X_T^x)] + \sum_{\alpha=1}^d \int_0^T g_t^\alpha dB_t^\alpha \tag{7.13}$$

をみたす $\{g_t^\alpha\}_{t \geqq 0} \in \mathcal{L}^2$ ($\alpha = 1, \ldots, d$) が存在する.

$\{u_t^\alpha\}_{t \geqq 0} \in \mathcal{L}^2$ ($\alpha = 1, \ldots, d$) とする．$g_t = (g_t^1, \ldots, g_t^d)$, $h_t = (h_t^1, \ldots, h_t^d)$, $u_t = (u_t^1, \ldots, u_t^d)$ とおく．確率積分の等長性 (定理 4.9) と定理 7.10 により，次のように変形ができる.

$$\int_0^T \mathbf{E}[\langle g_t, u_t\rangle]dt = \mathbf{E}\left[f(X_T^x)\int_0^T \langle u_t, dB_t\rangle\right]$$

$$= \mathbf{E}\left[\left\langle \nabla f(X_T^x), \sum_{\alpha=1}^d J_T^x\int_0^T (J_t^x)^{-1}V_\alpha(X_t^x)u_t^\alpha dt\right\rangle\right]$$

$$= \int_0^T \sum_{\alpha=1}^d \mathbf{E}[\langle \nabla f(X_T^x), J_T^x(J_t^x)^{-1}V_\alpha(X_t^x)\rangle u_t^\alpha]dt$$

$$= \int_0^T \mathbf{E}[\langle h_t, u_t\rangle]dt.$$

7.2 部分積分の公式

$\{u_t\}_{t\geq 0}$ の任意性により,

$$\mathbf{E}\left[\int_0^T |g_t - h_t|^2 dt\right] = 0$$

となる.これと (7.13) から主張が従う. ∎

注意 7.15 定理 7.14 の等式の $f(X_T^x)$ はより一般の $F \in L^2(\mathbf{P})$ に拡張できる.拡張された表示式は,**クラーク-オコーン (Clark-Ocone) の公式**と呼ばれている.この一般化にはマリアヴァン解析が必要となる.詳しくは [10] を参照されたい.

演習問題

7.1. γ, δ が $[0, \infty)$ 上の C^1-級関数であり,T が十分小さければ,(A.1) が成り立つことを示せ.

7.2. $\gamma(t) = 0, \delta(t) = \delta(0)$ ($\forall t \leq T$) が成り立つと仮定する.$B \in \mathbb{R}^{d \times d}$ に対し,$c(B) = \sum_{n=0}^{\infty} \frac{(-1)^n}{(2n)!} B^n$ と定義する.
(i) $A(t) = c(\delta(0)(T-t))$ $(t \leq T)$ が成り立つことを示せ.
(ii) $\lambda_1, \ldots, \lambda_d$ を $\delta(0)$ の固有値とすれば,$\det A(t) = \prod_{\alpha=1}^{d} \cos(\sqrt{\lambda_\alpha}(t-T))$ となることを示せ.
(iii) $\max_{\alpha=1,\ldots,d} \lambda_\alpha < \frac{\pi^2}{4T^2}$ ならば,(A.1) が成り立つことを示せ.

7.3. $d=1$ とし,$\delta(t) < 0$ ($\forall t \leq T$) を仮定する.このとき,$A''(t) \geqq 0$ $(t \leq T)$ となることを示し,これより (A.1) が成り立つことを示せ.

7.4. 伊藤の公式を用いて,補題 7.7 の等式を証明せよ.

7.5. 定理 7.10 の証明中の $X_t^{(x,\eta)} = X_t^{\xi_t^{(x,\eta)}}$ が確率微分方程式 (7.11) の解となることを確かめよ.

7.6. $\{B_t\}_{t \geq 0}$ を d 次元ブラウン運動とする.$B_T \sim N(0, TI)$ となることを用いて,系 7.12 の等式を証明せよ.

7.7. $V_0, \ldots, V_d \in C_b^{\infty}(\mathbb{R}^N; \mathbb{R}^N)$ の場合にも,$f \in C_b^{\infty}(\mathbb{R}^N), \xi \in \mathbb{R}^N$ に対し,次が成り立つことを示せ.

$$\mathbf{E}[\langle \nabla f(X_t^x), J_T^x A_T^x \xi \rangle] = \mathbf{E}\left[f(X_T^x) \sum_{\alpha=1}^{d} \int_0^T \langle (J_t^x)^{-1} V_\alpha(X_t^x), \xi \rangle dB_t^\alpha \right].$$

7.8. $\{B_t\}_{t\geqq 0}$ を 1 次元ブラウン運動とする. $f \in C_b^1(\mathbb{R})$ とし, $h_t = \int_{\mathbb{R}} f'(y + B_t) \frac{1}{\sqrt{2\pi(T-t)}} e^{-\frac{y^2}{2(T-t)}} dy$ とおく. このとき, $f(B_T) = f(0) + \int_0^T h_t dB_t$ となることを示せ.

第8章 ◇ ブラック-ショールズ・モデル

本章では，数理ファイナンスにおいて確率微分方程式が応用される様子を，最も簡単な市場モデルであるブラック-ショールズ・モデルを通じて見ていく．市場モデルの数理モデルとしての導入から始めて，条件つき請求権と呼ばれる金融派生商品の価格づけ理論までを紹介する．

この章を通じて，$T>0$ とし，$\{B_t\}_{t\leqq T}$ を確率空間 $(\Omega, \mathcal{F}, \mathbf{P})$ 上の1次元ブラウン運動とする．$\mathcal{F}_t = \mathcal{F}_t^B$，$\mathcal{N}^*$ を $A \subset N$ となる $N \in \mathcal{N} \cap \mathcal{F}_T$ が存在する $A \subset \Omega$ の全体とし，$\mathcal{F}_t^* = \sigma(\mathcal{F}_t \cup \mathcal{N}^*)$ とおく．$\mathbf{P}$ を自然に $\mathcal{F}_T^*$ に拡張し，以下，$\mathcal{F} = \mathcal{F}_T^*$ とし，フィルトレーションは $\{\mathcal{F}_t^*\}_{t\leqq T}$ を考える．よって，発展的可測やマルチンゲールなどは $\{\mathcal{F}_t^*\}_{t\leqq T}$ に基づく $(\mathcal{F}_t^*)$-発展的可測，$(\mathcal{F}_t^*)$-マルチンゲールなどを意味する．3.4節で触れたように，$\{B_t\}_{t\geqq 0}$ は $(\mathcal{F}_t^*)$-ブラウン運動である．本章では，$\mathbf{E}$ はつねに $\mathbf{P}$ に関する期待値を表す．ときに他の確率測度 $\mathbf{Q}$ に関する期待値を用いるが，その際は $\mathbf{E}_\mathbf{Q}$ と確率測度を明記する．

8.1 ブラック-ショールズ・モデル

$r, \mu, \sigma > 0$ とし，$\mathbb{R}^2$-値確率過程 $\boldsymbol{X} = \{X_t = (\rho_t, S_t)\}_{t\leqq T}$ を次で定義する：

$$d\rho_t = r\rho_t dt, \quad dS_t = \mu S_t dt + \sigma S_t dB_t, \quad \rho_0 = 1, \quad S_0 = s_0 > 0. \quad (8.1)$$

このとき，

$$\rho_t = e^{rt}, \quad S_t = s_0 \exp\left(\sigma B_t + \left(\mu - \frac{\sigma^2}{2}\right)t\right)$$

である．とくに $\rho_t, S_t > 0$ となる．

ρ_t は時刻 t における安全な証券 (国債，預金など) の価格を表しており，S_t

は時刻 t における危険な証券 (株など) の価格を表している．$\boldsymbol{X} = \{X_t = (\rho_t, S_t)\}_{t \leq T}$ を**ブラック-ショールズ・モデル** (Black-Scholes model) という．以下では，$\{S_t\}_{t \leq T}$ を**株価過程** (stock price process) と呼ぶ．

定義 8.1

(i) 発展的可測な $\mathbb{R}^2$-値確率過程 $\theta = \{\theta_t = (\theta_t^0, \theta_t^1)\}_{t \leq T}$ を**ポートフォリオ** (portfolio) といい，ポートフォリオの全体を $\mathcal{P}$ と表す．

(ii) $\theta = \{\theta_t = (\theta_t^0, \theta_t^1)\}_{t \leq T} \in \mathcal{P}$ に対し，

$$V_t(\theta) = \langle \theta_t, X_t \rangle = \theta_t^0 \rho_t + \theta_t^1 S_t$$

と定義し，θ の**富過程** (wealth process) という．

(iii) $\theta \in \mathcal{P}$ が金融市場 S において**セルフファイナンシング** (self-financing) であるとは，$\{\theta_t^0\}_{t \leq T} \in \mathcal{L}_{\mathrm{loc}}^1, \{\theta_t^1\}_{t \leq T} \in \mathcal{L}_{\mathrm{loc}}^2$ であり，さらに次が成り立つことをいう：

$$\begin{aligned} V_t(\theta) &= V_0(\theta) + \int_0^t \theta_s^0 d\rho_s + \int_0^t \theta_s^1 dS_s \\ &= V_0(\theta) + \int_0^t (r\theta_s^0 \rho_s + \mu \theta_s^1 S_s) ds + \int_0^t \sigma \theta_s^1 S_s dB_s \quad (t \leq T). \end{aligned} \tag{8.2}$$

セルフファイナンシングなポートフォリオの全体を $\mathcal{P}_{\mathrm{SF}}$ と表す．

注意 8.2 (i) $\{\rho_t\}_{t \leq T}, \{S_t\}_{t \leq T}$ はともに連続な確率過程であるから，$\{\theta_t^0\}_{t \leq T} \in \mathcal{L}_{\mathrm{loc}}^1, \{\theta_t^1\}_{t \leq T} \in \mathcal{L}_{\mathrm{loc}}^2$ ならば，$\{r\theta_t^0 \rho_t + \mu \theta_t^1 S_t\}_{t \leq T} \in \mathcal{L}_{\mathrm{loc}}^1, \{\sigma \theta_t^0 S_t\}_{t \leq T} \in \mathcal{L}_{\mathrm{loc}}^2$ となる．よって，セルフファイナンシングの定義に現れる積分は意味を持つ．

(ii) 以下に述べるように時間を離散化するとにより，セルフファイナンシングが「資金の流出入がない」ことを意味していることがわかる．

時刻 $t + \Delta$ におけるポートフォリオ $\theta_{t+\Delta}$ は時刻 t における証券の買い替えによって決定される．時刻 t における資産高は $V_t(\theta)$ であり，この資産をすべて使って買い替えを行えば，資産と購入に要する金額の一致により

$$\langle \theta_t, X_t \rangle = \langle \theta_{t+\Delta}, X_t \rangle$$

という等式を得る．これより，
$$V_{t+\Delta}(\theta) - V_t(\theta) = \langle \theta_{t+\Delta}, X_{t+\Delta} \rangle - \langle \theta_{t+\Delta}, X_t \rangle = \langle \theta_{t+\Delta}, X_{t+\Delta} - X_t \rangle$$
となる．ここで $\Delta \to 0$ とすれば，確率微分を用いた
$$dV_t(\theta) = \langle \theta_t, dX_t \rangle = \theta_t^0 d\rho_t + \theta_t^1 dS_t$$
という表示を得る．これは (8.2) を意味している．

(iii) $B_0 = 0$ であるから，$\mathcal{F}_0^* = \{\emptyset, \Omega\} \cup \mathcal{N}^*$ となる．とくに，$\mathcal{F}_0^*$-可測な関数は定数関数となる．したがって，$\theta_0^0, \theta_0^1, V_0(\theta)$ などはすべて確率変数ではなく，定数である．

例 8.3 定数ポートフォリオ，すなわち $\theta_t \equiv \theta_0$ となるポートフォリオはセルフファイナンシングである．

定義 8.4

$$\xi_t = \frac{1}{\rho_t} = e^{-rt}, \quad \overline{S}_t = \xi_t S_t, \quad \overline{X}_t = \xi_t X_t = (1, \overline{S}_t)$$

とおく．$\{\overline{S}_t\}_{t \leq T}$ を，ニューメレール (numeraire) $\{\rho_t\}_{t \leq T}$ により割り引かれた株価過程という．

$d\xi_t = -r\xi_t dt$ であるから，伊藤の公式により，次が成り立つ：
$$d\overline{S}_t = S_t d\xi_t + \xi_t dS_t = (\mu - r)\overline{S}_t dt + \sigma \overline{S}_t dB_t. \tag{8.3}$$

つぎに見るように，セルフファイナンシングの概念はニューメレールによる割り引きには依存しない概念である．これを示すために (8.2) において $\boldsymbol{X}$ の代わりに $\overline{\boldsymbol{X}} = \{\overline{X}_t\}_{t \leq T}$ を用いた等式が成り立つ，すなわち

$$\overline{V}_t(\theta) \stackrel{\text{def}}{=} \xi_t V_t(\theta) = \langle \theta_t, \overline{X}_t \rangle = \overline{V}_0(\theta) + \int_0^t \theta_s^1 d\overline{S}_s \tag{8.4}$$

が成り立つポートフォリオ θ の全体を $\overline{\mathcal{P}}_{\text{SF}}$ と表す．

補題 8.5 $\overline{\mathcal{P}}_{\text{SF}} = \mathcal{P}_{\text{SF}}$ が成り立つ．とくに，$\theta \in \mathcal{P}_{\text{SF}}$ に対し，(8.4) が成り立つ．

証明 $\theta \in \mathcal{P}_{\mathrm{SF}}$ とする．伊藤の公式と (8.3) により，

$$d\overline{V}_t(\theta) = \xi_t dV_t(\theta) + V_t(\theta)d\xi_t$$
$$= \xi_t\{(r\theta_t^0\rho_t + \mu\theta_t^1 S_t)dt + \sigma\theta_t^1 S_t dB_t\} - r\xi_t\{\theta_t^0\rho_t + \theta_t^1 S_t\}dt$$
$$= \xi_t S_t \theta_t^1\{(\mu - r)dt + \sigma dB_t\} = \theta_t^1 d\overline{S}_t$$

となる．よって，$\theta \in \overline{\mathcal{P}}_{\mathrm{SF}}$ である．

逆に $\theta \in \overline{\mathcal{P}}_{\mathrm{SF}}$ とする．$V_t(\theta) = \rho_t \overline{V}_t(\theta)$ であるから，伊藤の公式と (8.4), (8.3) により，

$$dV_t(\theta) = \rho_t d\overline{V}_t(\theta) + \overline{V}_t(\theta) d\rho_t$$
$$= \rho_t \theta_t^1\{(\mu - r)\overline{S}_t dt + \sigma \overline{S}_t dB_t\} + r\rho_t\{\theta_t^0 + \theta_t^1 \overline{S}_t\}dt$$
$$= r\theta_t^0 \rho_t dt + \theta_t^1 S_t\{\mu dt + \sigma dB_t\} = \theta_t^0 d\rho_t + \theta_t^1 dS_t$$

となる．よって，$\theta \in \mathcal{P}_{\mathrm{SF}}$ である． ∎

8.2 裁定機会と同値局所マルチンゲール測度

定義 8.6

(i) $\mathbf{P}(V_t(\theta) \geqq C \, (\forall t \leqq T)) = 1$ となる $C \in \mathbb{R}$ が存在する $\theta \in \mathcal{P}_{\mathrm{SF}}$ を**許容されるポートフォリオ** (admissible portfolio) といい，その全体を $\mathcal{P}_{\mathrm{ADM}}$ と表す．

(ii) $\theta \in \mathcal{P}_{\mathrm{ADM}}$ が**裁定機会** (arbitrage opportunity) であるとは，$V_0(\theta) = 0$ であり，さらに $V_t(\theta) \geqq 0$, $\mathbf{P}$-a.s. $(\forall t \leqq T)$ かつ $\mathbf{P}(V_T(\theta) > 0) > 0$ が成り立つことをいう．裁定機会の全体を $\mathcal{P}_{\mathrm{ARB}}$ とおく．

(iii) $(\Omega, \mathcal{F})$ 上の確率測度 $\mathbf{Q}$ が次の 2 条件をみたすとき，**同値局所マルチンゲール測度**という．

　(a) $\mathbf{Q}$ は $\mathbf{P}$ と同値である．すなわち，$A \in \mathcal{F}$ が $\mathbf{Q}(A)$ となるのは $\mathbf{P}(A) = 0$ となるときであり，そのときに限る．

(b) $\mathbf{Q}$ のもと $\{\overline{S}_t\}_{t\leq T}$ は局所マルチンゲールとなる: $\sigma_n \leqq \sigma_{n+1}$ ($n = 1, 2, \dots$), $\lim_{n\to\infty} \sigma_n = T$ をみたす停止時刻の列 $\{\sigma_n\}_{n=1}^{\infty}$ が存在し, $\mathbf{E}_{\mathbf{Q}}[\overline{S}_{t\wedge\sigma_n}|\mathcal{F}_s^*] = \overline{S}_{s\wedge\sigma_n}$ ($\forall s < t \leqq T, n = 1, 2, \dots$) が成り立つ.

同値局所マルチンゲール測度の全体を $\mathcal{M}_{\mathrm{ELM}}$ と書く.

注意 8.7 (i) $\theta \in \mathcal{P}_{\mathrm{ADM}}$ はテーム・ポートフォリオ (tame portfolio) とも呼ばれている. $V_t(\theta)$ は時刻 t におけるポートフォリオ所有者の資産高を表しているから, $V_t(\theta) \geqq C$ という条件は負債限度が設定されていることを意味している.
(ii) 資産 0 から始めて, 非常に巧妙な投資戦略 (ポートフォリオ) $\theta \in \mathcal{P}_{\mathrm{ARB}}$ により資産運用を行えば, 満期時刻 T までに負債を負うことがなく, さらに満期時には資産を生み出すことが可能となる.
(iii) 演習問題 8.2 で見るように, $\theta \in \mathcal{P}_{\mathrm{SF}} \setminus \mathcal{P}_{\mathrm{ADM}}$ で, $V_0(\theta) = 0, V_T(\theta) > 0$ となるものが存在する.

定理 8.8 $\alpha = \frac{r-\mu}{\sigma}$ とし,

$$\widehat{\mathbf{P}}(A) = \mathbf{E}[e^{\alpha B_T - \frac{\alpha^2}{2}T}; A] \quad (A \in \mathcal{F}), \quad \widehat{B}_t = B_t - \alpha t \quad (t \leqq T)$$

と定義する. このとき,
(1) $\widehat{\mathbf{P}}$ は $(\Omega, \mathcal{F})$ 上の確率測度であり, $\{\widehat{B}_t\}_{t\leqq T}$ は $\widehat{\mathbf{P}}$ のもと $(\mathcal{F}_t^*)$-ブラウン運動である.
(2) $\mathcal{M}_{\mathrm{ELM}} = \{\widehat{\mathbf{P}}\}$ が成り立つ.
(3) $\theta \in \mathcal{P}_{\mathrm{SF}}$ とする. $\widehat{\mathbf{P}}$ のもと $\{\overline{V}_t(\theta)\}_{t\leqq T}$ は局所マルチンゲールである.
(4) $\mathcal{P}_{\mathrm{ARB}} = \emptyset$ である.

証明のために表現定理の拡張に関する補題を準備する.

補題 8.9 局所マルチンゲール $\{M_t\}_{t\leqq T}$ は $\mathcal{M}_{\mathrm{c,loc}}^2$ に属する修正を持つ.

証明 $\{M_t\}_{t\leqq T}$ はマルチンゲールであるとしてよい. さらに, 定理 3.17 により $\mathcal{F}_{t+}^* = \mathcal{F}_t^*$ が成り立つので, $\{M_t\}_{t\leqq T}$ は右連続であるとしてよい (証明は [13] を参照されたい).

M_T に L^1-収束する $F_n \in L^2(\mathbf{P})$ をとる. 定理 4.22 により,

$$F_n = \mathbf{E}[F_n] + \sum_{\alpha=1}^{d} \int_0^T f_s^{n,\alpha} dB_s^\alpha$$

となる $\{f_s^{n,\alpha}\}_{s\leq T} \in \mathcal{L}^2$ ($\alpha = 1,\ldots,d$) が存在する.

$$M_t^n = \mathbf{E}[F_n] + \sum_{\alpha=1}^{d} \int_0^t f_s^{n,\alpha} dB_s^\alpha \quad (t \leq T)$$

と定義する. 定理4.9により, $\{M_t^n\}_{t\leq T} \in \mathcal{M}_c^2$ となる.

ドゥーブの不等式により,

$$\mathbf{P}\left(\sup_{t\leq T} |M_t^n - M_t| > \lambda\right) \leq \frac{1}{\lambda}\mathbf{E}[|M_T^n - M_T|] = \frac{1}{\lambda}\mathbf{E}[|F^n - M_T|]$$

となり, $\sup_{t\leq T} |M_t^n - M_t|$ は0に確率収束する. よって, 定理1.25により, **P**-a.s. に $\sup_{t\leq T} |M_t^{n_k} - M_t| \to 0$ $(k \to \infty)$ となる部分列 $\{\{M_t^{n_k}\}_{t\leq T}\}_{k=1}^{\infty}$ が存在する. したがって, $\{M_t\}_{t\leq T}$ は連続な修正 $\{\widetilde{M}_t\}_{t\leq T}$ を持つ. $M_t = \widetilde{M}_t$, **P**-a.s. ($\forall t \leq T$) であるから, $\{\widetilde{M}_t\}_{t\leq T}$ はマルチンゲールである. よって, $\{\widetilde{M}_t\}_{t\leq T} \in \mathcal{M}_{c,loc}^2$ となる. ∎

この修正を利用して表現定理を局所マルチンゲールに拡張できる.

補題8.10 局所マルチンゲール $\{M_t\}_{t\leq T}$ に対し, $\{f_s^\alpha\}_{s\leq T} \in \mathcal{L}_{loc}^2$ ($\alpha = 1,\ldots,d$) が存在し, 次が成り立つ.

$$M_t = \mathbf{E}[M_0] + \sum_{\alpha=1}^{d} \int_0^t f_s^\alpha dB_s^\alpha \quad (t \leq T).$$

証明 $\{M_t\}_{t\leq T}$ を局所マルチンゲールとする. 補題8.9により, $\{M_t\}_{t\leq T} \in \mathcal{M}_{c,loc}^2$ としてよい.

注意8.2(iii) で見たように M_0 は定数である. $n > M_0$ とする. 停止時刻 $\tau_n \stackrel{\text{def}}{=} \inf\{t > 0 \mid \sup_{s\leq t} |M_t| \geq n\} \wedge T$ に対し, 補題2.13により, $\sup_{t\leq T} |M_t^{\tau_n}| \leq n$,

8.2 裁定機会と同値局所マルチンゲール測度

P-a.s. となるから，$\{M_t^{\tau_n}\}_{t \leq T} \in \mathcal{M}_c^2$ となる．定理 4.25 により，$\{f_t^{n,\alpha}\}_{t \leq T} \in \mathcal{L}^2$ $(\alpha = 1, \ldots, d)$ が存在し，

$$M_t^{\tau_n} = \mathbf{E}[M_0] + \sum_{\alpha=1}^{d} \int_0^t f_s^{n,\alpha} dB_s^{\alpha} \quad (t \leq T)$$

が成り立つ．

定義より，$m > n$ に対し $M_{t \wedge \tau_n}^{\tau_m} = M_t^{\tau_n}$ $(\forall t \leq T)$ である．上の等式とあわせれば

$$\sum_{\alpha=1}^{d} \int_0^{T \wedge \tau_n} f_s^{m,\alpha} dB_s^{\alpha} = \sum_{\alpha=1}^{d} \int_0^{T} f_s^{n,\alpha} dB_s^{\alpha}$$

となる．これと命題 4.10 により

$$\sum_{\alpha=1}^{d} \int_0^{T} \{f_s^{n,\alpha} - f_s^{m,\alpha} \mathbf{1}_{[0,\tau_n)}(s)\} dB_s^{\alpha} = 0$$

が従う．伊藤積分の等長性により

$$\mathbf{E}\left[\int_0^{T} \{f_s^{n,\alpha} - f_s^{m,\alpha} \mathbf{1}_{[0,\tau_n)}(s)\}^2 ds\right] = 0 \quad (\alpha = 1, \ldots, d)$$

となる．したがって，$f_t^{\alpha} = \limsup_{m \to \infty} f_t^{m,\alpha}$ とおけば，

$$\mathbf{E}\left[\int_0^{T} \{f_s^{n,\alpha} - f_s^{\alpha} \mathbf{1}_{[0,\tau_n)}(s)\}^2 ds\right] = 0 \quad (\alpha = 1, \ldots, d)$$

である．$\tau_n \to T$ となるから，$\{f_t^{\alpha}\}_{t \leq T} \in \mathcal{L}_{\text{loc}}^2$ となる．さらに，

$$M_{t \wedge \tau_n} = \mathbf{E}[M_0] + \sum_{\alpha=1}^{d} \int_0^{t \wedge \tau_n} f_s^{\alpha} dB_s^{\alpha} \quad (t \leq T)$$

が成り立つ．ここで，$n \to \infty$ とすれば，求める等式を得る． ∎

定理 8.8 の証明 (1) ギルサノフの定理 (6.13) より直ちに従う．

(2) (8.3) により,
$$d\overline{S}_t = \sigma \overline{S}_t d\widehat{B}_t \tag{8.5}$$
と表現できる. (1) により, $\{\overline{S}_t\}_{t \leq T}$ は $\widehat{\mathbf{P}}$ のもとで局所マルチンゲールとなる. すなわち, $\widehat{\mathbf{P}} \in \mathcal{M}_{\mathrm{ELM}}$ である.

主張の証明を完了するには, $\mathbf{Q} \in \mathcal{M}_{\mathrm{ELM}}$ ならば $\mathbf{Q} = \widehat{\mathbf{P}}$ となることを示せばよい. $\mathbf{Q}$ と $\mathbf{P}$ は同値であるから, $Z > 0$, $\mathbf{P}$-a.s. となる $Z \in L^1(\mathbf{P})$ が存在し,
$$\mathbf{Q}(A) = \mathbf{E}[Z; A] \quad (A \in \mathcal{F}) \tag{8.6}$$
が成り立つ.[1] このとき,
$$Z_t = \mathbf{E}[Z | \mathcal{F}_t^*]$$
とおく. 補題 8.9 により $\{Z_t\}_{t \leq T}$ は連続なマルチンゲールである.

$\tau = \inf\{t \leq T \,|\, Z_t = 0\}$ とおく. ただし, $\{\cdots\} = \emptyset$ のときは $\tau = \infty$ と定義する. $\{\tau \leq T\} \in \mathcal{F}_{\tau \wedge T}^*$ であるから, 任意抽出定理 (定理 2.15) により,
$$0 = \mathbf{E}[Z_\tau; \tau \leq T] = \mathbf{E}[Z_{\tau \wedge T}; \tau \leq T] = \mathbf{E}[Z_T; \tau \leq T]$$
となる. $Z_T = Z > 0$, $\mathbf{P}$-a.s. であるから, $\mathbf{P}(\tau \leq T) = 0$ となる. したがって, 次が成り立つ.
$$\inf_{t \leq T} Z_t > 0, \quad \mathbf{P}\text{-a.s.} \tag{8.7}$$

補題 8.10 を適用して,
$$Z_t = 1 + \int_0^t f_s dB_s \quad (t \leq T)$$
をみたす $\{f_t\}_{t \leq T} \in \mathcal{L}_{\mathrm{loc}}^2$ をとる. $g_t = \frac{f_t}{Z_t}$ とおけば, (8.7) により, $\{g_t\}_{t \leq T} \in \mathcal{L}_{\mathrm{loc}}^2$ であり, さらに
$$Z_t = 1 + \int_0^t g_s Z_s dB_s \quad (t \leq T) \tag{8.8}$$
が成り立つ.

---

[1] ラドン-ニコディムの定理 ([5, 定理 18.4])

8.2 裁定機会と同値局所マルチンゲール測度

$\tau_n = \inf\{t \geqq 0 \,|\, \overline{S}_t \geqq n\}$ $(n > s_0)$ とおく.ただし,$\{\cdots\} = \emptyset$ のときは $\tau_n = \infty$ とする.$\{\overline{S}_t\}_{t \leqq T}$ は $\mathbf{Q}$ のもと局所マルチンゲールであったから,$\{\overline{S}_t^{\tau_n}\}_{t \leqq T}$ は $\mathbf{Q}$ のもと有界なマルチンゲールとなる.よって,$s < t, A \in \mathcal{F}_s^*$ ならば,

$$\mathbf{E}_{\mathbf{Q}}[\overline{S}_t^{\tau_n}; A] = \mathbf{E}_{\mathbf{Q}}[\overline{S}_s^{\tau_n}; A]$$

となる.これと

$$\mathbf{E}_{\mathbf{Q}}[\overline{S}_u^{\tau_n}; C] = \mathbf{E}[\overline{S}_u^{\tau_n} Z; C] = \mathbf{E}[\overline{S}_u^{\tau_n} Z_u; C] \quad (u \leqq T, C \in \mathcal{F}_u^*)$$

が成り立つことにより,$\{\overline{S}_t^{\tau_n} Z_t\}_{t \leqq T}$ は $\mathbf{P}$ のもとマルチンゲールであるといえる.

伊藤の公式により,(8.3),(8.8) から次の表示を得る.

$$\overline{S}_t Z_t = s_0 + \int_0^t \overline{S}_s g_s Z_s dB_s + \int_0^t \sigma \overline{S}_s Z_s dB_s + \int_0^t \overline{S}_s Z_s \{(\mu - r) + \sigma g_s\} ds.$$

これを $\{\overline{S}_t^{\tau_n} Z_t\}_{t \leqq T}$ が $\mathbf{P}$ のもとマルチンゲールであることとあわせると,

$$\int_0^t \overline{S}_s Z_s \{(\mu - r) + \sigma g_s\} ds = 0 \quad (t \leqq T)$$

となることが従う (補題 2.27).したがって,$g_s = \alpha$ $(s \leqq T)$ である.これを (8.8) に代入すれば,

$$Z_t = 1 + \int_0^t \alpha Z_t dB_t \quad (t \leqq T)$$

を得る.この確率微分方程式を解けば,$Z_t = e^{\alpha B_t - \frac{\alpha^2}{2} t}$ $(t \leqq T)$ である.これより $Z = Z_T = e^{\alpha B_T - \frac{\alpha^2}{2} T}$ となるから,$\mathbf{Q}$ の定義 (8.6) により,$\mathbf{Q} = \widehat{\mathbf{P}}$ が従う.

(3) (8.4) と (8.5) により,

$$d\overline{V}_t(\theta) = \sigma \theta_t^1 \overline{S}_t d\widehat{B}_t \tag{8.9}$$

となる.これより,主張を得る.

(4) $\theta \in \mathcal{P}_{\text{ADM}}$ であり，$\mathbf{P}$-a.s. に $V_0(\theta) = 0, V_t(\theta) \geqq 0$ $(t \leqq T)$ をみたすとする．このとき $\widehat{\mathbf{P}}$-a.s. に $V_0(\theta) = 0, V_t(\theta) \geqq 0$ $(t \leqq T)$ である．

$\sigma_n = \inf\{t \geqq 0 \,|\, \overline{V}_t(\theta) \geqq n\}$ $(n = 1, 2, \dots)$ とおく．ただし，$\{\cdots\} = \emptyset$ のときは $\sigma_n = \infty$ とする．(3) により，$\{\overline{V}_{t \wedge \sigma_n}(\theta)\}_{t \leqq T}$ は $\widehat{\mathbf{P}}$ のもとマルチンゲールとなる．$\widehat{\mathbf{P}}$ と $\mathbf{P}$ の同値性と $\theta \in \mathcal{P}_{\text{ADM}}$ となることから，$\widehat{\mathbf{P}}(\overline{V}_t(\theta) \geqq C \,(\forall t \leqq T)) = 1$ となる $C \in \mathbb{R}$ が存在することに注意し，ファトウの補題を適用すれば

$$0 \leqq \mathbf{E}_{\widehat{\mathbf{P}}}[\overline{V}_T(\theta)] \leqq \liminf_{n \to \infty} \mathbf{E}_{\widehat{\mathbf{P}}}[\overline{V}_{T \wedge \tau_n}(\theta)] = \mathbf{E}_{\widehat{\mathbf{P}}}[\overline{V}_0(\theta)] = 0$$

となる．これより，$\overline{V}_T(\theta) = 0$, $\widehat{\mathbf{P}}$-a.s. である．したがって，$\overline{V}_T(\theta) = 0$, $\mathbf{P}$-a.s. となり，$\theta \notin \mathcal{P}_{\text{ARB}}$ が示された．よって，$\mathcal{P}_{\text{ARB}} = \emptyset$ となる． ∎

注意 8.11 (i) (8.5) により

$$\overline{S}_t = s_0 \exp\left(\sigma \widehat{B}_t - \frac{\sigma^2}{2} t\right) \quad (t \leqq T)$$

となる．よって，$\{\overline{S}_t\}_{t \leqq T}$ は $\widehat{\mathbf{P}}$ のもとマルチンゲールとなっている．
(ii) 本書では局所マルチンゲールに基づく確率積分を導入していない．このため，$\{\overline{V}_t(\theta)\}_{t \leqq T}$ が局所マルチンゲールであることを示すために $\{\widehat{B}_t\}_{t \leqq T}$ を用いた表示を経由している．しかし，局所マルチンゲールに基づく確率積分を用いれば，$\{\overline{S}_t\}_{t \leqq T}$ が局所マルチンゲールであることから，$\{\overline{V}_t(\theta)\}_{t \leqq T}$ が局所マルチンゲールであることを示すことができる．局所マルチンゲールに基づく確率積分については [10] を参照されたい．

8.3 価格付け

ヨーロッパ型条件つき請求権 (European contingent claim) とは，満期時 T のみに権利を行使でき，そのとき $\{S_t\}_{t \leqq T}$ によって決定される額を受け取ることができる金融派生商品のことをいう．ヨーロッパ型条件つき請求権を受け取る額と同一視し，

$$B_t = \frac{1}{\sigma}\left\{\log \frac{S_t}{s_0} - \left(\mu - \frac{\sigma^2}{2}\right)t\right\}$$

と表現できることに注意すれば，ヨーロッパ型条件つき請求権は $\mathcal{F}$-可測な関数となる．ヨーロッパ型条件つき請求権を保持すれば，満期時に定められた額を受け取ることになるわけであるから，その所有には対価が必要である．本節では，同値局所マルチンゲール測度を利用して，ヨーロッパ型条件つき請求権の価格を決定できることを示し，その具体的な応用を考察する．本節を通じ，$\widehat{\mathbf{P}}$ を定理 8.8 の通りとする．

定義 8.12

(i) $\mathcal{F}$-可測かつ下に有界な，すなわち $\mathbf{P}(F \geqq C) = 1$ となる $C \in \mathbb{R}$ が存在する $F : \Omega \to \mathbb{R}$ の全体を $\mathcal{C}_{\mathrm{EUR}}$ と表す．$\mathcal{C}_{\mathrm{EUR}}$ の元をヨーロッパ型条件つき請求権と呼ぶ．

(ii) $F \in \mathcal{C}_{\mathrm{EUR}}$ が**複製できる** (replicable) とは，$V_T(\theta) = F$ となる $\theta \in \mathcal{P}_{\mathrm{ADM}}$ が存在することをいう．このとき，θ は F を複製するという．

定理 8.13 $F \in L^1(\widehat{\mathbf{P}}) \cap \mathcal{C}_{\mathrm{EUR}}$ ならば，F を複製する $\theta \in \mathcal{P}_{\mathrm{ADM}}$ で $V_0(\theta) = \mathbf{E}_{\widehat{\mathbf{P}}}[\xi_T F]$ となるものが存在する．

証明のために $\mathcal{P}_{\mathrm{SF}}$ に関する補題を用意する．

補題 8.14 $a \in \mathbb{R}$ とする．$\{\theta_t^1\}_{t \leqq T} \in \mathcal{L}_{\mathrm{loc}}^2$ に対し

$$A_t = \int_0^t \theta_s^1 dS_s - \theta_t^1 S_t, \quad \theta_t^0 = a + e^{-rt} A_t + r \int_0^t e^{-rs} A_s ds$$

とおく．このとき，$\theta = (\theta^0, \theta^1) \in \mathcal{P}_{\mathrm{SF}}$ であり，さらに $V_0(\theta) = a$ となる．

証明 $\{\theta_t^0\}_{t \leqq T} \in \mathcal{L}_{\mathrm{loc}}^1$ とし，

$$Y_t = \int_0^t \theta_s^0 e^{rs} ds \tag{8.10}$$

とおく．$\{\theta_t^0\}_{t \leqq T}$ が $V_0(\theta) = a$ と (8.2) をみたすための必要十分条件は

$$Y_t' - rY_t = a + A_t$$

が成り立つことである．この常微分方程式を解けば

$$Y_t = e^{rt} \int_0^t (a + A_s) e^{-rs} ds$$

となる．これを (8.10) に代入し，t について微分して整理すれば，

$$\theta_t^0 = a + e^{-rt} A_t + r \int_0^t e^{-rs} A_s ds$$

となる． ∎

定理 8.13 の証明 $B_t = \widehat{B}_t + \alpha t \ (t \leqq T)$ という等式により，$(\widehat{\mathbf{P}}, \{\widehat{B}_t\}_{t \leqq T})$ を $(\mathbf{P}, \{B_t\}_{t \leqq T})$ の代わりに用いて $\mathcal{F}_t^*$ を構成したのと同じ手順で構成される σ-加法族は，$\mathcal{F}_t^*$ と一致する．さらに，$\mathcal{L}_{\mathrm{loc}}^2$ は $\mathbf{P}$ を $\widehat{\mathbf{P}}$ に置き換えても変わらない．これらより，補題 8.9 と補題 8.10 は $(\mathbf{P}, \{B_t\}_{t \leqq T})$ を $(\widehat{\mathbf{P}}, \{\widehat{B}_t\}_{t \leqq T})$ に置き換えても成り立つ．

$\xi_T F \in L^1(\widehat{\mathbf{P}})$ であるから，$\mathbf{E}_{\widehat{\mathbf{P}}}[\xi_T F | \mathcal{F}_t^*]$ に補題 8.10 を適用すれば

$$\mathbf{E}_{\widehat{\mathbf{P}}}[\xi_T F | \mathcal{F}_t^*] = \mathbf{E}_{\widehat{\mathbf{P}}}[\xi_T F] + \int_0^t f_s d\widehat{B}_s \quad (\forall t \leqq T)$$

をみたす $\{f_t\}_{t \leqq T} \in \mathcal{L}_{\mathrm{loc}}^2$ が存在する．

$\theta_t^1 = \frac{f_t}{\sigma \overline{S}_t}$ とおけば，$\{\theta_t^1\}_{t \leqq T} \in \mathcal{L}_{\mathrm{loc}}^2$ である．補題 8.14 を用いて，$\theta \in \mathcal{P}_{\mathrm{SF}}$ を $V_0(\theta) = \mathbf{E}_{\widehat{\mathbf{P}}}[\xi_T F]$ をみたすように $\{\theta_t^1\}_{t \leqq T}$ から構成する．このとき，(8.9) により，

$$\overline{V}_t(\theta) = \mathbf{E}_{\widehat{\mathbf{P}}}[\xi_T F] + \int_0^t \sigma \theta_s^1 \overline{S}_s d\widehat{B}_s = \mathbf{E}_{\widehat{\mathbf{P}}}[\xi_T F | \mathcal{F}_t^*] \quad (\forall t \leqq T)$$

となる．$\xi_T F$ は下に有界であるから，$\theta \in \mathcal{P}_{\mathrm{ADM}}$ となる．さらに，$t = T$ とすれば $\overline{V}_T(\theta) = \xi_T F$ となり，θ が F を複製することが示される． ∎

$F \in \mathcal{C}_{\mathrm{EUR}}$ の価格を定めるために，まず二通りの価格の候補を次のように定義する：

$$\mathcal{P}_B(F) = \{\theta \in \mathcal{P}_{\mathrm{ADM}} \,|\, V_T(\theta) + F \geqq 0\},$$

8.3 価格付け

$$\mathcal{P}_S(F) = \{\psi \in \mathcal{P}_{\text{ADM}} \,|\, V_T(\psi) - F \geqq 0\},$$

$$\pi_B(F) = \sup\{y \,|\, V_0(\theta) = -y \text{ となる } \theta \in \mathcal{P}_B \text{ が存在する }\},$$

$$\pi_S(F) = \inf\{z \,|\, V_0(\psi) = z \text{ となる } \psi \in \mathcal{P}_S \text{ が存在する }\}.$$

注意 8.15 $\pi_B(F)$ は買い手のつける価格の上限である．実際，買い手は F を額 y で購入し，ポートフォリオ θ で投資を行う．購入に際し y を支払うので初期資産は $-y$ である．満期時には投資からの資産 $V_T(\theta)$ と支払われる額 F の和 $V_T(\theta) + F$ が買い手の総資産となる．買い手はこれが非負であることを期待するであろうから，買い手の使うポートフォリオは $\mathcal{P}_B(F)$ の元となる．

同様に，$\pi_S(F)$ は売り手のつける価格の下限である．実際，買い手は F を額 z で売り，ポートフォリオ ψ で投資を行う．売った際に z を得るので初期資産は z である．満期時には投資からの資産 $V_T(\theta)$ を得るが，F を支払うので売り手の総資産は $V_T(\psi) - F$ となる．売り手はこれが非負であることを期待し，$\mathcal{P}_S(F)$ に属するポートフォリオを用いる．

定理 8.16 $F \in \mathcal{C}_{\text{EUR}}$ とする．
(1) $\pi_B(F) \leqq \pi_S(F)$ である．
(2) さらに $F \in L^1(\widehat{\mathbf{P}})$ ならば，$\pi_B(F) = \pi_S(F) = \mathbf{E}_{\widehat{\mathbf{P}}}[\xi_T F]$ が成り立つ．

証明 (1) $\phi \in \mathcal{P}_{\text{ADM}}$ とする．定理 8.8(3) により，$\{\overline{V}_t(\phi)\}_{t \leqq T}$ は $\widehat{\mathbf{P}}$ のもとで局所マルチンゲールである．さらに，$\widehat{\mathbf{P}}$ と $\mathbf{P}$ は同値であるから，$\widehat{\mathbf{P}}(\overline{V}_t(\phi) \geqq C) = 1$ となる $C \in \mathbb{R}$ が存在する．定理 8.8(4) の証明と同様の議論により，

$$\mathbf{E}_{\widehat{\mathbf{P}}}[\overline{V}_T(\phi)] \leqq \mathbf{E}_{\widehat{\mathbf{P}}}[\overline{V}_0(\phi)] \tag{8.11}$$

を得る．$\overline{V}_0(\phi)$ は定数であるから，とくに $\overline{V}_T(\phi) \in L^1(\widehat{\mathbf{P}})$ である．

$\theta \in \mathcal{P}_B, V_0(\theta) = -y, \psi \in \mathcal{P}_S, V_0(\psi) = z$ とする．このとき，$\theta + \psi \in \mathcal{P}_{\text{ADM}}$ であり，$V_T(\theta) + V_T(\psi) = \{V_T(\theta) + F\} + \{V_T(\psi) - F\} \geqq 0$ となる．したがって，(8.11) により，

$$0 \leqq \mathbf{E}_{\widehat{\mathbf{P}}}[\overline{V}_T(\theta) + \overline{V}_T(\psi)] \leqq -y + z$$

となる．すなわち，$y \leqq z$ である．y の上限, z の下限をとれば, $\pi_B(F) \leqq \pi_S(F)$ となる．

(2) $F \in L^1(\widehat{\mathbf{P}})$ であるから,定理 8.13 により,F を複製する $\theta \in \mathcal{P}_{\mathrm{ADM}}$ が存在し,$V_0(\theta) = \mathbf{E}_{\widehat{\mathbf{P}}}[\xi_T F]$ をみたす.$V_T(\theta) - F = 0$ であるから,$\theta \in \mathcal{P}_S$ となる.よって,
$$\pi_S(F) \leqq \mathbf{E}_{\widehat{\mathbf{P}}}[\xi_T F] \tag{8.12}$$
が成り立つ.

次に,$F_n = F \wedge n \ (n = 1, 2, \ldots)$ とおく.定理 8.13 により,$-F_n$ を複製し,$V_0(\theta_n) = -\mathbf{E}_{\widehat{\mathbf{P}}}[\xi_T F_n]$ をみたす $\theta_n \in \mathcal{P}_{\mathrm{ADM}}$ が存在する.$F_n \leqq F$ であるから,$V_T(\theta_n) + F \geqq V_T(\theta_n) + F_n = 0$ である.したがって $\theta_n \in \mathcal{P}_B$ となる.よって
$$\pi_B(F) \geqq \mathbf{E}_{\widehat{\mathbf{P}}}[\xi_T F_n]$$
が成り立つ.F は下に有界であるから,$n \to \infty$ とすれば,単調収束定理により,
$$\pi_B(F) \geqq \mathbf{E}_{\widehat{\mathbf{P}}}[\xi_T F]$$
が従う.これを (1) の結果と (8.12) とあわせれば,求める等式が示される.■

定理 8.16 により,次のように価格が定義できる:$F \in \mathcal{C}_{\mathrm{EUR}} \cap L^1(\widehat{\mathbf{P}})$ に対し,
$$\pi(F) = \mathbf{E}_{\widehat{\mathbf{P}}}[\xi_T F]$$
とおき,F の **価格** (price) という.

定理 8.17 下に有界な $f \in C_{\nearrow}(\mathbb{R})$ に対し,$F = f(S_T) \in \mathcal{C}_{\mathrm{EUR}} \cap L^1(\widehat{\mathbf{P}})$ であり,次が成り立つ:
$$\pi(F) = e^{-rT} \int_{\mathbb{R}} f(s_0 e^{(r-\frac{\sigma^2}{2})T} e^x) \frac{1}{\sqrt{2\pi\sigma^2 T}} e^{-\frac{x^2}{2\sigma^2 T}} dx. \tag{8.13}$$

注意 8.18 価格に r, σ だけが現れ,μ は現れていないことが重要である.すなわち,株価 S_T はその変動の大きさを表す σ のみが価格に反映している.σ はボラティリティ (volatility) と呼ばれ,数理ファイナンスで重要なパラメータである.

証明 (8.5) により，$\overline{S}_T = s_0 \exp(\sigma \widehat{B}_T - \frac{\sigma^2}{2}T)$ となる．よって
$$S_T = s_0 e^{rT} \exp\left(\sigma \widehat{B}_T - \frac{\sigma^2}{2}T\right)$$
である．$\widehat{\mathbf{P}}$ のもと $\{\widehat{B}_t\}_{t \leq T}$ はブラウン運動であるから，$\sigma \widehat{B}_T$ は平均 0 分散 $\sigma^2 T$ の正規分布に従う．したがって，$F \in L^1(\widehat{\mathbf{P}})$ であり，
$$\pi(F) = \mathbf{E}_{\widehat{\mathbf{P}}}[\xi_T f(S_T)] = e^{-rT} \mathbf{E}_{\widehat{\mathbf{P}}}\left[f\left(s_0 e^{rT} \exp\left(\sigma \widehat{B}_T - \frac{\sigma^2}{2}T\right)\right)\right]$$
$$= e^{-rT} \int_{\mathbb{R}} f(s_0 e^{rT} e^{x - \frac{\sigma^2}{2}T}) \frac{1}{\sqrt{2\pi\sigma^2 T}} e^{-\frac{x^2}{2\sigma^2 T}} dx$$
となる．これより，(8.13) が従う． ∎

満期時の支払額が $C = (S_T - K)^+$ で与えられる条件つき請求権をヨーロピアンコールオプション (European call option) という．これは，満期時に証券 S_T を 1 単位，決められた価格 (**行使価格** (exercise price) という) K で購入する権利を表している．なぜなら，この条件つき請求権の所有者は，(i) 満期時に株価が $S_T > K$ となっていれば権利を行使して株を買い，ただちに市場で売ることにより，利益 $S_T - K$ を上げ，(ii) 逆に，$S_T \leq K$ となっていれば，何もせず，利益は 0 となるからである．ヨーロピアンコールオプションの価格については次のような具体的な表示が可能である．

命題 8.19　ヨーロピアンコールオプションの価格は
$$\pi(C) = s_0 \Phi(d_+) - K e^{-rT} \Phi(d_-)$$
で与えられる．ただし，
$$\Phi(x) = \int_{-\infty}^{x} \frac{1}{\sqrt{2\pi}} e^{-\frac{y^2}{2}} dy \quad (x \in \mathbb{R}),$$
$$d_{\pm} = \frac{1}{\sigma\sqrt{T}} \left(\log\left(\frac{s_0}{K}\right) + \left(r \pm \frac{\sigma^2}{2}\right)T\right) \quad (\text{複号同順})$$
である．

証明 定理 8.17 により,

$$e^{rT}\pi(C) = \int_{\mathbb{R}} \left(s_0 e^{(r-\frac{\sigma^2}{2})T} e^x - K\right)^+ \frac{1}{\sqrt{2\sigma^2 T}} e^{-\frac{x^2}{2\sigma^2 T}} dx$$

$$= s_0 e^{(r-\frac{\sigma^2}{2})T} \int_{\log(\frac{K}{s_0})-(r-\frac{\sigma^2}{2})T}^{\infty} e^x \frac{1}{\sqrt{2\sigma^2 T}} e^{-\frac{x^2}{2\sigma^2 T}} dx$$

$$- K \int_{\log(\frac{K}{s_0})-(r-\frac{\sigma^2}{2})T}^{\infty} \frac{1}{\sqrt{2\sigma^2 T}} e^{-\frac{x^2}{2\sigma^2 T}} dx$$

である.両項に $x = \sigma\sqrt{T}\, y$,その後第 1 項には $z = y - \sigma\sqrt{T}$ という変数変換を行い,さらに $\int_a^\infty \frac{1}{\sqrt{2\pi}} e^{-\frac{x^2}{2}} dx = \Phi(-x)$ となることに注意すれば,第 1 項は $s_0 e^{rT}\Phi(d_+)$,第 2 項は $K\Phi(d_-)$ となる.よって,求める等式を得る. ∎

ヨーロピアンプットオプション (European put option) は,満期時に 1 単位の証券 S_T を行使価格 K で売る権利であり,その条件つき請求権の支払額は $P = (K - S_T)^+$ となる.上と同様の計算方法で,その価格は

$$\pi(P) = Ke^{-rT}\Phi(-d_-) - s_0\Phi(-d_+) \tag{8.14}$$

となることが求められる.これにより,**プットコールパリティ** (Put-Call parity) と呼ばれる次の等式が得られる:

$$\pi(P) - \pi(C) = Ke^{-rT} - s_0.$$

この等式は次のように同値局所マルチンゲール測度 $\widehat{\mathbf{P}}$ を利用しても導出できる.注意 8.11 でみたように $\{\overline{S}_t\}_{t \leqq T}$ は $\widehat{\mathbf{P}}$ のもとマルチンゲールである.$(K - S_T)^+ - (S_T - K)^+ = K - S_T$ であるから,

$$\pi(P) - \pi(C) = \mathbf{E}_{\widehat{\mathbf{P}}}[e^{-rT}K - \overline{S}_T] = Ke^{-rT} - s_0.$$

となる.

ここまではモデルについて説明してきたが,実務への応用を考えるとボラティリティ σ を実際の市場から推定することが重要となってくる.ヨーロピアンコールオプションの価格 $\pi(C)$ を σ の関数と考え,$\pi(C; \sigma)$ と表す.

$d_+ = d_- + \sigma\sqrt{T}$ であり

$$\Phi'(d_- + \sigma\sqrt{T}) = \frac{K}{s_0}e^{-rT}\Phi'(d_-)$$

となるから，命題 8.19 により

$$\frac{d}{d\sigma}\pi(C;\sigma) = s_0\Phi'(d_- + \sigma\sqrt{T})\{d'_- + \sqrt{T}\} - Ke^{-rT}\Phi'(d_-)d'_-$$
$$= s_0\Phi'(d_- + \sigma\sqrt{T})\sqrt{T} > 0$$

となる．これより，$\sigma \mapsto \pi(C;\sigma)$ は単調増加関数であり，$\gamma \geqq 0$ に対し方程式 $\pi(C;\sigma) = \gamma$ は一意解 σ_γ をもつ．この σ_γ を**インプライドボラティリティ** (implied volatility) という．インプライドボラティリティを用いれば，γ に市場価格を代入することでボラティリティ σ が求まる．

演習問題

8.1. $a \in \mathbb{R}$ とし，$\theta_t^1 \equiv a$ とする．このとき，$(\theta^0, \theta^1) \in \mathcal{P}_{\mathrm{SF}}, V_0(\theta) = 0$ となる $\theta^0 = \{\theta_t^0\}_{t \leqq T} \in \mathcal{L}_{\mathrm{loc}}^2$ を求めよ．

8.2. $r = 0$ と仮定する．$Y_t = \int_0^t \frac{1}{\sqrt{T-s}}dB_s$，$a > 0$ とする．$\tau_a = \inf\{t \geqq 0 \,|\, Y_t \geqq a\}$ とおく．

(i) 演習問題 4.4 を用いて，$\mathbf{P}(\tau_a < T) = 1$ となることを示せ．

(ii) $\theta_t^1 = \frac{1}{\sigma S_t \sqrt{T-t}}\mathbf{1}_{[0,\tau_a)}(t)$ とおく．$\theta = (\theta^0, \theta^1) \in \mathcal{P}_{\mathrm{SF}}$，$V_0(\theta) = 0$ をみたす $\{\theta_t^0\}_{t \leqq T} \in \mathcal{L}_{\mathrm{loc}}^2$ をとる．$V_t(\theta) = Y_{t \wedge \tau_a}$ となることを示せ．

(iii) 任意の $C \in \mathbb{R}$ に対し，$\mathbf{P}(\inf_{t \leqq T} V_t(\theta) \geqq C) < 1$ となること，すなわち，$\theta \notin \mathcal{P}_{\mathrm{ADM}}$ であることを示せ．

(iv) $V_T(\theta) = a$ となることを示せ．

8.3. $\widehat{\mathbf{P}}, \{\widehat{B}_t\}_{t \leqq T}$ を定理 8.8 の通りとする．このとき，$\mathbf{E}_{\widehat{\mathbf{P}}}[e^{\mathrm{i}(\widehat{B}_t - \widehat{B}_s)} | \mathcal{F}_s] = e^{-\frac{1}{2}(t-s)}$ が成り立つことをギルサノフの定理を用いず直接証明せよ．

8.4. $\mathbf{E}_{\widehat{\mathbf{P}}}[\int_0^T S_t^2 (\theta_t^1)^2 dt] < \infty$ をみたす $\theta \in \mathcal{P}_{\mathrm{SF}}$ の全体を $\mathcal{P}_{L^2}$ と表す. $F \in L^2(\widehat{\mathbf{P}}) \cap \mathcal{C}_{\mathrm{EUR}}$ ならば, $V_T(\theta) = F$ をみたす $\theta \in \mathcal{P}_{L^2}$ が存在することを示せ.

8.5. $\mathcal{P}_{\mathrm{ADM}}$ の代わりに $\mathcal{P}_{L^2}$ を用いて注意 8.15 の前段と同様に定義した $F \in L^2(\widehat{\mathbf{P}}) \cap \mathcal{C}_{\mathrm{EUR}}$ の価格を $\widehat{\pi}_B(F), \widehat{\pi}_S(F)$ とする. このとき,

$$\widehat{\pi}_B(F) = \widehat{\pi}_S(F) = \mathbf{E}_{\widehat{\mathbf{P}}}[\xi_T F]$$

が成り立つことを証明せよ.

8.6. $f(x) = x^m$ に対し, $\pi(f(S_T))$ を求めよ.

8.7. 演習問題 7.8 を用いて, $f \in C_b^1(\mathbb{R}), \geqq 0$ に対し, $f(S_T)$ を複製する $\theta \in \mathcal{P}_{\mathrm{ADM}}$ を求めよ.

8.8. ヨーロピアンプットオプションの価格式 (8.14) を証明せよ. さらに, $\pi(P)$ のボラティリティ σ への依存を明示的に $\pi(P; \sigma)$ と表したとき, $\sigma \mapsto \pi(P; \sigma)$ は増加関数となることを示せ.

◇ 付録

A.1 急減少関数

C^∞-級関数 $f : \mathbb{R}^N \to \mathbb{C}$ が**急減少関数** (rapidly decreasing function) である とは,
$$\sup_{x \in \mathbb{R}^N} |x|^j |\partial^{\boldsymbol{k}} f(x)| < \infty \quad (\forall j \in \mathbb{Z}_+, \boldsymbol{k} \in (\mathbb{Z}_+)^N)$$
となることをいう. 急減少関数の全体を $\mathcal{S}(\mathbb{R}^N)$ と表す. $f \in \mathcal{S}(\mathbb{R}^N)$ に対し,
$$\mathfrak{F}[f](\xi) = \int_{\mathbb{R}^N} f(x) e^{-\mathrm{i}\langle \xi, x \rangle} dx, \quad \overline{\mathfrak{F}}[f](x) = \frac{1}{(2\pi)^N} \int_{\mathbb{R}^N} f(\xi) e^{\mathrm{i}\langle \xi, x \rangle} d\xi$$
とおき, $\mathfrak{F}[f]$ を f の**フーリエ変換** (Fourier transform), $\overline{\mathfrak{F}}[f]$ を f の**フーリエ逆変換** (inverse Fourier transform) という. フーリエ逆変換と呼ぶ理由は次の定理による.

定理 A.1 $f \in \mathcal{S}(\mathbb{R}^N)$ とする.
(1) $\mathfrak{F}[f], \overline{\mathfrak{F}}[f] \in \mathcal{S}(\mathbb{R}^N)$ である.
(2) $\overline{\mathfrak{F}}[\mathfrak{F}[f]] = \mathfrak{F}[\overline{\mathfrak{F}}[f]] = f$ が成り立つ.

証明 (1) $\boldsymbol{k} = (k_1, \ldots, k_N), \boldsymbol{j} = (j_1, \ldots, j_N) \in (\mathbb{Z}_+)^N$ とする. $x \in \mathbb{R}^N$ に対し, $x^{\boldsymbol{k}} = \prod_{i=1}^{N} (x^i)^{k_i}$ とおく. $f \in \mathcal{S}(\mathbb{R}^N)$ に対し, $\widetilde{f}_{\boldsymbol{k}}(x) = x^{\boldsymbol{k}} f(x)$ $(x \in \mathbb{R}^N)$ とおく. $\partial^{\boldsymbol{j}} \widetilde{f}_{\boldsymbol{k}} \in \mathcal{S}(\mathbb{R}^N)$ である. このとき, 優収束定理と部分積分の公式により
$$\xi^{\boldsymbol{j}} \partial^{\boldsymbol{k}} (\mathfrak{F}[f])(\xi) = (-\mathrm{i})^{|\boldsymbol{k}|} \mathrm{i}^{|\boldsymbol{j}|} \int_{\mathbb{R}^N} \partial^{\boldsymbol{j}} \widetilde{f}_{\boldsymbol{k}}(x) e^{-\mathrm{i}\langle \xi, x \rangle} dx \tag{A.1}$$
が成り立つ. ただし, $|\boldsymbol{k}| = k_1 + \cdots + k_N$ である. これより $\mathfrak{F}[f] \in \mathcal{S}(\mathbb{R}^N)$ となる.

$\overline{\mathfrak{F}}[f](x) = (2\pi)^{-N}\mathfrak{F}[f](-x)\ (x \in \mathbb{R}^N)$ であるから, $\overline{\mathfrak{F}}[f] \in \mathcal{S}(\mathbb{R}^N)$ である.
(2) $f, g \in \mathcal{S}(\mathbb{R}^N)$ とする. このとき, フビニの定理より,

$$\int_{\mathbb{R}^N} \mathfrak{F}[f](\xi) g(\xi) e^{\mathrm{i}\langle \xi, x \rangle} d\xi = \int_{\mathbb{R}^N} f(x+y) \mathfrak{F}[g](y) dy \tag{A.2}$$

を得る.

$$g(\xi) = e^{-\frac{1}{2}\varepsilon^2 |\xi|^2} \quad (\xi \in \mathbb{R}^N)$$

とすれば,

$$\mathfrak{F}[g](y) = \frac{(2\pi)^{\frac{N}{2}}}{\varepsilon^N} e^{-\frac{|y|^2}{2\varepsilon^2}} \quad (y \in \mathbb{R}^N)$$

が成り立つ. これを (A.2) に代入し $z = \frac{y}{\varepsilon}$ と変数変換すれば

$$\frac{1}{(2\pi)^N} \int_{\mathbb{R}^N} \mathfrak{F}[f](\xi) e^{-\frac{1}{2}\varepsilon^2 |\xi|^2} e^{\mathrm{i}\langle \xi, x \rangle} d\xi = \frac{1}{(2\pi)^{\frac{N}{2}}} \int_{\mathbb{R}^N} f(x + \varepsilon z) e^{-\frac{|z|^2}{2}} dz$$

となる. $\varepsilon \to 0$ とすれば,

$$\frac{1}{(2\pi)^N} \int_{\mathbb{R}^N} \mathfrak{F}[f](\xi) e^{\mathrm{i}\langle \xi, x \rangle} d\xi = f(x) \quad (x \in \mathbb{R}^N)$$

が従う. すなわち, $\overline{\mathfrak{F}}[\mathfrak{F}[f]] = f$ が成り立つ.

フーリエ, 逆フーリエ変換を入れ替えた関係式はこれから容易に従う. ∎

命題 A.2

(1) $x \in \mathbb{R}^N, R > 0$ とし, $B(x, R) = \{y \in \mathbb{R}^N \mid , |x - y| < R\}$ とおく. このとき, $f_n \in \mathcal{S}(\mathbb{R}^N)\ (n = 1, 2, \dots)$ が存在し, $f_n(x) \in \mathbb{R}, 0 \leqq f_n(x) \leqq 1\ (\forall n = 1, 2, \dots, x \in \mathbb{R}^N)$ であり, かつ $\lim_{n \to \infty} f_n(x) = \mathbf{1}_{B(x,R)}(x)\ (\forall x \in \mathbb{R}^N)$ が成り立つ.

(2) $a_i < b_i\ (i = 1, \dots, N)$ とし, $A = \prod_{i=1}^N (a_i, b_i)$ とする. このとき, $f_n \in \mathcal{S}(\mathbb{R}^N)\ (n = 1, 2, \dots)$ が存在し, $f_n(x) \in \mathbb{R}, 0 \leqq f_n(x) \leqq 1\ (\forall n = 1, 2, \dots, x \in \mathbb{R}^N)$ であり, かつ $\lim_{n \to \infty} f_n(x) = \mathbf{1}_A(x)\ (\forall x \in \mathbb{R}^N)$ が成り立つ.

証明 (1) $\varphi_n : \mathbb{R} \to \mathbb{R}$ を $|\varphi_n| \leqq 1$ かつ $\varphi_n(u) = 1$ $(u \leqq R - \frac{1}{n})$, $= 0$ $(u \geqq 1)$ となる C^∞-級関数とする．$f_n(x) = \varphi_n(|x|)$ $(x \in \mathbb{R}^n)$ とおけば，これが求める急減少関数の列である．

(2) $N = 1$ として，(1) を適用すれば，$0 \leqq f_n^i \leqq 1$, $\lim_{n \to \infty} f_n^i = \mathbf{1}_{(a_i, b_i)}$ をみたす $f_n^i \in \mathcal{S}(\mathbb{R})$ が存在する．$f_n(x) = \prod_{i=1}^N f_n^i(x_i)$ $(x = (x_1, \ldots, x_N) \in \mathbb{R}^N)$ とおけばよい． ∎

A.2　ディンキン族定理

定義 A.3

(i) $\mathcal{A} \subset 2^\Omega$ が**乗法族**であるとは，$A, B \in \mathcal{A}$ ならば $A \cap B \in \mathcal{A}$ となることをいう．

(ii) $\mathcal{A} \subset 2^\Omega$ が**ディンキン族**であるとは，次の 3 条件がみたされることをいう．
 (a) $\Omega \in \mathcal{A}$ である．
 (b) $A, B \in \mathcal{A}$ かつ $A \supset B$ ならば，$A \setminus B \in \mathcal{A}$ となる．
 (c) $A_n \in \mathcal{A}$ が $A_n \subset A_{n+1}$ $(n = 1, 2, \ldots)$ をみたせば，$\bigcup_{n=1}^\infty A_n \in \mathcal{A}$ である．

定理 A.4（ディンキン族定理）　$\mathcal{A}$ が乗法族，$\mathcal{B}$ がディンキン族であり，さらに $\mathcal{A} \subset \mathcal{B}$ が成り立つならば，$\sigma(\mathcal{A}) \subset \mathcal{B}$ となる．

証明　Λ を $\mathcal{A} \subset \mathcal{H}$ をみたすディンキン族 $\mathcal{H}$ の全体とし，$\mathcal{D} = \bigcap_{\mathcal{H} \in \Lambda} \mathcal{H}$ とおく．$\mathcal{D}$ はディンキン族であり，$\mathcal{B} \supset \mathcal{D}$ である．よって，$\sigma(\mathcal{A}) \subset \mathcal{D}$ を示せばよい．

　$A \in \mathcal{A}$ とし，$\mathcal{H}_A = \{B \in \mathcal{D} \mid A \cap B \in \mathcal{D}\}$ とおく．$\mathcal{H}_A$ はディンキン族である．$\mathcal{A}$ は乗法族であるから，$\mathcal{A} \subset \mathcal{H}_A$ となる．よって，$\mathcal{D}$ の最小性より，$\mathcal{D} \subset \mathcal{H}_A$ である．とくに，$B \in \mathcal{D}$ ならば，$A \cap B \in \mathcal{D}$ となる．

　$A \in \mathcal{D}$ とする．上と同様の議論を行えば，$B \in \mathcal{D}$ ならば，$A \cap B \in \mathcal{D}$ となる．すなわち，$\mathcal{D}$ は乗法族である．

$\mathcal{D}$ が σ-加法族であることを証明する.これが示されれば,$\mathcal{A}$ を包含しているので $\sigma(\mathcal{A}) \subset \mathcal{D}$ となり求める結論を得る.

$\mathcal{D}$ はディンキン族であるから,$\Omega \in \mathcal{D}$ であり,$A \in \mathcal{D}$ ならば $\Omega \setminus A \in \mathcal{D}$ となっている.

$A_1, A_2, \ldots \in \mathcal{D}$ とする.前段の考察により,$\Omega \setminus A_i \in \mathcal{D}$ $(i = 1, 2, \ldots)$ である.$\mathcal{D}$ は乗法族なので,$\Omega \setminus (\bigcup_{i=1}^{n} A_i) = \bigcap_{i=1}^{n}(\Omega \setminus A_i) \in \mathcal{D}$ となる.これより,$\bigcup_{i=1}^{n} A_i \in \mathcal{D}$ $(n = 1, 2, \ldots)$ である.$\mathcal{D}$ がディンキン族であることにより,$\bigcup_{i=1}^{\infty} A_i \in \mathcal{D}$ である.

以上より,$\mathcal{D}$ は σ-加法族である. ∎

定理 A.5 $\mathcal{A}$ は乗法族とする.$\sigma(\mathcal{A})$ 上の二つの確率測度 μ, ν が $\mathcal{A}$ 上で一致するならば,$\sigma(\mathcal{A})$ 上でも一致する.

証明 $\mathcal{B} = \{A \in \sigma(\mathcal{A}) \mid \mu(A) = \nu(A)\}$ とおく.仮定より,$\mathcal{A} \subset \mathcal{B}$ である.定理 1.4 により,$\mathcal{B}$ はディンキン族となる.定理 A.4 により,$\sigma(\mathcal{A}) \subset \mathcal{B}$ となり,主張を得る. ∎

A.3 離散時間マルチンゲール

$N \in \mathbb{N}$ とする.$\mathbb{T} = \{0, 1, \ldots, N\}$ もしくは $\mathbb{T} = \mathbb{Z}_+$ とし,離散時間パラメータ $\mathbb{T}$ に対する確率過程の概念を導入する:位相空間 E に値をとる確率変数 $X_t : \Omega \to E$ $(t \in \mathbb{T})$ の列 $\{X_t\}_{t \in \mathbb{T}}$ を **E-値確率過程** (E-valued stochastic process) という.$E = \mathbb{R}$ のときは簡単に**確率過程** (stochastic process) という.$\{\mathcal{G}_t\}_{t \in \mathbb{T}}$ をフィルトレーション,すなわち,$\mathcal{G}_s \subset \mathcal{G}_t$ $(s, t \in \mathbb{T}, s \leqq t)$ をみたす $\mathcal{F}$ の部分 σ-加法族の列とする.$\{\mathcal{G}_t\}_{t \in \mathbb{T}}$ に対し,確率過程 $\{M_t\}_{t \in \mathbb{T}}$ が定義 2.6 の条件を満たすとき,$(\mathcal{G}_t)$-マルチンゲールという.劣マルチンゲール,優マルチンゲールも同様に定義する.確率変数 $\tau : \Omega \to \mathbb{Z}_+ \cup \{\infty\}$ が,任意の $t \in \mathbb{Z}_+$ に対し,$\{\tau = t\} \in \mathcal{G}_t$ をを満たすとき,τ を停止時刻という.

定理 A.6 （任意抽出定理） σ, τ を停止時刻とする．$T \in \mathbb{N}$ が存在し $\sigma(\omega) \leq \tau(\omega) \leq T\ (\forall \omega \in \Omega)$ が成り立つと仮定する．このとき，もし $\{X_t\}_{t \in \mathbb{Z}_+}$ が $(\mathcal{G}_t)$-劣マルチンゲールならば，次式が成り立つ．

$$\mathbf{E}[X_\tau | \mathcal{G}_\sigma] \geqq X_\sigma, \ \mathbf{P}\text{-a.s.} \tag{A.3}$$

ただし，$\mathcal{G}_\sigma = \{A \in \mathcal{F} | A \cap \{\sigma = t\} \in \mathcal{G}_t (\forall t \in \mathbb{T})\}$ とする．とくに，$\{X_t\}_{t \in \mathbb{Z}_+}$ が $(\mathcal{G}_t)$-マルチンゲールならば，上式で等号が成り立つ．

証明 $A \in \mathcal{G}_\sigma, 0 \leqq s \leqq T$ とする．$A \cap \{\sigma = s\}, \{\tau \geqq s+1\} \in \mathcal{G}_s$ であるから，劣マルチンゲール性により，

$\mathbf{E}[X_s; A \cap \{\sigma = s\}]$
$\quad = \mathbf{E}[X_s; A \cap \{\sigma = s\} \cap \{\tau = s\}] + \mathbf{E}[X_s; A \cap \{\sigma = s\} \cap \{\tau \geqq s+1\}]$
$\quad \leqq \mathbf{E}[X_\tau; A \cap \{\sigma = s\} \cap \{\tau = s\}] + \mathbf{E}[X_{s+1}; A \cap \{\sigma = s\} \cap \{\tau \geqq s+1\}]$
$\quad \leqq \mathbf{E}[X_\tau; A \cap \{\sigma = s\} \cap \{\tau = s\}] + \mathbf{E}[X_\tau; A \cap \{\sigma = s\} \cap \{\tau = s+1\}]$
$\qquad + \mathbf{E}[X_{s+2}; A \cap \{\sigma = s\} \cap \{\tau \geqq s+2\}]$

となる．これを繰り返せば，

$$\mathbf{E}[X_\sigma; A \cap \{\sigma = s\}] = \mathbf{E}[X_s; A \cap \{\sigma = s\}]$$
$$\leqq \sum_{t=s}^{T} \mathbf{E}[X_\tau; A \cap \{\sigma = s\} \cap \{\tau = t\}] = \mathbf{E}[X_\tau; A \cap \{\sigma = s\}]$$

を得る．よって，

$$\mathbf{E}[X_\sigma; A] = \sum_{s=0}^{T} \mathbf{E}[X_\sigma; A \cap \{\sigma = s\}]$$
$$\leqq \sum_{s=0}^{T} \mathbf{E}[X_\tau; A \cap \{\sigma = s\}] = \mathbf{E}[X_\tau; A]$$

が成り立ち，主張を得る．■

A.4 グロンウォールの不等式

常微分方程式の解の存在を示す際などに用いられるグロンウォールの不等式 (Gronwall's inequality) について紹介する.

定理 A.7 非負連続関数 $f, g : [0, \infty) \to [0, \infty)$ と $a > 0$ に対し

$$f(t) \leqq g(t) + a \int_0^t f(s) ds \quad (t \geqq 0)$$

が成り立つとする. このとき, 次が成り立つ.

$$f(t) \leqq g(t) + a \int_0^t g(s) e^{a(t-s)} ds \quad (t \geqq 0).$$

証明 $F(t) = \int_0^t f(s) ds$ とおく. 仮定より

$$\frac{d}{dt}(F(t) e^{-at}) \leqq g(t) e^{-at}$$

となる. よって

$$F(t) e^{-at} \leqq \int_0^t g(s) e^{-as} ds$$

である. これより求める不等式を得る. ∎

A.5 補題 5.14 の証明

補題 5.14 の証明を与える.

証明 $n \in \mathbb{N}, F \in C_0^\infty(\mathbb{R}^N; \mathbb{R}^N)$ に対し,

$$\|F\|_{2,n} = \left(\sum_{|\boldsymbol{k}| \leqq n} \int_{\mathbb{R}^N} |\partial^{\boldsymbol{k}} F(x)|^2 dx \right)^{\frac{1}{2}}$$

とおく.

部分積分の公式により,

$$\|F\|_{2,n}^2 = \sum_{|\boldsymbol{k}|\leqq n} \int_{\mathbb{R}^N} \langle \partial^{\boldsymbol{k}} F(x), \partial^{\boldsymbol{k}} F(x)\rangle dx$$

$$= \sum_{|\boldsymbol{k}|\leqq n} (-1)^{|\boldsymbol{k}|} \int_{\mathbb{R}^N} \langle F(x), \partial^{2\boldsymbol{k}} F(x)\rangle dx$$

$$\leqq \sum_{|\boldsymbol{k}|\leqq n} \left(\int_{\mathbb{R}^N} |F(x)|^2 dx\right)^{\frac{1}{2}} \left(\int_{\mathbb{R}^N} |\partial^{2\boldsymbol{k}} F(x)|^2 dx\right)^{\frac{1}{2}}$$

となる. ただし, $2\boldsymbol{k} = (2k_1, \ldots, 2k_N)$ である. これより, A_n が存在し,

$$\|F\|_{2,n} \leqq A_n \sqrt{\|F\|_{2,0} \|F\|_{2,2n}} \quad (\forall F \in C_0^\infty(\mathbb{R}^N; \mathbb{R}^N)) \tag{A.4}$$

が成り立つ.

$\ell_N = [\frac{N}{4}] + 1$ とする. 定理 A.1 と (A.1) により,

$$\partial^{\boldsymbol{k}} F(x) = (-\mathrm{i})^{|\boldsymbol{k}|} \int_{\mathbb{R}^N} e^{-\mathrm{i}\langle \xi, x\rangle} \xi^{\boldsymbol{k}} \overline{\mathfrak{F}}[F](\xi) d\xi$$

$$= (-\mathrm{i})^{|\boldsymbol{k}|} \int_{\mathbb{R}^N} \frac{e^{-\mathrm{i}\langle \xi, x\rangle}}{(1+|\xi|^2)^{\ell_N}} (1+|\xi|^2)^{\ell_N} \xi^{\boldsymbol{k}} \overline{\mathfrak{F}}[F](\xi) d\xi$$

となる. $\overline{\mathfrak{F}}[F](\xi) = \frac{1}{(2\pi)^N} \mathfrak{F}[F](-\xi)$ であるから, 再び (A.1) により,

$$(1+|\xi|^2)^{\ell_N} \xi^{\boldsymbol{k}} \overline{\mathfrak{F}}[F] = (-1)^{|\boldsymbol{k}|} \overline{\mathfrak{F}}[(1+\Delta)^{\ell_N} \partial^{\boldsymbol{k}} F]$$

が成り立つ. ただし, $\Delta = \sum_{i=1}^N (\frac{\partial}{\partial x^i})^2$ である. したがって, パーセバルの等式により

$$|\partial^{\boldsymbol{k}} F(x)| \leqq \left(\int_{\mathbb{R}^N} \frac{1}{(1+|\xi|^2)^{2\ell_N}} d\xi\right)^{\frac{1}{2}} \left(\int_{\mathbb{R}^N} |(1+\Delta)^{\ell_N} \partial^{\boldsymbol{k}} F|^2 d\xi\right)^{\frac{1}{2}}$$

を得る. $4\ell_N > N$ であるから, $\int_{\mathbb{R}^N} \frac{1}{(1+|\xi|^2)^{2\ell_N}} d\xi < \infty$ となる. よって, 上の不等式により, B_n が存在し, $|\boldsymbol{k}| \leqq n - 2\ell_N$ ならば, 次が成り立つことがいえる.

$$\sup_{x \in \mathbb{R}^N} |\partial^{\boldsymbol{k}} F(x)| \leqq B_n \|F\|_{2,n} \quad (\forall F \in C_0^\infty(\mathbb{R}^N; \mathbb{R}^N)). \tag{A.5}$$

$R \geqq 1, n > \frac{N}{2}, |\boldsymbol{k}| < n - \frac{N}{2}$ とする。$|x| \leqq 1$ ならば $\varphi(x) = 1$, $|x| \geqq 2$ ならば $\varphi(x) = 0$ となる $\varphi \in C^\infty(\mathbb{R}^N; [0,1])$ をとり、$Y_t^{x,R}(\omega) = \varphi(|x|-R) Y_t^x(\omega)$ とおく。(A.4), (A.5) とシュワルツの不等式により

$$\left\| \sup_{t \leqq T} \sup_{|x| \leqq R} |\partial_x^{\boldsymbol{k}} Y_t^x| \right\|_{2p}^2 \leqq A_n^2 B_n^2 \left\| \sup_{t \leqq T} \|Y_t^{\bullet,R}\|_{2,0} \right\|_{2p} \left\| \sup_{t \leqq T} \|Y_t^{\bullet,R}\|_{2,2n} \right\|_{2p} \quad (A.6)$$

を得る。

(A.6) の右辺を評価する。まず、V_R を原点を中心とする半径 R の $\mathbb{R}^N$ 内の球 B_R の体積とすると、$Y_t^{x,R} = 0 \ (x \notin B_{2R})$ であるから、

$$\left\| \sup_{t \leqq T} \|Y_t^{\bullet,R}\|_{2,0} \right\|_{2p}^{2p} = \mathbf{E}\left[\sup_{t \leqq T} \left(\int_{B_{2R}} |Y_t^{x,R}|^2 dx \right)^p \right]$$
$$\leqq V_{2R}^{p-1} \int_{B_{2R}} \mathbf{E}\left[\sup_{t \leqq T} |Y_t^{x,R}|^{2p} \right] dx \leqq V_{2R}^p \sup_{|x| \leqq 2R} \left\| \sup_{t \leqq T} |Y_t^x| \right\|_{2p}^{2p} \quad (A.7)$$

となる。

つぎにミンコフスキーの不等式により

$$\left\| \sup_{t \leqq T} \|Y_t^{\bullet,R}\|_{2,2n} \right\|_{2p}^2 = \left\| \sup_{t \leqq T} \left(\sum_{|\boldsymbol{h}| \leqq 2n} \int_{B_{2R}} |\partial_x^{\boldsymbol{h}} Y_t^{x,R}|^2 dx \right) \right\|_p$$
$$\leqq \sum_{|\boldsymbol{h}| \leqq 2n} \left\| \int_{B_{2R}} \sup_{t \leqq T} |\partial_x^{\boldsymbol{h}} Y_t^{x,R}|^2 dx \right\|_p$$

と評価する。後述の補題 A.8 を用いると、右辺はさらに

$$V_{2R} \sum_{|\boldsymbol{h}| \leqq 2n} \sup_{|x| \leqq 2R} \left\| \sup_{t \leqq T} |\partial_x^{\boldsymbol{h}} Y_t^{x,R}|^2 \right\|_p$$

で抑えられる。定数 C が存在し、

$$|\partial^{\boldsymbol{k}}(\varphi(|\cdot|-R)G))|^2 \leqq C \sum_{\boldsymbol{h} \leqq \boldsymbol{k}} |\partial^{\boldsymbol{h}} G|^2 \quad (\forall G \in C^\infty(\mathbb{R}^N))$$

A.5 補題5.14の証明

が成り立つことに注意すれば,これはさらに

$$\leq CV_{2R}\sum_{|\boldsymbol{h}|\leq 2n}\sum_{\boldsymbol{m}\leq \boldsymbol{h}}\sup_{|x|\leq 2R}\left\|\sup_{t\leq T}|\partial_x^{\boldsymbol{m}}Y_t^x|^2\right\|_p$$

$$\leq (2n)^N CV_{2R}\left(\sum_{|\boldsymbol{h}|\leq 2n}\sup_{|x|\leq 2R}\left\|\sup_{t\leq T}|\partial_x^{\boldsymbol{h}}Y_t^x|\right\|_{2p}\right)^2$$

のように評価される.

この評価と (A.7) を (A.6) に代入すれば, (5.41) を得る. ∎

補題 A.8 $p>1, R\geq 1$ とし,写像 $B_{2R}\times\Omega\ni(x,\omega)\mapsto G^x(\omega)$ は可測であり,$\sup_{|x|\leq 2R}\|G^x\|_p<\infty$ をみたすとする.このとき,次が成り立つ.

$$\left\|\int_{B_{2R}}G^x dx\right\|_p \leq \int_{B_{2R}}\|G^x\|_p dx \leq V_{2R}\sup_{|x|\leq 2R}\|G^x\|_p.$$

証明 第1の不等式を示せば十分である.$q=\frac{p}{p-1}$ とし,$\phi\in L^q(\mathbf{P})$ とする.フビニの定理とヘルダーの不等式により

$$\int_\Omega\int_{B_{2R}}|G^x(\omega)\phi(\omega)|dx\mathbf{P}(d\omega)$$
$$\leq \int_{B_{2R}}\|G^x\|_p\|\phi\|_q dx \leq V_{2R}\|\phi\|_q\sup_{|x|\leq 2R}\|G^x\|_p<\infty$$

が成り立つ.したがって再びフビニの定理を適用すれば

$$\left|\mathbf{E}\left[\left(\int_{B_{2R}}G^x dx\right)\phi\right]\right| = \left|\int_{B_{2R}}\mathbf{E}[G^x\phi]dx\right|$$
$$\leq \int_{B_{2R}}|\mathbf{E}[G^x\phi]|dx \leq \left(\int_{B_{2R}}\|G^x\|_p dx\right)\|\phi\|_q$$

となる.$\phi\in L^q(\mathbf{P})$ の任意性と $L^p(\mathbf{P})$ と $L^q(\mathbf{P})$ の双対性により,第1の不等式を得る. ∎

A.6　コルモゴロフの連続性定理

次に述べるパラメータづけられたバナッハ空間値確率変数の族のパラメータに関する連続性に関する主張はコルモゴロフの連続性定理 (Kolmogorov's continuity theorem) と呼ばれている.

定理 A.9　$r \in \mathbb{N}$ とし, $a_1, b_1, \ldots, a_r, b_r \in \mathbb{Z}$ は $a_j < b_j$ $(j = 1, \ldots, r)$ をみたすとする. $Q_n = \{(m_1 2^{-n}, \ldots, m_r 2^{-n}) \,|\, a_j \leq m_j 2^{-n} \leq b_j, j = 1, \ldots, r\}$, $Q = \bigcup_{n=1}^{\infty} Q_n$ とおく. $\{Z_x\}_{x \in Q}$ をバナッハ空間 E に値をとる確率変数の族とし, 正数 C と $p > 1, q > r$ が存在し,

$$\mathbf{E}[|Z_x - Z_y|_E^p] \leq C\|x - y\|^q \quad (\forall x, y \in Q) \tag{A.8}$$

が成り立つと仮定する. ただし, $|\cdot|_E$ は E のノルムを表し, $x = (x^1, \ldots, x^r) \in \mathbb{R}^r$ に対し, $\|x\| = \max\{|x^j| \,|\, j = 1, \ldots, r\}$ とする. このとき, 零集合 $N \in \mathcal{F}$ が存在し, $\omega \notin N$ ならば写像 $Q \ni x \mapsto Z(x, \omega) \in \mathbb{R}$ は一様連続となる. とくにこの写像は $\prod_{j=1}^{r}[a_j, b_j]$ 上の連続関数に拡張できる.

証明　$a < \frac{q-r}{p}$ を満たす $a > 0$ をとる. $f : Q \to E$ に対し,

$$\Delta_n f = \max_{\substack{x, y \in Q_n, \\ \|x-y\|=2^{-n}}} |f(x) - f(y)|_E, \quad \Delta_n^a f = 2^{an} \Delta_n f$$

と定義する.

まず

$$\sum_{k=1}^{\infty} \Delta_k^a f < \infty \tag{A.9}$$

が成り立てば, $f : Q \to E$ は一様連続であることを示す. $x, y \in Q$ とし, $2^{-n_0 - 1} \leq \|x - y\| \leq 2^{-n_0}$ となる $n_0 \in \mathbb{N}$ をとる. $[c]_n = [2^n c] 2^{-n}$ $(c \in \mathbb{R})$, $[x]_n = ([x^1]_n, \ldots, [x^r]_n)$ とおけば, $\Delta_n f, \Delta_n^a f$ の定義により,

$$\left| f([x]_{n+2}) - f([x]_{n+1}) \right|_E \leq 2r \Delta_{n+2} f \leq 2r \Delta_{n+2}^a f \|x - y\|^a \quad (n > n_0)$$

A.6 コルモゴロフの連続性定理

が成り立つ．十分大きいすべての m に対し $[x]_m \to x$ であるから，これより

$$|f(x) - f([x]_{n_0+1})|_E \leq 2r\left(\sum_{k=1}^{\infty} \Delta_k^a f\right) \|x-y\|^a$$

となる．y についても同様の不等式が成り立つ;

$$|f(y) - f([y]_{n_0+1})|_E \leq 2r\left(\sum_{k=1}^{\infty} \Delta_k^a f\right) \|x-y\|^a.$$

$\|x-y\| \leq 2^{-n_0}$ なので $\|[x]_{n_0+1} - [y]_{n_0+1}\| \leq \frac{2}{2^{n_0+1}}$ である．よって

$$|f([x]_{n_0+1}) - f([y]_{n_0+1})|_E \leq 4r\Delta_{n_0+1}f \leq 4r\left(\sum_{k=1}^{\infty} \Delta_k^a f\right) \|x-y\|^a$$

を得る．以上をまとめると

$$|f(x) - f(y)|_E \leq 8r\left(\sum_{k=1}^{\infty} \Delta_k^a f\right) \|x-y\|^a$$

となり，f は Q 上一様連続である．

$\{Z_x\}_{x \in Q}$ について調べる．仮定により，定数 C' が存在し，

$$\mathbf{E}[|\Delta_k Z|_E^p] \leq \sum_{\substack{x,y \in Q_k, \\ \|x-y\|=2^{-k}}} \mathbf{E}[|Z_x - Z_y|_E^p] \leq C' 2^{rk} 2^{-qk} \quad (\forall k = 1, 2, \ldots)$$

となる．これとミンコフスキーの不等式により，

$$\left\|\sum_{k=1}^{\infty} \Delta_k^a Z\right\|_p \leq \sum_{k=1}^{\infty} \|\Delta_k^a Z\|_p \leq \sum_{k=1}^{\infty} 2^{ak} \{C' 2^{-(q-r)k}\}^{\frac{1}{p}}$$

である．$a < \frac{q-r}{p}$ であるから右辺の総和は収束する．よって，**P**-a.s. に写像 $x \mapsto Z_x$ は (A.9) をみたし，ゆえに一様連続となる． ∎

参考文献

[1] 舟木直久,『確率論』, 朝倉書店, 2004.
[2] 舟木直久,『確率微分方程式』, 岩波書店, 2005.
[3] N. Ikeda and S. Watanabe, *"Stochastic Differential Equations and Diffusion Processes"*, North Holland/Kodansha, 1981.
[4] 伊藤清,『確率論』, 岩波書店, 1953.
[5] 伊藤清三,『ルベーグ積分入門』, 裳華房, 1963.
[6] 伊藤雄二,『確率論』, 朝倉書店, 2002.
[7] 垣田高夫,『シュワルツ超関数入門』, 技術評論社, 1985.
[8] N.V. Krylov, "A simple proof of a result of A. Novikov", *arXiv*: math.PR/0207013 v1.
[9] 川崎英文・谷口説男,『最適化法 −数理ファイナンスへの確率解析入門』, 講談社, 2008.
[10] 松本裕行・谷口説男,『確率解析』, 培風館, 2013.
[11] H.P. McKean, Jr., *"Stochastic Integrals"*, Academic Press, 1969.
[12] 長井英生,『確率微分方程式』, 共立出版, 1999.
[13] D. Revuz and M. Yor, *"Continuous Martingales and Brownian Motion"*, Springer, 1999.
[14] L.C.G. Rogers and D. Williams, *"Diffusions, Markov processes and martingales: vol.2 Itô calculus"*, John Wiley & Sons, 1987.
[15] D.W. Stroock, *"Probability Theory: An Analytic View, 2nd ed."*, Cambridge Univ. Press, 2010.
[16] D.W. Stroock and S.R.S. Varadhan, *"Multidimensional diffusion processes"*, Springer, 1979.
[17] D. Williams, *"Probability with Martingales"*, Cambridge Univ. Press, 1991. (邦訳：赤堀次郎・原啓介・山田俊雄 訳『マルチンゲールによる確率論』, 培風館, 2004)
[18] 渡辺信三,『確率微分方程式』, 産業図書, 1975.

索 引

────── 英数字 ──────

σ-加法族　1
2 次変動過程　43, 53
E-値確率変数　3
E-値確率過程　27, 210
$(\mathcal{F}_t)$-ブラウン運動　70
L^p 収束する　16
P-a.s.　6
P-a.s. に連続　27
p-乗可積分　5

────── あ行 ──────

イェンセンの不等式　6, 23
一様可積分　12
伊藤過程　101
伊藤の公式　94, 101

────── か行 ──────

解　117
概収束する　16
ガウス型確率変数　55, 58
価格　202
確率解析　94
確率過程　27, 210
確率収束　16
確率積分　83, 88
確率微分　101
確率微分方程式　117

確率分布　4
確率変数　4
可積分　5
可測空間　1
株価過程　190

期待値　4
急減少関数　207
共分散行列　55
強マルコフ性　145
局所マルチンゲール　52
許容される　192
ギルサノフの定理　156, 195

クラーク-オコーンの公式　187
グロンウォールの不等式　212

行使価格　203
コール-ホップ変換　177
コルモゴロフ (Kolmogorov) の不等式　34
コルモゴロフの連続性定理　216

────── さ行 ──────

裁定機会　192
指数写像　127
修正　27
シュワルツの不等式　8
条件つき期待値　20
乗法族　209

ストラトノビッチ積分　101

正値性　6, 23

セルフファイナンシング 190
線形性 6, 23
線形増大条件 118

──────── た行 ────────

単調収束定理 7

チェビシェフの不等式 7

停止時刻 34
ディリクレ問題 169
ディンキン族 209
ディンキン族定理 209
適合 28
同値局所マルチンゲール測度 192
ドゥーブの不等式 31
特性関数 8

──────── な行 ────────

ニューメレール 191
任意抽出定理 211

ノビコフの条件 157

──────── は行 ────────

発展的可測 28, 82, 117

ファインマン-カッツの公式 165
ファトウの補題 7
フィルターつき確率空間 28
フィルトレーション 28
複製 199
プットコールパリティ 204
部分積分の公式 182
富過程 190
ブラック-ショールズ・モデル 190
フーリエ逆変換 207
フーリエ変換 207

平均ベクトル 55
ベッセル過程 152
ヘルダーの不等式 7
変数変換の公式 175

ポートフォリオ 190
ボラティリティ 202
ボレル σ-加法族 2

──────── ま行 ────────

マリアヴァン解析 174, 185
マルコフ性 76, 145
マルチンゲール 29
マルチンゲール問題 154

右連続性 78
道ごとの一意性 118
ミンコフスキーの不等式 8

モーメント不等式 111

──────── や行 ────────

有界収束定理 7
優収束定理 7
優マルチンゲール 29

ヨーロッパ型条件つき請求権 198
ヨーロピアンコールオプション 203
ヨーロピアンプットオプション 204
弱い解 151

──────── ら行 ────────

離散時間マルチンゲール 37, 210
リッカチ方程式 177
リプシッツ条件 118

レヴィの確率面積 181
レヴィの公式 181
劣マルチンゲール 29
連続 27

──────── わ行 ────────

割り引かれた株価過程 191

Memorandum

Memorandum

著者略歴

谷口　説男
（たに　ぐち　せつ　お）

1958年　大阪府生まれ
1982年　大阪大学大学院理学研究科修士課程修了
現　在　九州大学教授
　　　　理学博士
著　書　『確率解析』（培風館，共著）ほか
訳　書　『確率微分方程式』（丸善，B.エクセンダール著）

共立講座 数学の輝き7
確率微分方程式
(Stochastic differential equations)

2016年9月25日　初版1刷発行

著　者　谷口説男　© 2016
発行者　南條光章
発行所　共立出版株式会社
　　　　〒112-0006
　　　　東京都文京区小日向4-6-19
　　　　電話番号　03-3947-2511（代表）
　　　　振替口座　00110-2-57035
　　　　共立出版㈱ホームページ
　　　　http://www.kyoritsu-pub.co.jp/

印　刷　啓文堂
製　本　ブロケード

検印廃止
NDC 417.1
ISBN 978-4-320-11201-8

一般社団法人
自然科学書協会
会員

Printed in Japan

|JCOPY| <出版者著作権管理機構委託出版物>
本書の無断複製は著作権法上での例外を除き禁じられています．複製される場合は，そのつど事前に，出版者著作権管理機構（TEL：03-3513-6969，FAX：03-3513-6979, e-mail：info@jcopy.or.jp）の許諾を得てください．

「数学探検」「数学の魅力」「数学の輝き」の三部からなる数学講座

共立講座 数学探検 全18巻

新井仁之・小林俊行・斎藤　毅・吉田朋広 編

数学に興味はあっても基礎知識を積み上げていくのは重荷に感じられるでしょうか？　この「数学探検」では、そんな方にも数学の世界を発見できるよう、大学での数学の従来のカリキュラムにはとらわれず予備知識が少なくても到達できる数学のおもしろいテーマを沢山とりあげました。本格的に数学を勉強したい方には、基礎知識をしっかりと学ぶための本も用意しました。本格的な数学特有の考え方、ことばの使い方にもなじめるように高校数学から大学数学への橋渡しを重視してあります。興味と目的に応じて数学の世界を探検してください。

③ 論理・集合・数学語
石川剛郎著　数学語／論理／集合／関数と写像／実践編・論理と集合（分析的数学読書術／他）‥‥‥206頁・本体2300円

④ 複素数入門
野口潤次郎著　複素数／代数学の基本定理／一次変換と等角性／非ユークリッド幾何／他‥‥‥‥‥‥160頁・本体2300円

⑥ 初等整数論 数論幾何への誘い
山崎隆雄著　整数／多項式／合同式／代数系の基礎／$\mathbb{F}_p$上の方程式／平方剰余の相互法則／他‥‥‥252頁・本体2500円

⑦ 結晶群
河野俊丈著　図形の対称性／平面結晶群／結晶群と幾何構造／空間結晶群／エピローグ／他‥‥‥‥‥204頁・本体2500円

⑧ 曲線・曲面の微分幾何
田崎博之著　準備（内積とベクトル積／二変数関数の微分／他）／曲線／曲面／地図投映法／他‥‥‥180頁・本体2500円

⑩ 結び目の理論
河内明夫著　結び目の表示／結び目の標準的な例／結び目の多項式不変量：スケイン多項式族／他‥‥240頁・本体2500円

⑬ 複素関数入門
相川弘明著　複素関数とその積分／ベキ級数／コーシーの積分定理／正則関数／有理型関数／他‥‥‥260頁・本体2500円

【各巻】A5判・並製本
税別本体価格
（価格は変更される場合がございます）

① 微分積分
　吉田伸生著‥‥‥‥‥‥‥‥‥‥続刊
② 線形代数
　戸瀬信之著‥‥‥‥‥‥‥‥‥‥続刊
⑤ 代数入門
　梶原　健著‥‥‥‥‥‥‥‥‥‥続刊
⑨ 連続群と対称空間
　河添　健著‥‥‥‥‥‥‥‥‥‥続刊
⑪ 曲面のトポロジー
　橋本義武著‥‥‥‥‥‥‥‥‥‥続刊
⑫ ベクトル解析
　加須榮篤著‥‥‥‥‥‥‥‥‥‥続刊

⑭ 位相空間
　松尾　厚著‥‥‥‥‥‥‥‥‥‥続刊
⑮ 常微分方程式の解法
　荒井　迅著‥‥‥‥‥‥‥‥‥‥続刊
⑯ 偏微分方程式の解法
　石村直之著‥‥‥‥‥‥‥‥‥‥続刊
⑰ 数値解析
　齊藤宣一著‥‥‥‥‥‥‥‥‥‥続刊
⑱ データの科学
　山口和範・渡辺美智子著‥‥‥‥続刊

※続刊の書名、執筆者は変更される場合がございます

〒112-0006 東京都文京区小日向4-6-19
TEL 03-3947-2511／FAX 03-3947-2539
共立出版
http://www.kyoritsu-pub.co.jp/
https://www.facebook.com/kyoritsu.pub

「数学探検」「数学の魅力」「数学の輝き」の三部からなる数学講座

共立講座 数学の魅力 全14巻 別巻1

新井仁之・小林俊行・斎藤　毅・吉田朋広 編

大学の数学科で学ぶ本格的な数学はどのようなものなのでしょうか？
この「数学の魅力」では、数学科の学部3年生から4年生、修士1年で学ぶ水準の数学を独習できる本を揃えました。代数、幾何、解析、確率・統計といった数学科での講義の各定番科目について、必修の内容をしっかりと学んでください。ここで身につけたものは、ほんものの数学の力としてあなたを支えてくれることでしょう。さらに大学院レベルの数学をめざしたいという人にも、その先へと進む確かな準備ができるはずです。

4 確率論

髙信　敏著
確率論の基礎概念／ユークリッド空間上の確率測度／大数の強法則／中心極限定理／付録（d次元ボレル集合族・π-λ 定理・Pに関する積分・ガンマ関数他）
320頁・本体3200円

5 層とホモロジー代数

志甫　淳著
環と加群(射影的加群と単射的加群他)／圏(アーベル圏の間の関手他)／ホモロジー代数(群のホモロジーとコホモロジー他)／層(前層の定義と基本性質他)／付録
394頁・本体4000円

1. 代数の基礎　清水勇二著　……続刊
2. 多様体入門　森田茂之著　……続刊
3. 現代解析学の基礎　杉本　充著　……続刊
6. リーマン幾何入門　塚田和美著　……続刊
7. 位相幾何　逆井卓也著　……続刊
8. リー群とさまざまな幾何　宮岡礼子著　……続刊
9. 関数解析とその応用　新井仁之著　……続刊

10. マルチンゲール　高岡浩一郎著　……続刊
11. 現代数理統計学の基礎　久保川達也著　……続刊
12. 線形代数による多変量解析　栁原宏和・山村麻理子・藤越康祝著　……続刊
13. 数理論理学と計算可能性理論　田中一之著　……続刊
14. 中等教育の数学　岡本和夫著　……続刊
別巻「激動の20世紀数学」を語る　猪狩　惺・小野　孝・河合隆裕・高橋礼司・竹崎正道・服部晶夫・藤田　宏著　……続刊

※続刊の書名、執筆者、価格等は変更される場合がございます

【各巻】A5判・上製本・税別本体価格

共立出版

http://www.kyoritsu-pub.co.jp/
https://www.facebook.com/kyoritsu.pub

「数学探検」「数学の魅力」「数学の輝き」の三部からなる数学講座

共立講座 数学の輝き 全40巻予定

新井仁之・小林俊行・斎藤　毅・吉田朋広 編

数学の最前線ではどのような研究が行われているのでしょうか？大学院に入ってもすぐに最先端の研究をはじめられるわけではありません。この「数学の輝き」では、「数学の魅力」で身につけた数学力で、それぞれの専門分野の基礎概念を学んでください。一歩一歩読み進めていけばいつのまにか視界が開け、数学の世界の広がりと奥深さに目を奪われることでしょう。現在活発に研究が進みまだ定番となる教科書がないような分野も多数とりあげ、初学者が無理なく理解できるように基本的な概念や方法を紹介し、最先端の研究へと導きます。

❶ 数理医学入門
鈴木　貴著　画像処理／生体磁気／逆源探索／細胞分子／細胞変形／粒子運動／熱動力学／他‥‥‥272頁・本体4000円

❷ リーマン面と代数曲線
今野一宏著　リーマン面と正則写像／リーマン面上の積分／有理型関数の存在／アーベル積分の周期他　266頁・本体4000円

❸ スペクトル幾何
浦川　肇著　リーマン計量の空間と固有値の連続性／最小正固有値のチーガーとヤウの評価／他‥‥352頁・本体4300円

❹ 結び目の不変量
大槻知忠著　絡み目のジョーンズ多項式／組みひも群とその表現／絡み目のコンセビッチ不変量／他　288頁・本体4000円

❺ K3曲面
金銅誠之著　格子理論／鏡映群とその基本領域／K3曲面のトレリ型定理／エンリケス曲面／他‥‥‥240頁・本体4000円

❻ 素数とゼータ関数
小山信也著　素数に関する初等的考察／リーマン・ゼータの基本／深いリーマン予想／他‥‥‥‥‥300頁・本体4000円

❼ 確率微分方程式
谷口説男著　確率論の基本概念／マルチンゲール／ブラウン運動／確率積分／確率微分方程式／他‥‥240頁・本体4000円

■ 主な続刊テーマ ■

粘性解‥‥‥‥‥小池茂昭(2016年10月発売予定)
3次元リッチフローと幾何学的トポロジー
　　　　　　　　　　‥‥‥‥‥戸田正人著
保型関数‥‥‥‥‥‥‥‥‥‥志賀弘典著
岩澤理論‥‥‥‥‥‥‥‥‥‥尾崎　学著
楕円曲線の数論‥‥‥‥‥‥小林真一著
ディオファントス問題‥‥‥‥‥平田典子著
保型形式と保型表現‥‥‥池田　保・今野拓也著
可換環とスキーム‥‥‥‥‥‥小林正典著
有限単純群‥‥‥‥‥‥‥‥‥北詰正顕著
代数群‥‥‥‥‥‥‥‥‥‥‥庄司俊明著
D加群‥‥‥‥‥‥‥‥‥‥‥竹内　潔著
カッツ・ムーディ代数とその表現‥山田裕史著
リー環の表現論とヘッケ環　加藤　周・榎本直也著
リー群のユニタリ表現論‥‥‥‥‥平井　武著
対称空間の幾何学‥‥‥田中真紀子・田丸博士著
非可換微分幾何学の基礎　前田吉昭・佐古彰史著
シンプレクティック幾何入門‥‥高倉　樹著
グロモフ・ウィッテン不変量と量子コホモロジー
　　　　　　　　　　‥‥‥‥‥前野俊昭著
力学系‥‥‥‥‥‥‥‥‥‥‥林　修平著
多変数複素解析‥‥‥‥‥‥‥辻　元著
反応拡散系の数理‥‥‥長山雅晴・栄伸一郎著
確率論と物理学‥‥‥‥‥‥香取眞理著
ノンパラメトリック統計‥‥‥‥前園宜彦著
機械学習の数理‥‥‥‥‥‥金森敬文著
超離散系‥‥‥‥‥‥‥‥‥時弘哲治著

【各巻】　A5判・上製本・税別本体価格
≪読者対象：学部4年次・大学院生≫

※続刊のテーマ、執筆者、価格等は予告なく変更される場合がございます

共立出版

http://www.kyoritsu-pub.co.jp/
https://www.facebook.com/kyoritsu.pub